辐射生物学导论

主　编　竹文坤　王　丹　陈晓明

副主编　唐运来　刘继恺　刘明学

贠朝乐　王　晴　黄仁华

张丽卿

中国原子能出版社

图书在版编目（CIP）数据

辐射生物学导论 / 竹文坤，王丹，陈晓明主编. --
北京：中国原子能出版社，2024.3（2025.8 重印）
ISBN 978-7-5221-3285-3

Ⅰ. ①辐… Ⅱ. ①竹…②王…③陈… Ⅲ. ①放射生
物学–高等学校–教材 Ⅳ. ①Q691

中国国家版本馆 CIP 数据核字（2023）第 255739 号

辐射生物学导论

出版发行 中国原子能出版社（北京市海淀区阜成路 43 号 100048）
策划编辑 刘东鹏
责任编辑 刘 佳
责任校对 冯莲凤
责任印制 赵 明
印 刷 北京厚诚则铭印刷科技有限公司
经 销 全国新华书店
开 本 787 mm×1092 mm 1/16
印 张 18
字 数 400 千字
版 次 2024 年 3 月第 1 版 2025 年 8 月第 2 次印刷
书 号 ISBN 978-7-5221-3285-3 定 价 **68.00** 元

目 录

第1章 绪 论

辐射生物学是一门新兴的交叉学科，其研究对象为辐射与生物体相互作用及其机制。该学科涵盖了多个学科的理论知识，如物理学、化学和生物学。在辐射生物学中，载能粒子（射线）依次通过物理、化学和生物过程将能量传递给生物机体，这将引起体细胞的损伤和凋亡，导致机体功能丧失。可见辐照损伤对生物体而言是不利的。然而，只要能充分理解辐照损伤效应，并将其合理应用于工业、农业、医学等领域，就能将其变弊为利。因此，辐射生物学的研究对于人类社会的发展具有重要意义。

1.1 辐射技术特点及发展概况

辐射技术是一种以核物理、辐射物理、放射化学和辐射与物质的相互作用为基础的现代科学技术，它利用放射性物质的原子核结构或者能量状态变化所产生的电磁波或高速粒子，向周围空间或物质发射并在其中传播能量。自20世纪初X射线、铀、镭、钋等放射性物质被发现以来，辐射技术就开始应用于医学诊断、钟表业、分析化学、癌症治疗等领域。20世纪30—40年代，反应堆、加速器和各种新型辐射探测器研制成功，辐射技术得到了空前的发展[1]。如今，辐射技术已广泛应用于医学、地质、工业、农业、考古、法学、环保、安检等领域，并已实现产业化的应用，如放射性同位素药物、辐照材料改性、辐照食品保鲜、癌症治疗、辐照消毒灭菌、无损探伤、三废辐射处理等。辐射技术的广泛应用对于推动人类社会的发展具有重要的意义。

1.1.1 X射线的发展历程

1.1.1.1 X射线的发现

1836年，英国科学家迈克尔·法拉第（Michael Faraday，1791—1867）（见图1-1）首次观察到一种非常引人注目的现象，即在稀薄气体中放电时产生了一种绚丽辉光，后来被称为“阴极射线”[2]。

在 1861 年，英国科学家威廉·克鲁克斯（William Crookes，1832—1919）（见图 1-2）进行实验时，遇到了一些令人费解的现象。他使用通电的阴极射线管进行放电实验，观察到产生了明亮的光。为了记录这个发现，他试图将其拍摄下来，但在显影后却发现干版上没有任何图像。他怀疑问题可能出在干版上，于是连续更换了三次新的干版进行拍摄，但依然一无所获[3]。克鲁克斯的实验室设备相对简陋，他认为问题可能是干版质量低劣，于是退回给制造商，并表达了对产品质量的不满。然而，他并没有意识到自己错过了一个重大的发现。直到 1895 年，德国物理学家威廉·康拉德·伦琴（Wilhelm Konrad Rontgen，1854—1923）（见图 1-3）发现了 X 射线，克鲁克斯才开始意识到自己当年的实验可能涉及类似的现象[4]。

在德国物理学家威廉·康拉德·伦琴发现 X 射线之前的那段时间里，美国科学家古德斯柏德进行实验时，意外地洗出了一张 X 射线透视底片。然而，他并没有意识到这一发现的重要性，将其归因于照片冲洗药水或冲洗技术的偶然失误，并随意地把底片扔进垃圾堆[5]。

图 1-1　迈克尔·法拉第

图 1-2　威廉·克鲁克斯

1895 年 10 月，德国物理学家威廉·康拉德·伦琴在进行实验时注意到干板底片出现了“跑光”现象，这一发现引起了他的极大兴趣[5]。为了深入研究，伦琴在隐密的实验室里持续进行了长达 50 天的实验。在 1895 年 11 月 8 日的一次实验中，他使用了克鲁克斯阴极射线管，并将其用黑纸严密包裹，只留下极窄的缝隙。意外的是，当电流通过时，距离管子 2 m 远的小屏幕上出现了明亮的荧光，而该小屏幕上涂有亚铂氰化钡。有趣的是，即使在放电管和荧光屏之间插入厚书、2～3 cm 的木板或几厘米厚的硬橡胶，仍然可以观察到荧光的透过性[5]。于是伦琴进一步尝试在放电管和荧光屏之间注入不同液体，例如水、二硫化碳等。实验结果表明，这些液体同样具有“透明性”，并且只要其厚度不过大，金属如铂、铝、铜、银和金等也能够允许这种射线穿透。在其中一次实验中，当伦琴将手放在纸屏幕前时，纸屏幕上竟然显现出他手骨的阴影。伦琴迅速认识到这可能是一种特殊的、以前未被发现的射线，并具有极强的穿透力。为了验证他的猜测，他尝试用这种射线拍摄了他夫人手部的照片，并成功地显示出手部的骨骼结构，如图 1-4 所示。

1895 年 12 月 28 日，伦琴向德国维尔兹堡物理和医学学会提交了一份引人注目的研究通讯，题为《一种新射线——初步报告》[6]。在这篇通讯中，他详细描述了一种他

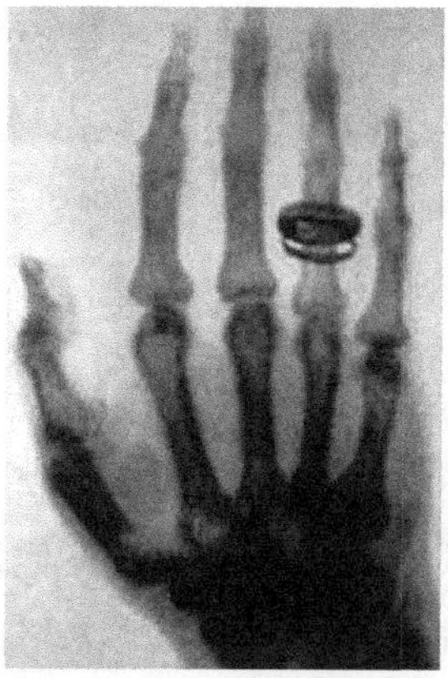

图 1-3 德国实验物理学家伦琴　　图 1-4 伦琴用 X 射线拍摄的他夫人的手的照片

称之为“X 射线”的全新射线的发现、实验方法及可能的应用。当时，伦琴对这种射线的本质尚不确定，因此将其命名为“X”，取自数学中未知数的符号[7]。虽然他只是初步探索了这种射线的特性，但对其来源和本质尚未完全理解。然而，这篇报告却为伦琴赢得了声誉，并在科学界引起了广泛关注。随后，众多科学家开始致力于研究这种新型射线的性质和应用，包括产生机制、穿透能力及电离效应等方面。最终，X 射线广泛应用在医学、材料科学、晶体学等领域得以实现。

伦琴的重大发现迅速掀起了全球范围内的轩然大波。在 1896 年 1 月 4 日，柏林物理学会举办的 50 周年纪念展览会上，首次公开展示了 X 射线的照片。紧接着，维也纳的《新闻报》于 1 月 5 日率先报道了这一发现，并且在 1 月 6 日，伦敦的《每日纪事》向全世界发布了这一消息，正式宣布了 X 射线的诞生。这些宣传活动引起了国际学术界的广泛关注，伦琴的论文在短短 3 个月内被印刷了 5 次，并且很快被翻译成英语、法语、意大利语、俄语等多种语言。作为世纪之交三大重要发现之一，X 射线引发了学术界的巨大兴趣。此后，伦琴发表了一系列关于 X 射线的论文，其中包括《论一种新型的射线》和《关于 X 射线的进一步观察》。他不断深入研究 X 射线的性质和应用，并为该领域的发展做出了重要的贡献。1901 年，诺贝尔奖首次颁发，伦琴因其对 X 射线的发现而荣获物理学奖项。

伦琴的发现引发了全球范围内对 X 射线的研究热潮。各个欧洲实验室纷纷开始利用 X 射线管进行试验和拍照，探索其神秘的性质。令人惊叹的是，仅仅几周后，X 射线已经在医学领域开始了广泛的应用。医生们很快意识到 X 射线在临床诊断中的巨大潜力。首次将物理学的新发现迅速应用于医学，他们发现 X 射线能够准确地显示人体骨骼，这一突破性的进展让人瞠目结舌。从此，X 射线成为一种重要的工具，用于检查骨折、关节炎和其他骨骼疾病。随后，医生们创立了通过 X 射线检查食道、肠道和胃的方法。患者可以通过吞服一种造影剂（如硫酸钡），然后通过 X 射线照射，从而清晰地显示出病变部位的情况。这项技术后来还发展出用于检查人体内脏其他部位的造影剂。多年来，X 射线诊断仪一直被视为医院中最为重要的诊断设备之一，不可或缺。

为了纪念伦琴先生在物理学领域的杰出贡献，X 射线被命名为伦琴射线，并且伦琴的名字也被用作衡量 X 射线及其他辐射量的单位。这一决定不仅是对伦琴的致敬，更是对他开拓新的研究领域、推动人类科技发展的巨大贡献的认可。

1.1.1.2 特征 X 射线及 X 射线的偏振性

自从伦琴发现 X 射线以来，许多物理学家都积极致力于对这一新的物理现象展开深入探索和研究。其中，法国物理学家塞格纳克（G.M.M.Sagnac，1869—1926）在 1897 年提出了一项引人注目的发现，他发现在 X 射线照射到物质上时，会产生漫反射二次辐射，而这种二次辐射相对于入射的 X 射线更易被吸收[7]。这一重要发现为进一步深入研究 X 射线的性质提供了全新的方向和启示，从而开启了一段全新的探索篇章。

1906 年，英国物理学家巴克拉（Charles Glover Barkla，1877—1944）（见图 1-5）在塞格纳克的实验基础上进行了研究。他的实验设计是将 X 射线以 45° 角辐照到散射物 A 上，然后观察 A 发出的二次辐射在同样角度下投射到散射物 B 上，并从垂直于二次辐射的各个方向对三次辐射进行观察。巴克拉的观察结果显示，在垂直于入射射线和二次辐射的方向上，强度发生显著变化，特别是在该方向上的强度最弱[8]。这一发现揭示了 X 射线具有偏振性，进而引发人们对于 X 射线与普通光在某些性质上相似性的认识[9]。

尽管偏振性的发现对于理解 X 射线的本质是一次重要的进步，但它并没有能够完全确定 X 射线到底是波还是粒子。即使假设 X 射线是粒子，只要假设这种粒子具有旋转性，就可以解释偏振现象。在 1907—1908 年期间，巴克拉和英国物理学家亨利 • 布拉格（William Henry Bragg，1862—1942）（见图 1-6）之间展开了一场关于 X 射线本质的讨论。布拉格根据 γ 射线的性质，如能够电离原子、在电场和磁场中不受偏转及穿透力极强等，认为 γ 射线由电子和正电荷组成[10]，并将这一观点推广到 X 射线。他利用这一假设解释了当时已知的各种 X 射线现象。相反，巴克拉坚持 X 射线的波动性。两位科学家在科学期刊上进行了辩论，并引用各自的实验事实作为论据[7]。虽然这场争论没有得出明确的结论，但它在科学界留下了深刻的印象。可以说，巴克拉的 X 射线偏振实验和波动性观点为后来劳厄发现 X 射线衍射奠定了基础。这场争论不仅增进了人们对 X 射线的理解，也推动了科学界对该现象的深入研究。

巴克拉的发现对于科学界来说具有极其重要的意义，他发现了一个事实，即元素所释放的 X 射线辐射都具有与该元素相关的特征谱线，也就是标识谱线。通过他的实验结果可以清楚地表明，无论元素与什么其他元素进行化合，它们都会放出一种特定硬度的 X 射线。此外，随着元素原子量的增加，标识 X 射线的穿透能力也相应增强[10]。这一发现意味着 X 射线可以具备标识特定元素的能力。这个发现对于理解和利用 X 射线在化学、材料科学、生物学等领域的应用至关重要。通过分析标识谱线，人们可以确定元素的存在及其所处的化学环境，从而有助于解释物质的性质和行为。巴克拉的研究为 X 射线在科学和工程中的应用开辟了新的领域，并为后来 X 射线光谱学和量子力学的发展做出了非常重要的贡献。

1909 年，巴克拉和他的学生沙德勒（C.A.Sadler）进行了一系列深入的实验，他们发现标识谱线并不是均匀的，而是由硬成分和软成分组成的[9]。这两种成分被命名为 K 线和 L 线[10]，并且每种元素都有自己独特的 K 线和 L 线[7]。与普通光谱不同，这些谱线的吸收率与发射元素的原子量之间呈现近似的线性关系，但并不具备周期性[11]。巴克拉的发现对于原子结构理论的建立产生了重大影响，因此他在 1917 年获得了诺贝尔物理学奖。

图 1-5　英国物理学家巴克拉

图 1-6　英国物理学家亨利・布拉格

1.1.1.3　晶体的 X 射线衍射

在过去，科学界困惑于 X 射线到底是微小的质点束还是类似光的波状辐射[8]。为了解决这个问题，有人提出通过观察含有细线衍射光栅的 X 射线是否会发生衍射来得出结论，即观察它们的射线方向是否发生改变。然而，要获得适当的衍射效果，这些细线的间距必须大致等于辐射线的波长[5]。但当时最密集的人工衍射光栅只适用于一般光[7]，并不适用于 X 射线。由于 X 射线的穿透力强，如果它像波一样传播，那么其波长将比可见光的波长小得多，可能只有可见光波长的千分之一[10]。因此，制作如此密集的光栅来验证 X 射线的性质在当时是不可行的。

德国物理学家劳厄（Max von Laue，1879—1960）（见图 1-7）提出了一个思路，他认为尽管人工制造光栅非常困难，但自然界中的晶体可能非常适合这个任务。晶体是一种具有高度规则几何形状的固体材料，在固体平面上存在特定的角度和对称性[9]。这种规则是由构成晶体结构的原子有序排列所产生的。与此同时，原子层与原子层之间的距离大致与 X 射线的波长相当[9]。因此，可以预期晶体可能对 X 射线产生衍射效应。

作为劳厄的导师，德国物理学家阿诺德・索末菲（Arnold Sommerfeld，1868—1951）（见图 1-8）并不赞同他的观点。索末菲认为劳厄的想法是荒谬的，并劝告他不要在这个问题上浪费时间。但是，到了 1912 年，两位学生证实了劳厄的预测[1]。他们将一束 X 射线照射到硫化锌晶体上，并成功捕捉到散射现象。这后来被称为劳厄相片[7]。在冲洗出的感光板上，他们观察到圆形排列的亮点和暗点，形成了衍射图案（如图 1-9 所示）[11]。因此，劳厄证明了 X 射线具有波动性质。这一发现被《自然》杂志誉为时

1916 年，美籍荷兰物理学家、化学家德拜（Peter Joseph Wilhelm Debye，1884—1966）与瑞士物理学家谢乐（Paul Scherrer，1890—1969）共同开发了一种新的多晶衍射法，该方法利用 X 射线来研究晶体结构。相比于制备大块晶体的困难，他们选择使用粉末状晶体样品进行实验，这种方法更加便捷。经过 X 射线照射后，粉末状晶体在照相底片上形成了一种特殊的衍射图样，即德拜–谢乐环，它呈现出同心圆环的形态，具体样子可参见图 1-15。通过分析这个衍射图样，可以鉴定样品的成分及测定晶体的结构[7]。这项方法相对于传统的实验手段而言，具备更快速、更准确地探明样品晶体结构的优势。值得一提的是，尽管第一次世界大战期间信息交流受到一定的阻碍，但在 1917 年，美国科学家 Hull 也独立提出了类似的衍射方法[10]。最终，德拜因其在利用偶极矩、X 射线和电子衍射法测定分子结构方面的卓越成就，于 1936 年获得了诺贝尔化学奖。

图 1-14　美籍荷兰物理学家、化学家德拜

图 1-15　德拜-谢乐环衍射图样

1.1.1.5　X 射线光谱

1914 年，英国物理学家莫塞莱（Henry Moseley，1887—1915）运用布拉格 X 射线光谱仪对各类元素进行了广泛的研究，并在这一过程中取得了一系列重要的研究成果。莫塞莱发现不同元素作为 X 射线靶材时所产生的特征 X 射线波长是各不相同的[7]。他按照这些波长的顺序排列这些元素，并发现这种排列方式与元素周期表中的排列顺序一致。莫塞莱因此提出了原子序数的概念，并指出元素的性质与其原子序数的周期有关[13]。这个发现被称为莫塞莱定律，它表明元素的原子序数随着原子量递增而逐渐增大，这种排序方式比仅根据原子量递增排序更加合理[5]。该发现对于化学和物理学领域具有重要意义，揭示了元素周期表中元素性质与原子序数之间的关系。

图 1-16　瑞典物理学家卡尔・西格班

瑞典物理学家卡尔・西格班（Karl Manne Georg Siegbahn，1886—1978）（见图 1-16）在 X 射线研究领域做出了重要的贡献。他继承并发展了莫塞莱的工作，通过改进真空泵设计，设计出的 X 射线管显著缩短了曝光时间，从而提高了测量精度。这样的技术改进使得测量精度相比莫塞莱所得数据高 1 000 倍[7]，

为支持按电子壳层排列的原子模型提供了有力的依据[5]。西格班和他的团队对各种元素的标识 X 辐射的规律进行了系统整理，并建立了关于电子壳层能级和辐射条件的全面知识框架，这为相关现象的量子理论解释提供了可靠的实验基础[7]。西格班的研究成果被详尽地总结在经典的科学著作《伦琴射线谱学》中[14]。由于在 X 射线研究领域的杰出贡献，西格班于 1924 年获得了诺贝尔物理学奖，成为继巴克拉之后第二位因在 X 射线学方面的贡献而获得该奖项的物理学家。值得一提的是，他设计的高测量精度的 X 射线谱仪在 30 年后仍广泛应用于多个领域[12]。

1.1.1.6 X 射线光电子能谱

凯·西格班（Kai Manne Borje Siegbahn，1918—2007）（见图 1-17）是一位在核能谱研究方面做出突出贡献的科学家。他与同事在 20 世纪 50 年代使用双聚焦磁式能谱仪进行放射性能谱的研究，然而回旋加速器的不稳定性常常导致测量中断。为了解决这个问题，他开始采用 X 射线管来产生光电子，并测量它们的结合能[5]。尽管这种方法并非最敏感的[14]，但它为他的研究提供了便利。随后，他成功将这一技术应用于外光电效应研究，并使用高分辨率仪器取得重大突破。他开发的双聚焦高分辨率电子能谱仪被广泛应用于研究电子、光子或其他粒子轰击原子体系后所释放的电子，并系统地研究各种元素的电子结合能（三氟乙酸乙酯中碳的 1 s 电子 X 射线光电子能谱见图 1-18）[10]。凯·西格班还将这项技术应用于化学分析领域的研究[14]。他创新性地引入了一种分析方法，即 X 射线光电子能谱学[7]或化学分析电子能谱学（ESCA），该方法有助于对化学电子结构、高分子结构和链结构进行精确研究分析，成为一项强大的物质结构探测工具[14]。凭借在电子能谱学领域的卓越贡献，凯·西格班在 1981 年与博格斯特共同获得了诺贝尔物理学奖，丰富了我们对各种元素电子结合能的认识，并对实际应用领域产生了深远影响。

图 1-17 凯·西格班

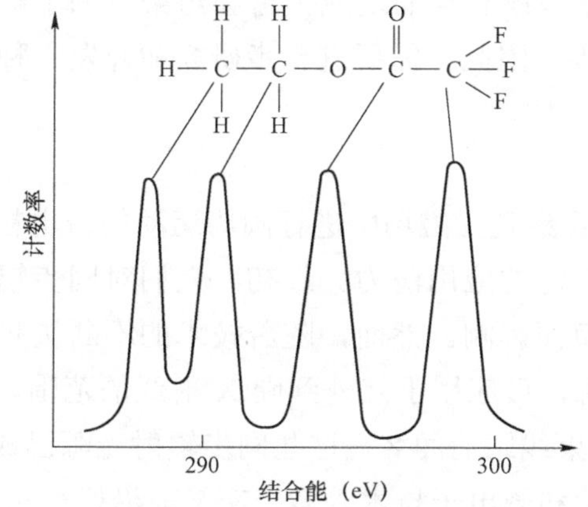

图 1-18 三氟乙酸乙酯中碳的 1 s 电子 X 射线光电子能谱

1.1.1.7 X 射线的产生方式

X 射线的产生方式主要包括 X 射线管、激光等离子体、同步辐射和 X 射线激光四种[7]。

（1）X 射线管

X 射线管是一种利用高速电子撞击金属靶面来产生 X 射线的装置，而根据工作原理和结构特点的不同，它可以分为充气式和真空式两类[5]。最起初的充气式 X 射线管是克鲁克斯管[15]，伦琴就是使用这一装置于 1895 年的阴极射线研究中偶然发现了 X 射线的存在。而在 1913 年，考林杰发明了真空式 X 射线管，它采用钨灯丝加热来产生电子，并通过调节灯丝的加热温度控制管电流的大小，从而改善影像质量[7]。随后，阳极靶面与阴极之间加入了控制栅极，使得 X 射线管可以通过施加脉冲调制在栅极上来控制 X 射线的输出，并实现定时重复曝光。这一革新大大减少了散射线的干扰，进一步提高了影像质量。随着钨酸镉荧光屏和双焦点 X 射线管的制造成功，X 射线透视应用的新领域得以开辟[16]，从而提升了 X 射线图像的质量[17]。同时，X 射线管的应用范围也不断扩大，不仅在医学影像领域有广泛应用，还被用于零件的无损检测、物质结构分析和光谱分析等多个领域[18]。2002 年，美国北卡罗来那大学的华裔科学家卢健平等发现了一种全新的 X 射线源——碳纳米管制成的“场发射阴极射线管”，该管可以在室温下产生高能电子束，从而产生 X 射线[19]。与传统 X 射线管相比，这种方法无需预热金属丝，只需一薄层碳纳米管即可发射 X 射线[18]。这项新方法的发现为 X 射线管的未来发展提供了新的可能性和研究方向。

（2）激光等离子体光源

激光等离子体光源被广泛地应用于实验室常规分析工具[19]，其价格实惠、操作简便。该光源产生 X 射线的原理是通过高强度激光脉冲（10^{14}～10^{15} W/cm^2）聚焦在固体靶上，使靶表面快速离化形成高温高密度的等离子体，从而产生 X 射线。目前，常用的泵浦激光器有 Nd:YAG、钕玻璃和 KrF[17]。然而，X 射线的发射与靶材料密切相关，并且溅射残屑可能对光学系统和样品造成损害和污染。为了解决这个问题，可以考虑使用气体靶替代固体靶[20]。因此，需要进一步研究和开发一种高重复频率、无残屑的激光等离子体 X 射线光源[17]。

（3）同步辐射光源

1947 年，人类首次观察到在磁场中进行圆周运动的带电粒子产生的同步辐射光，这种连续谱电磁波具有广泛的应用潜力。最初，人们对同步辐射的研究是为了解决电子同步加速器所带来的负面影响。然而，随着技术的不断进步，同步辐射光源逐渐发展成为一种高性能的光源，可应用于红外到硬 X 射线的范围。美国阿贡实验室的同步辐射光源以其近 70 条光束线站而闻名。这些同步辐射光源已成为凝聚态物理、材料科学、生命科学、资源环境和微电子技术等多个交叉前沿研究领域的重要平台[20]。

同步辐射光源的核心组成部分是电子储存环，经过三代的发展取得显著进展[8]。第一代同步辐射光源的电子储存环主要是为高能物理实验而设计，其同步辐射光只是附带产生于偏转磁铁中[21]，因此被称为“兼用光源”。第二代同步辐射光源的电子储存环则专门为利用同步辐射光而设计，通过偏转磁铁产生同步辐射光[17]。至于第三代同步辐射光源的电子储存环，则通过优化电子束发射度和引入大量的插入件等技术手段，显著降低了电子束发射度，从而大幅提高了同步辐射光的亮度。例如，插入件如波荡器可以产生高亮度且部分相干的准单色光[21]。

同步辐射光源是一种具有独特性能的光源，其频率范围广泛，可涵盖从远红外、可见光、紫外光到 X 射线等多个波段，提供连续的光谱。与此同时，同步辐射光具有极高的亮度，第三代同步辐射光源的 X 射线亮度甚至比 X 光机提升了数亿倍[22]。除了高亮度之外，同步辐射光还具有准直度高、偏振性高、纯度高、脉冲窄、精确度高和稳定性高等出色特性。此外，它还具有高通量、小束径和准相干等特点，使其在许多科学领域中成为重要的实验工具[16]。

同步辐射光源作为一种高性能的实验工具，对科学研究起到至关重要的技术支持作用。目前，全球范围内已经有近 40 台同步辐射光源在运行，并且还有数十台正在设计或建造中[8]。在中国的北京、合肥和台湾，分别设有北京同步辐射装置（BSRF）、中国科技大学同步辐射装置（NSRL）及台湾新竹同步辐射装置（SRRC）。其中，BSRF 和 NSRL 属于第一代和第二代光源，而 SRRC 和上海光源（SSRF）则属于第三代光源。在图 1-19 中展示了我国大陆第一条中能 X 射线双晶单色器光束线，该光束线主要用于研究中等能区 X 射线范围（1.2～6.0 keV）的计量学、探测器标定、光学元件性能测试及吸收谱学等方面，具有重要的科学意义[19]。图 1-20 展示了利用北京同步辐射装置 4W1A 光束线形貌学实验站拍摄的肝样品图像，所使用的 X 射线能量为 24 keV。

图 1-19 我国第一条中能 X 射线双晶单色器光束线

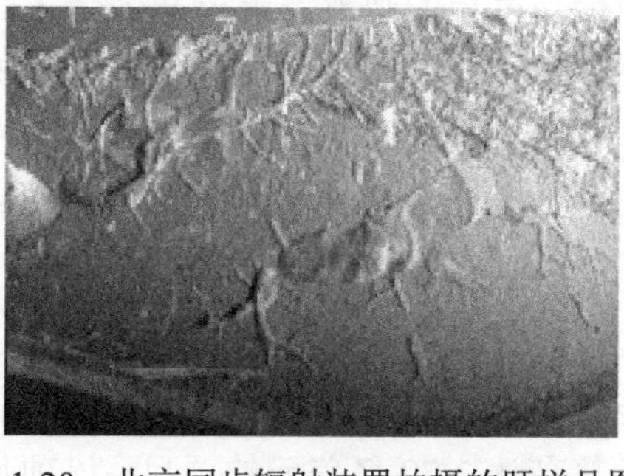

图 1-20 北京同步辐射装置拍摄的肝样品图像

（4）X 射线激光

X 射线在科学研究和实际应用中扮演着越来越重要的角色[20]。自 1960 年第一个红宝石激光器的问世开启了对实现 X 射线激光辐射的研究以来[11]，科学家们一直在不断努力提高 X 射线强度。与普通激光相比，X 射线激光具有独特的优势，单个光子的能量比传统光学激光高上千倍，并且具备强大的穿透能力[20]。1981 年，美国成功进行了核泵浦X射线激光实验，这一突破极大地推动了实验室中X射线激光研究的发展。至今，水窗的饱和X射线激光是唯一一种可以对生物活体细胞进行无损伤三维全息成像和显微成像的光源，为解开生命之谜提供了可能性。全球许多著名实验室，包括美国、英国、日本、法国、德国、俄罗斯和中国，都在该领域争相展开深入研究[23]。1994年，美国利弗莫尔实验室利用功率最大的激光器产生了波长为15.5 nm的饱和X射线激光[17]。而在1996年年底，由中国旅英青年学者张杰领导的研究组，在英国卢瑟福实验室通过多路激光器轰击钐靶，在泵浦能量仅为150 J的情况下成功获得了波长为7.3 nm的X射线激光饱和增益输出。这一重大突破为实现X射线激光在“水窗”波段的增益饱和输出提供了希望，并为后续的研究和应用奠定了基础。

自由电子激光是一种利用相对论优质电子束作为介质的短波电磁辐射源，其具有强相干特性。该激光通过受激辐射的方式，在周期磁场中放大短波辐射，其中周期磁场由波荡器产生[20]。自由电子激光拥有多种突出的优点，如广泛的波长范围、可调节的波长、高亮度、良好的相干性及极短的脉冲[16]。尤其是高增益短波长自由电子激光被广泛认为是未来光源的代表，具备巨大的发展潜力和重要的应用前景[17]。例如，德国DESY自由电子激光器的波荡器如图1-21所示[5]。

如今已投入运行或正在研制中的自由电子激光器分布全球，数量已达20台以上，其产生的激光波长涵盖红外线到紫外线[20]。科学家现今正极力将这种装置的波长范围拓展至X射线，并不断得到进展。利用X射线自由电子激光器产生的飞秒相干光波长可调和极高的强度[22]，在高空间和时间分辨率的动力学研究中提供了强大的技术支持。这项技术的广泛应用将推动地质、生命科学、医学、物理、化学、材料化学等多个学科领域的前沿研究取得突破，为人类对自然界有了全新的认识视角[16]。特别是利用X射线自由电子激光器对活细胞进行立体成像，而不会对细胞造成损伤，可以实现对细胞中生命过程的观察，为揭开生命之谜提供了有力的工具[23]。同时，X射线自由电子激光器还可用于显微与光刻，极大地改善了其分辨率与精度[17]。除在科学研究方面做出的重要贡献外，X射线自由电子激光器的开发对军事和工业领域的发展意义重大。对这一技术的发展具有高度的前瞻性与战略性[11]。

各科技强国纷纷意识到X射线自由电子激光技术开发的重要性，并将其列为未来科技发展计划的重点。当前，针对X射线自由电子激光器的研发工作正在积极进行中，其能量甚至有望达到现有设备的百亿倍。例如，美国斯坦福直线加速器中心启动了一项预算高达3.79亿美元的项目，该项目旨在2009年首次成功研制出“直线加速器相干光源（LCLS）”[20]。此外，德国汉堡市的电子同步回旋加速器研究中心计划于2012年成功研制出欧洲X射线自由电子激光器，该项目预算高达9.08亿欧元。此前，该中心已成功研发了性能优秀的紫外线自由电子激光器。在日本，相关的研究项目也在进行中。当下在这一领域研究中，世界各科技大国竞争的关键在于以尽量小的输入能量在尽量短的波长范围内得到高增益X射线激光[21]。这一技术研究的突破对科技发展影响重大。

自1997年5月起，我国物理学家杨振宁先生多次致信有关部门及领导，力主加快开展X射线自由电子激光技术的预研究。这一呼吁受到了我国政府与科学界的高度重视和关注，为该领域的研究提供了积极支持[23]。

1994年，高能所成功研制了中红外波段的北京自由电子激光装置，在亚洲实现了饱和出光的突破性进展[11]。该装置的结构示意图如图1-22所示，清晰展示了其设计和构造。这一里程碑的成果标志着我国在自由电子激光技术领域取得了重大进展。得益于中科院、科技部和国家自然科学基金委的大力支持，自2000年起，上海应用物理所、高能所、中国科学技术大学和北京大学联合开展深紫外自由电子激光的研究工作[20]。这种协同合作的模式极大地促进了我国自由电子激光领域的研究与发展。

图1-21 德国DESY自由电子激光器的波荡器

图1-22 北京自由电子激光装置

1.1.1.8 X射线在生化领域的贡献

（1）揭示DNA双螺旋结构

在20世纪40年代末50年代初，科学界确认了DNA作为遗传物质的重要性。它不仅携带着生物体的遗传信息，还能够进行自我复制和传递遗传信息，从而控制生命活动的表达。同时，DNA具有突变的潜力，这些突变在某种程度上可以被保留下来[12]。当时，科学家们被一个关键问题所困扰：DNA是怎样的结构？为解决这一问题，三个实验室争相开展了DNA分子模型的研究[12]。

其一是威尔金斯（Maurice Wilkins，1916—2004）（见图1-23）和富兰克林（Rosalind Elsie Franklin，1920—1958）（见图1-24）在伦敦国王学院的实验室进行了关于DNA晶体结构的研究。研究人员在实验中采用了X射线衍射法作为关键的技术手段。通过将X射线照射到DNA晶体上，X射线会在晶格的原子或分子间发生偏转。通过分析所得到的衍射图像，研究人员能够推测出DNA分子的大致形状和结构。当时，英国的生物学家富兰克林是其中一位重要的科学家，她首先确定了DNA的双螺旋结构。在1952年的5月，富兰克林利用X射线衍射技术拍摄到了一张引人注目的DNA照片（见图1-25）。这张照片清晰而优美地展示了DNA的双螺旋结构，它由两条长链组成，宽度约为20 Å。这一重要发现为后来进一步揭示DNA结构提供了关键性的依据。

图 1-23　伦敦国王学院的威尔金斯

图 1-24　富兰克林

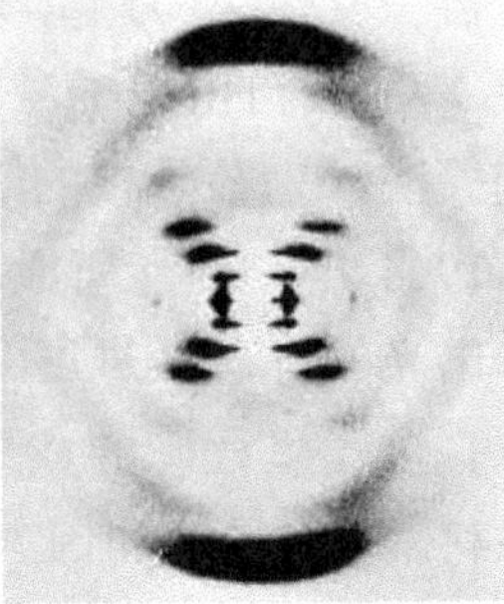

图 1-25　用 X 射线衍射技术拍摄到了清晰而优美的 DNA 照片

图 1-26　加州理工学院的莱纳斯·鲍林

其二，加州理工学院的鲍林实验室也对 DNA 的结构进行了研究。在 20 世纪 30 年代初，莱纳斯·鲍林（Linus Carl Pauling，1901—1994）（见图 1-26）对生物大分子结构产生了浓厚的兴趣，并开始对血红蛋白的结构进行初步研究[5]。他引入了一种新的方法，即 X 射线衍射晶体结构测试方法，用于精确测定蛋白质的结构，并成功推导出了计算重原子坐标的公式[8]。至今，蛋白质结晶和 X 射线衍射实验仍然是测定蛋白质三级结构的主要手段，几乎所有已知结构的蛋白质都是通过这种方法获得的。鲍林通过对血红蛋白晶体衍射图谱的详细分析，提出了一种关于肽链排列的全新模型，也就是最早的 α 螺旋结构模型[12]。这一模型对于揭示蛋白质的结构和功能具有重要意义。因其在化学键研究和复杂物质结构阐明方面的卓越贡献，鲍林于 1954 年荣获诺贝尔化学奖。他所取得的成就与 X 射线衍射研究密切相关，并为该领域的进一步发展奠定了坚实基础。

第三个重要的研究发生在 1951 年，当时沃森（James Watson，1928—）（见图 1-27）和克里克（Francis Crick，1916—2004）（见图 1-28）在 DNA 结构领域展开了合作研究。沃森正在剑桥大学攻读博士学位，并专注于研究 DNA 分子的结构。同时，他也参与了烟草花叶病毒项目的研究。克里克则正处于攻读博士学位的阶段，他的博士论文题目是“多肽和蛋白质的 X 射线研究”[8]。由于克里克在 X 射线晶体衍射方面具备专业知识，沃森积极劝说他加入了 DNA 分子模型的研究。从 1951 年 10 月开始，他们不断尝试构建 DNA 分子模型，经历了几次失败后，于 1953 年 3 月成功地得到了正确的分子模型[8]。

在 20 世纪中期，一项引人注目的科学发现掀开了生物学的新篇章，即 DNA 双螺旋模型的诞生。这一重大发现堪称与达尔文的进化论齐名的科学突破，不仅引领了分子生物学的革新，还开启了人类改造和设计生命的崭新时代。这个引人注目的成就同样源自许多科学家们的共同努力，其中包括克里克、威尔金斯、富兰克林和沃森，而其中贡献最突出的是克里克[11]。

20 世纪中期，DNA 分子双螺旋模型这项卓越成果的提出揭开了生物学研究和发展的崭新篇章。这一成就推动了分子生物学的革新，由此人类开启生命改造和设计的新征程。这一模型的提出归功于包括克里克、沃森、富兰克林和威尔金斯等众多科学家的共同努力，尤其是克里克做出的突出贡献。DNA 分子双螺旋模型甚至能与达尔文进化论相提并论。

1962 年，为了表彰沃森、克里克和威尔金斯对于揭示核酸分子结构及其在生命中的重要意义所做出的杰出贡献，他们共同获得了诺贝尔生理学和医学奖。这一令人瞩目的成果的实现，离不开基础研究中 X 射线衍射实验的奠基。

图 1-27 沃森

图 1-28 克里克

（2）测定蛋白质晶体结构

图 1-29 展示了英国科学家肯德鲁（John Cowdery Kendrew，1917—1997），图 1-30 展示了佩鲁兹（Max Ferdinand Perutz，1914—2002）。他们以 X 射线衍射分析方法对血红蛋白和肌红蛋白进行了深入研究[9]。肯德鲁运用 X 射线衍射技术和计算机技术，成功揭示了肌球蛋白螺旋结构中氨基酸序列。此外，他们还合作进行了关于蛋白质与核酸，以及三维结构和功能的 X 射线衍射晶体照相术的研究[10]。在 1960 年，肯德鲁和佩鲁兹通过将大质量原子如金、汞等引入蛋白质分子中，显著提高了 X 射线衍射效率，从而清晰地揭示了蛋白质晶体结构。基于这一突破性成果，他们共同荣获了 1962 年的诺贝尔化学奖。

图 1-29 肯德鲁

图 1-30 佩鲁兹

（3）测定生物分子结构

英国科学家霍奇金（Dorothy Mary Crowfoot Hodgkin，1910—1994）（见图 1-31）是一位非凡的女性科学家，她在固醇类物质结构研究领域取得了巨大突破。她的研究成果包括对维生素 D_2（钙化甾醇）和碘化胆固醇进行的结构研究。利用 X 射线衍射技术，霍奇金成功测定了复杂晶体和大分子的空间结构，这些成就引起了广泛的赞誉[10]。值得一提的是，1949 年，霍奇金成功确定了青霉素的结构，为青霉素的大规模生产做出了重要贡献。不久后的 1957 年，她再次创造了历史，成功测定了抗恶性贫血药物维生素 B_{12} 的巨大分子结构（见图 1-32），这为维生素 B_{12} 的合成提供了潜在的可能性[5]。

霍奇金的研究成果对科学界具有重要意义和深远影响，因此在 1964 年，她荣获了诺贝尔化学奖，成为继居里夫人及其女儿伊伦·约里奥-居里之后第三位获此殊荣的女性科学家。

图 1-31　英国女化学家霍奇金

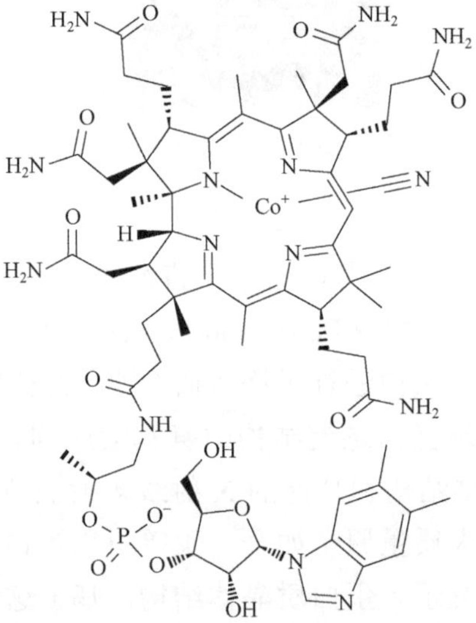

图 1-32　维生素 B_{12} 的巨大分子结构

（4）确定基因结构

弗雷德里克·桑格（Frederick Sanger，1918—2013）（见图 1-33）是一位杰出的英国生物化学家。在 1955 年，他成功地研究确定了牛胰岛素的化学结构，这一重要发现为合成胰岛素奠定了基础，同时也极大地推动了蛋白质分子结构的研究[5]。随着研究的深入，他在 1958 年因确定胰岛素的分子结构而荣获了诺贝尔化学奖[8]。在 22 年后的 1980 年，桑格再次登上诺贝尔化学奖的领奖台。这次，他与美国生物化学家沃特·吉尔伯特（Walter Gilbert，1932—）（见图 1-34）及保罗·伯格（Paul Berg，1926—2023）（见图 1-35）共同获得了这一荣誉。他们借助 X 射线分析法，对胰岛素分子结构、DNA 核苷酸顺序及基因结构进行了确定，这些研究对生物化学领域产生了深远影响。

图 1-33 英国生物化学家桑格

图 1-34 美国生物化学家吉尔伯特

图 1-35 美国生物化学家伯格

（5）显微影像重组技术

阿龙·克卢格（Aaron Klug，1926—2018）（见图 1-36）是一位英籍南非生物化学家。他在 1968 年对两种先进的技术——X 射线衍射法和电子显微镜技术进行了创新性的整合，发明了显微影像重组技术。这项技术为他成功探明病毒和细胞内重要遗传物质的详细结构提供了全新的途径[11]。显微影像重组技术的工作原理是将一种结晶物质的电子显微照片置于激光下曝光。通过激光照射形成的衍射或散射点，可以生成比电子显微照片更为详细的图像。通过晶体的各个面所得到的多个二维图像的合成，阿龙·克卢格进一步实现了立体的生物大分子结构图像的构建。这一突破性的技术为生物化学领域的研究和应用带来了全新的可能性。

图 1-36 英籍南非生物化学家克卢格

这项技术将 X 射线衍射法和电子显微镜技术进行了创新性的整合，为研究由于分子庞大而无法使用 X 射线晶体学进行研究的结构开辟了全新的途径[11]。通过这项技术，克卢格成功确定了杆状烟草花叶病毒的结构，发现其由 100 多个核糖核酸为中心的圆片堆叠而成[8]。值得注意的是，克卢格发现了这些“球形”病毒的图像与引起小儿麻痹症和疣的病毒非常相似，这些病毒的结构都具有 20 个面[11]。此外，他还与剑桥大学的同事一起研究了转移核糖核酸的螺旋结构及其在动物细胞中的功能。阿龙·克卢格的杰出贡献为测定生物大分子结构提供了一种创新的方法，因此他荣获了 1982 年诺贝尔化学奖。这一荣誉不仅是对他个人成就的认可，也是对显微影像重组技术在科学研究方面杰出贡献的高度赞扬。

（6）晶体结构直接计算法

赫伯特·豪普特曼（Herbert Aaron Hauptman，1917—2011）（见图 1-37）和杰尔姆·卡尔勒（Jerome Karle，1918—2013）（见图 1-38）是两位美国科学家，他们的研究领域主要涉及 X 射线晶体学中的相角问题和矩阵理论[11]。X 射线衍射在研究晶体结构方面有着广泛的应用。从 20 世纪 50 年代开始，豪普特曼和卡尔勒运用统计数学方法深入研究了晶体的衍射数据，并从中获取了相角的关键信息。经过长时间的努力，他们成功地推导出了一种直接计算晶体衍射线相角的关系式，该关系式能够从衍射强度的统计数据中获得各衍射线的相角信息。这一方法被称为晶体学结构的直接计算法[10]。

在 1950—1955 年期间，豪普特曼和卡尔勒利用该方法成功确定了 5～6 种分子的结构[11]。随着 20 世纪 70 年代的到来，借助先进的电子计算机进行运算，可以快速确定分子的化学结构，无需再依赖假设[10]。他们的研究成果为探索新的分子结构和化学反应提供了基本方法，对分子晶体结构测定做出了重要贡献。正是由于他们的突破性研究，豪普特曼与卡尔勒共同荣获了 1985 年诺贝尔化学奖。

图 1-37　美国晶体学家豪普特曼

图 1-38　美国物理学家卡尔勒

（7）揭示光合作用反应中心立体结构[11]

德国科学家罗伯特·胡伯尔（Robert Huber，1937—）（见图 1-39）在 1972 年创办了德国马克斯·普朗克学会研究所的蛋白质结晶学研究室，并为深入理解生物分子膜结构及其功能做出了重要贡献[11]。他主要关注于资料收集仪器、蛋白质结晶学方法、Patterson 方法、图解方法和精制等方面的深度研究，同时促进电子富含金属簇的应用及结晶改进方法和仪器的发展[10]。

约翰·戴森霍弗（Johann Deisehofer，1937—）（见图 1-40）是一位在结晶体结构学领域拥有丰富计算和科学知识的专家[8]。而哈特穆特·米歇尔（Hartnut Michel，1948—）（见图 1-41）则在 1981 年成功地获得了世界上第一个膜蛋白晶体，该晶体来自于紫色光合细菌的光合作用反应中心，并以高精确度达到 3 Å 确定了其三维结构[8]。

图 1-39　罗伯特·胡伯尔

图 1-40　约翰·戴森霍弗

图 1-41　哈特穆特·米歇尔

三位科学家通过合作运用 X 射线晶体分析方法，成功地揭示了光合作用中能量转换反应的反应中心复合物的立体结构，并详细解析了相关蛋白质的形成过程，这项突破性工作为他们赢得了 1988 年诺贝尔化学奖。

（8）澄清人体细胞内离子传输酶

在 20 世纪 50 年代初，美国生物化学家保罗·博耶（Paul D.Boyer，1918—2018）（见图 1-42）进行了一项重要的研究，他的发现是关于三磷酸腺苷在动物细胞的线粒体内的形成[8]。而在 1961 年，英国化学家米切尔提出了一个重要的理论，即三磷酸腺苷的产生是通过氢离子沿着线粒体膜的浓度梯度运动所提供的能量（米切尔因此获得了 1978 年诺贝尔化学奖）。而博耶则专注于研究三磷酸腺苷合酶，这是一种能够合成化学能量载体——三磷酸腺苷的分子。他提出并详细阐述了一种被称为“束缚转变机制”的独特机制，用以解释三磷酸腺苷合酶的特性[10]。

在 20 世纪 80 年代初，英国化学家约翰·欧内斯特·沃克（John Ernest Walker，1941—）（见图 1-43）开始对三磷酸腺苷合酶进行研究，他的研究重点是该酶的化学成分和结构[11]。他成功地确定了构成该合酶蛋白质单元的氨基酸排列顺序。随后，在 20 世纪 90 年代，他与 X 射线结晶学家合作，利用同步辐射装置的 X 射线技术研究生物分子的结构和功能，这项工作取得了显著的成果，成功地揭示了酶的三维结构。沃克的研究结果进一步支持了博耶提出的“束缚转变机制”[10]。

在 20 世纪 50 年代后期的研究中，丹麦生物化学家延斯·斯科（Jens C.Skou，1918—）（见图 1-44）发现了一种被称为钠钾 ATP 酶的分子[8]。这种酶能够与动物细胞的质膜结合，在外部钾离子和内部钠离子受到刺激时被激活。一旦被激活，该酶就会将钠离子从细胞内泵出，同时将钾离子泵入细胞内，以维持细胞内高钾浓度和低钠浓度，使细胞与外部环境保持相对稳定[10]。因为在人体细胞内离子传输酶领域取得了卓越成就，斯科、博耶和沃克三位科学家共同荣获了 1997 年的诺贝尔化学奖。

图 1-42 美国生物化学家博耶

图 1-43 英国化学家沃克

图 1-44 丹麦生物化学家斯科

（9）发现细胞膜水通道及离子通道结构

人体的体重主要由水溶液构成，约占总体重的 70%。这些水溶液包含水分子和各种离子，在生物体内发挥重要作用。为了实现细胞的多样功能，这些成分需要通过细胞膜上的通道进行进出。在 20 世纪 50 年代中期，科学家发现了一种被称为水通道的特殊通道，其专门负责水分子的传输。水通道因其对生命维持的重要性而成为细胞膜中最为关键的通道之一，然而水通道的本质一直是一个未解之谜[8]。

图 1-45　美国科学家彼得·阿格雷

美国科学家彼得·阿格雷（Peter Agre，1949—）（见图 1-45）在 20 世纪 80 年代中期专注于研究各种类型的细胞膜蛋白。他的研究带来了突破性发现，发现了被称为水通道蛋白的细胞膜蛋白（见图 1-46），这正是人们长期以来追寻的水通道[11]。在 2000 年，阿格雷与其他研究人员合作，首次发布了水通道蛋白的高清晰度立体照片（见图 1-47）[8]，这张照片展示了该特殊结构蛋白的真实面貌，其功能专门用于水分子的传输。

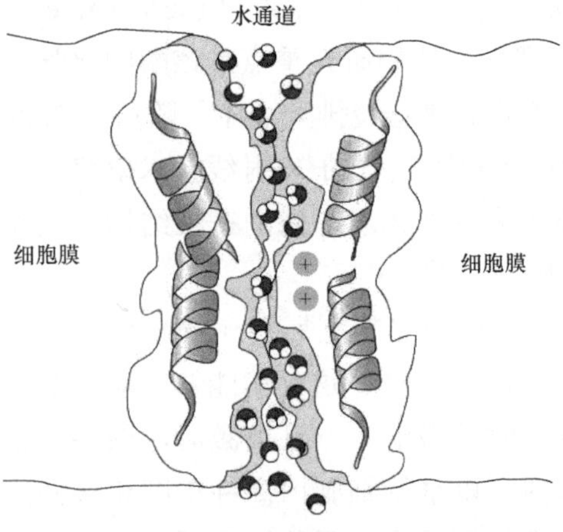

图 1-46　水通道蛋白示意图

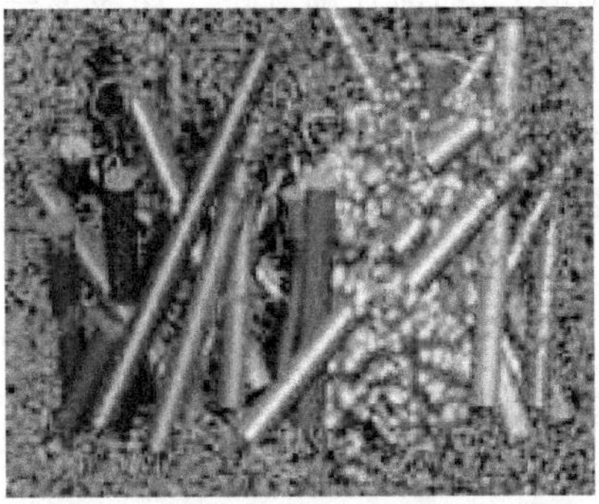

图 1-47　世界第一张水通道蛋白的高清晰度立体照片

1890 年，奥斯特瓦尔德（1909 年诺贝尔化学奖获得者）推测离子在细胞进出过程中可能传递信息[8]。随后，科学家在 20 世纪 20 年代证实了存在一些可供离子进出细胞通道的现象[10]。霍奇金和哈克斯利在 20 世纪 50 年代初的研究中发现了离子通过神经细胞间的转移来传递信息，他们因此于 1963 年获得了诺贝尔生理学或医学奖[8]。然而，当时对于离子通道的结构和工作原理尚未完全探明[11]。

图 1-48　美国科学家罗德里克·麦金农

1998 年，美国科学家罗德里克·麦金农（Roderick MacKinnon，1956—）（见图 1-48）在康奈尔大学的同步辐射装置 CESR 上利用 X 射线晶体成像技术获得了离子通道的首张高清晰度照片（见图 1-49），这项开创性的研究成果展示了离子通道的工作原理（见图 1-50），并首次以原子层次呈现了其细节[10]。麦金农的方法使科学家能够观察离子在通道进入和通过过程中的状态变化，对水通道和离子通道的研究具有重要意义。阿格雷和麦金农因为他们在细胞膜水通道和离子通道的结构与机理方面的开创性研究，于 2003 年共同获得了诺贝尔化学奖。这些发现对于研究肾脏、心脏、肌肉和神经系统等多种疾病具有重要意义[8]。值得注意的是，尽管诺贝尔科学奖通常授予年龄较大的科学家，且获奖成果需经过数十年的验证，但阿格雷获奖时仅 54 岁，麦金农获奖时才 47 岁，他们的研究成果相对较新，这在诺贝尔科学奖历史上非常罕见，彰显了跨学科研究在当代科学领域的重要性[10]。

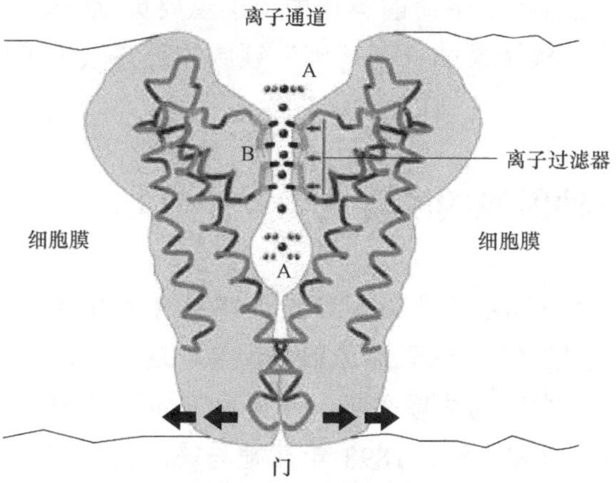

图1-49 离子通道示意图

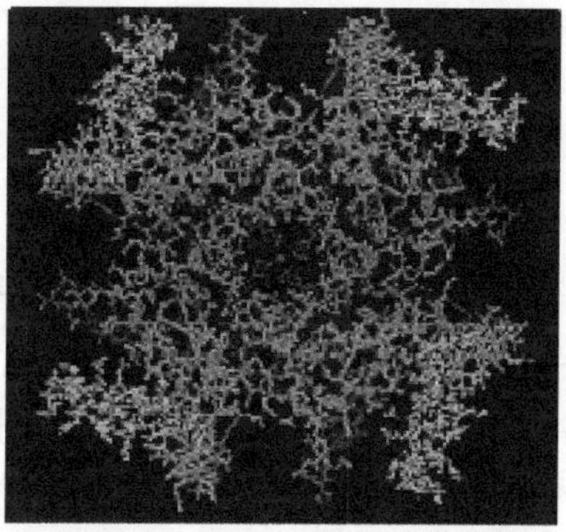

图1-50 世界第一张离子通道的高清晰度照片

（10）捕捉脱氧核糖核酸（DNA）复制过程

基因中遗传信息的转录和复制过程是地球上所有生物生存和发展的关键所在。美国科学家罗杰·大卫·科恩伯格（Roger Kornberg，1947—）（见图 1-51）成功捕捉到脱氧核糖核酸（DNA）复制的全过程，这是一项突破性成就[10]。图 1-52 展示了 DNA 复制的详细过程。

图1-51 美国科学家罗杰·大卫·科恩伯格

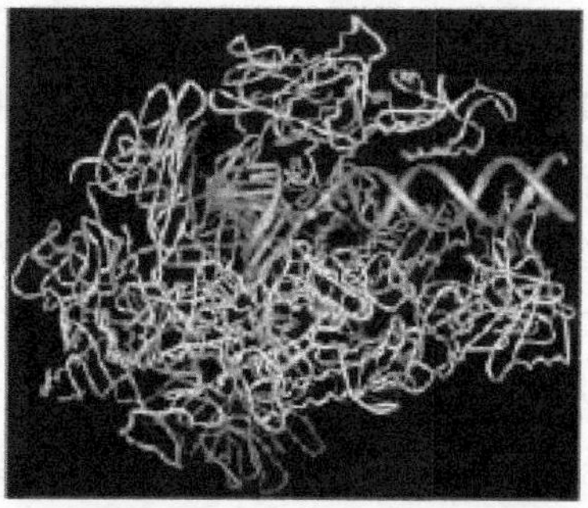

图1-52 脱氧核糖核酸（DNA）的复制过程捕捉图

布拉格父子因为他们的发明——X 射线晶体结构分析法而于 1915 年共同获得诺贝尔物理学奖[10]。罗杰·科恩伯格的父亲亚瑟·科恩伯格（Arthur Kornberg，1918—2007）则在 1959 年因为在研究 DNA 合成过程中取得的突破而获得了诺贝尔生理学奖[11]。当时罗杰·科恩伯格只有 12 岁，他还有幸随父亲一同前往斯德哥尔摩参加诺贝尔奖的颁奖仪式[8]。

自 20 世纪 70 年代开始，罗杰·科恩伯格就开始利用 X 射线衍射技术和放射自显影技术进行一系列研究[8]。为了更深入地了解遗传信息复制到 RNA 的过程，他选择了美国斯坦福直线加速器中心的同步辐射装置 SSRL 作为实验地点。在这里，科恩伯格专注于研究 DNA、RNA 和聚合酶在该过程中形成的复合物的结晶[8]，并通过 X 射线拍摄了这些复合物不同阶段的照片。这些精确而详实的照片不仅揭示了真核生物细胞如何利用基因储存的信息来合成蛋白质，还对揭示生命的奥秘做出了重要贡献[11]。

2006 年，罗杰·科恩伯格因为在“真核转录的分子基础”领域的研究做出了巨大的贡献，荣获诺贝尔化学奖。

1.1.2 放射性核素和α、β、γ三种射线的发现

在 X 射线的启发下，法国物理学家贝克勒尔（见图 1-53）于 1896 年利用感光照相底片进行了实验，这一实验意外地揭示了铀（U）的天然放射性现象。这个发现引起了波兰裔法国物理学家玛丽·居里对放射性物质的浓厚兴趣，于是她决定将放射性物质作为自己博士论文的主题，探索射线的本质和来源。1898 年，她与德国科学家施米特一起发现了钍（Th）的天然放射性[13]。接下来，居里夫妇（见图 1-54）进行了艰苦的实验，通过提纯沥青铀矿，他们发现了比铀（U）和钍（Th）放射性更强的 84 号天然放射性核素，为了纪念已逝的祖国波兰（Poland），他们将其命名为钋（Po）。随后，他们又发现了镭（Ra）这种天然放射性核素。为了对这些重要发现给予肯定，居里夫妇和贝克勒尔在 1903 年共同荣获诺贝尔物理学奖。随后的 1910 年，居里夫人与法国化学家德比尔纳展开合作，他们进行了一系列实验，其中包括电解氯化镭，以进一步探究金属镭的放射性特性[13]。最终，居里夫人于 1911 年获得了诺贝尔化学奖，成为全球极少数两次获奖的诺贝尔奖得主之一。

1898 年，卢瑟福利用强磁铁将铀射线进行偏转，发现射线被分成两股，这意味着至少存在两种不同的射线。其中一种射线被称为α射线[13]，非常容易被物质吸收；另一种射线则具有较强的穿透力，被称为β射线[3]。后来，贝克勒尔在 1899 年发现β射线在磁场中与阴极射线相同方向偏转。随后，居里夫人证明了β射线带有负电荷。1900 年，贝克勒尔进行了荷质比的测量，确认β射线实际上是电子流。

为了揭示α射线的本质，卢瑟福经过了多年的不懈努力。1902 年，他运用强磁场使射线发生偏转，并成功证明了α粒子是一种带正电荷的粒子流。随后的 1906 年，他对α粒子的荷质比进行了测量，发现其与氢或氦离子的数量级相似。然而，由于当时实验精度的限制，他无法确定α粒子是带一个还是两个电荷。在 1907 年，卢瑟福接任英国曼彻斯特大学教授后，与德国年轻物理学家盖革展开了合作。借助盖革发明的计数管和克鲁克斯创造的闪烁计数法，他们成功地精确计数了每秒钟从 1 克镭源释放出的α粒子数量，并测量了总电量，从而计算出每个α粒子带有两个单位电荷。因此，

卢瑟福推断α粒子实际上是带有两个正电荷的氦离子[24]。此外，他还拍摄了α粒子的光谱线，并证明它们与氦的光谱线相同，从而证实了α粒子的确是氦离子[20]。

1898 年，卢瑟福的研究发现了一种比α和β射线更具穿透力的射线，被称为γ射线[9]。维拉德在 1900 年进一步发现，镭不仅释放α和β射线，还会产生一种第三种射线，即γ射线。这种射线与 X 射线非常相似，但其特点是不受磁场影响。后来，卢瑟福在 1914 年证实了γ射线的本质，即它是一种类似于 X 射线的电磁波，但波长比 X 射线更短[24]。

图 1-53　法国物理学家贝克勒尔

图 1-54　波兰裔法国物理学家居里夫人

1.1.3　电子、质子和中子的发现

电子是最早被人们发现的基本粒子。1897 年，约瑟夫·约翰·汤姆逊（Joseph John Thomson，1856—1940）（见图 1-55）通过研究阴极射线在强电场和荷质比下的偏转现象，成功地发现了电子，这一发现使他在 1906 年获得了诺贝尔物理学奖。随后，在 1918 年，卢瑟福（见图 1-56）使用α粒子轰击氮的实验中，观测到了“氢核”的逸出现象，并将这个粒子命名为质子，他还预言了中子的存在，并提出了原子模型的假设。这些里程碑式的发现使卢瑟福在 1908 年获得了诺贝尔化学奖。在此之后的十多年里，卢瑟福的学生查德威克在 1932 年的实验中，使用α粒子轰击铍，发现了一种具有极强穿透性的粒子，它比质子更重但不带电，被称为中子。这一发现进一步确认了卢瑟福

图 1-55　英国科学家汤姆逊

图 1-56　英国物理学家卢瑟福

的原子结构模型，即原子由电子、质子和中子组成。正是因为这些重要的贡献，卢瑟福在 1935 年获得了诺贝尔物理学奖。

电子、放射线和 X 射线的发现是 19 世纪末 20 世纪初物理学重要的三大发现。这些发现标志着现代物理学的诞生，从经典物理跨入到微观世界。

1.1.4 粒子加速器

1.1.4.1 粒子加速器的诞生及发展

在 1919 年的一项重要实验中，卢瑟福利用高能 α 粒子对厚度为 0.000 4 cm 的金属箔进行轰击，开创了人类科学史上人工核反应的新篇章。他利用放置在箔后的硫化锌荧光屏测量散射分布，从而发现了原子核的结构。这个实验对粒子加速器的发明和发展起到了重要的启发作用。粒子加速器是一种装置，能够产生更高能量的粒子，广泛应用于研究原子核和粒子的性质、内部结构和相互作用。

1928 年，伽莫夫的量子隧道效应研究表明，即使能量远低于天然射线的 α 粒子也有可能透入原子核内[21]。这一研究进一步激发了人们研制人造快速粒子源的兴趣和决心[6]。随后，劳伦斯于 1930 年提出了回旋加速器的工作原理[21]，并于 1932 年成功建成了第一台直径为 27 cm 的回旋加速器。这台装置能将质子加速到 100 万电子伏特，利用它产生了人工放射性同位素 ^{24}Na、^{32}P 和 ^{131}I。劳伦斯因此于 1939 年获得诺贝尔物理奖，成为加速器发展史上首位获奖的科学家。

同样在 1932 年，柯克罗夫特和沃尔顿建成了世界上第一台直流加速器，即科克罗夫特-沃尔顿直流高压加速器。该加速器利用 40 万电子伏特的质子束轰击锂靶，成功实现了历史上第一个由人工加速粒子束引起的核反应。凡德格拉芙则于 1933 年发明了另一种高压加速器，即凡德格拉芙静电加速器[12]。这种加速器能够产生高能粒子，并因其能量均匀度高而被称为核结构研究的精密工具[17]。

回旋加速器和静电加速器都属于直流高压型加速器，它们的加速粒子能量受到高压击穿限制，一般约为 1 000 万电子伏特[21]。然而，通过设计加速器磁场强度沿半径方向与粒子能量同步增长，就能够将质子加速到上亿电子伏特，即等时性回旋加速器[12]。

加速器的类型繁多，自回旋加速器问世以来，同步回旋加速器、电子同步加速器和直线加速器等不断涌现[21]。1940 年，美国科学家科斯特成功研制出世界上第一台电子感应加速器。然而，电子在曲线运动过程中会辐射电磁能量，导致能量损失，限制了电子感应加速器的能量提升，其极限约为 1 亿电子伏特[12]。相比之下，电子同步加速器利用电磁场提供加速能量，可以容忍更大的辐射损失，其极限约为 100 亿电子伏特[25]。不过，只有当电子做直线运动时才不会产生辐射损失。因此，通过使用电磁场进行加速的电子直线加速器可以将电子加速到 500 亿电子伏特。然而，这并非理论上的极限，而是由于造价过高而受到限制[11]。

为了揭示原子核的奥秘和开创新的基本粒子领域，科学家们渴望拥有更高能量的粒子加速器[12]。1945 年，维克斯列尔和麦克米伦各自独立发现了稳相原理，而英国科学家阿里芳特则提出了利用该原理构建稳相加速器的构想[26]。这一重要原理的发现不仅标志着加速器发展史上的重大突破，也催生了一系列新型加速器的问世，打破了回旋加速器所面临的能量限制。然而，尽管在理论上解决了能量限制的问题，经济方面的限制依然让提升能量变得艰难重重[12]。回旋加速器和同步回旋加速器中的磁铁重量和造价暴涨，使得能量提升变得极其困难。事实上，目前的能量限制还停留在 1×10^9 eV 以下[27]。虽然同步加速器的环形磁铁造价相对较低，但由于其横向聚焦力较差，真空盒尺寸不得不庞大，这导致磁铁的磁极间隙也需要增大，从而需要使用更重的磁铁。因此，将质子加速到 1×10^{10} eV 以上几乎是不可企及的[26]。

1952 年，美国科学家柯隆、李湍斯顿和史耐德在一篇论文中提出了强聚焦原理，该原理的应用使得强聚焦加速器能够显著减小真空盒尺寸和磁铁造价，为加速器向更高能量的发展开辟了新途径[23]。强聚焦原理的引入对加速器的发展产生了革命性的影响，并广泛影响了该领域。随后，环形或直线加速器纷纷采用了这一原理[21]，显示出它在加速器领域具有重要实践意义。例如，1954 年，美国劳伦斯国家实验室建造了一台弱聚焦质子同步加速器，能量达到 6.2×10^9 eV，但磁铁总重量高达 1×10^4 t[11]。然而，与之相比，布鲁克海文国家实验室的强聚焦质子同步加速器能量达到 3.3×10^{10} eV，但磁铁总重量仅为 4 000 t[26]。这个对比清晰地展示了强聚焦原理在加速器建设中的巨大优势和实际应用价值。

在 1959 年，欧洲核子研究中心在日内瓦成功建成了一座强聚焦同步加速器，其能量达到了 2.4×10^{10} eV。这座引人注目的加速器每隔 3 s 就能生成一个巨大的粒子脉冲。其直径几乎占据了两条街，绕行一圈的距离达到了 640 m。然而，随着加速器能量的不断提升，也出现了新的挑战[11]。在高能物理实验中，通常采用粒子加速并与静止的靶核子相碰撞，通过研究产生的次级粒子的动量、方向、电荷和数量等特性来探索性质。然而，加速粒子参与高能反应时的实际有效能量受到限制。为了充分利用加速粒子的能量进行高能反应或产生新粒子，采用两束粒子的对撞方式是一种有效的方法。在 1960 年，意大利科学家陶歇克首次提出了对撞机的原理，并在意大利的 Frascali 国家实验室建造了直径约 1 m 的 AdA 对撞机，成功验证了这一原理。自那时起，加速器的发展进入了崭新的阶段，展现出巨大的前景和潜力[21]。

我国粒子加速器的发展历程可以大致划分为三个阶段[11]。第一阶段是开创阶段，时间跨越了 20 世纪 50 年代到 60 年代中期[21]。在这一阶段，我国科学家成功建造了第一台质子静电加速器，随后建成了 30 MeV 电子直线加速器。到了 20 世纪 60 年代中期，我国相继建造了 50～60 台低能加速器，其中包括了电子静电加速器、质子静电加速器、回旋加速器和电子感应加速器等一批静电加速器。这些加速器的建成不仅满足了核物理研究和其他学科应用研究的需求，还为我国的核物理研究、国防科研及应用做出了重要贡献，大多数加速器至今仍在运行[21]。第二阶段是 20 世纪 60 年代中期到 70 年代末，这一阶段粒子加速器的发展相对缓慢，但在完成工业用、医疗用和军事科研用加速器的任务中，保持了技术队伍的稳定和技术的进步，为 20 世纪 80 年代的大工程建设提供了准备条件[11]。在这个阶段，北京和上海分别建成了首批医用电子加速器，并进行了产业化（能量为 8～10 MeV）。第三阶段是 20 世纪 80 年代，改革开放政策带来了我国科研事业和国民经济的大发展[25]，也为我国的加速器技术带来了前所未有的发展机遇。在这个阶段，我国相继建成了 35 MeV 的质子直线加速器、25 MeV 的电子回旋加速器、2×6 MeV 的质子串列静电加速器、4.5 MeV 的质子单级静电加速器等一批新型加速器[17]。同时，高能所的正负电子对撞机（BEPC）、近物所的重离子加速器研究装置（HIRFL）及中科大同步辐射光源（HESYRL）和上海应物所的同步辐射光源也相继建成。

北京高能所的正负电子对撞机（BEPC）已于 1989 年初投入运行[25]，是国际上在该领域内性能最好的装置[11]。其研究领域主要集中在粲物理和轻子物理，中美双方已经达成了合作协议，进一步证明了 BEPC 的优越性能获得了国际认可[26]。除了进行高能物理实验外，BEPC 的另一个任务是作为同步辐射光源，能提供从紫外光到 X 射线和硬 X 射线的辐射，为众多学科的研究和应用提供服务[11]。BEPC 的寿命大约为十年，在此期间可以兼用或专用两种模式运行。专用模式是根据对同步辐射光的要求来确定机器运行参数，要求同步辐射光有更高的亮度和更好的性能，而兼用模式则是根据对撞要求来确定的[21]。在研究工作进行到一定阶段后，BEPC 将完全转向纯同步辐射应用[23]。此外，合肥同步辐射装置（HESYRL）是专用的光源，电子束流能量为 800 MeV，可提供的同步光为紫外线到软 X 射线[26]。我国的兰州重离子加速器（HIRFL）是一座中国能量最高的重离子物理研究装置。它于 1988 年 12 月建成并投入使用，随后在 1991 年和 1992 年分别荣获了中国科学院科技进步特等奖和国家科技进步一等奖[28]。这些重要的科学设施在科研工作中发挥了重要作用，它们的应用极大地推动了我国在多个交叉学科领域的研究能力。这些领域包括放射性束物理研究、新核素合成及衰变性质研究、低中能重离子碰撞及热核性质研究、高自旋核结构研究、原子核理论研究、重离子束在固体物理、材料科学、天体物理、生命科学等交叉学科的应用研究，以及重离子加速器物理和技术研究等学科。这些大型科学设备的运用大大提升了我国在相关领域的科研实力，并取得了显著的成就。此外，加速器技术在一些方面的提高也将对相关工业的发展带来好处，如大部件精细加工技术、高精度大型磁铁加工技术、高功率稳流电源、大功率微波技术、高频技术、大容积超高真空技术、束流测量技术和自动控制技术等，在国民经济的许多领域都有用处。中国科学院高能物理研究所已向国外提供成套微波元件和加速管，承担国外的合作项目[23]。

加速器技术自首次问世以来已有 70 多年的历史，经过长期的发展取得了显著成就。在这段时间里，加速器的能量水平提高了 9 个数量级，同时单位能量的造价也降低了 4 个数量级。这种令人惊叹的进步速度在各个科学领域都是罕见的现象[27]。近年来，强流中能质子直线加速器已成为学术界和科技界的研究热点，以满足加速器驱动洁净核能系统和散裂中子源的需求。

1.1.4.2 粒子加速器的结构组成和分类

粒子加速器的结构通常由三个主要组成部分构成[30]。首先是粒子源，用于提供需要加速的粒子，可以包括质子、反质子、电子、正电子和重离子等[12]。其次是真空加速系统，该系统内含特定形态的加速电场，并且位于真空度极高的真空室中，以确保粒子在加速过程中不受空气分子散射的干扰[21]。最后是导引和聚焦系统，通过使用特定形态的电磁场来引导和限制被加速的粒子束，使其沿着预定轨道接受加速电场的作用[11]。为实现这些性能，需要高度精密技术的协调配合[12]。粒子加速器的性能主要可以通过粒子能量和粒子流强度（流强）来衡量[21]。根据粒子能量的大小，加速器可以划分为低能加速器（能量小于 10^8 eV)、中能加速器（能量在 10^8～10^9 eV 之间)、高能加速器（能量在 10^9～10^{12} eV 之间)，以及超高能加速器（能量大于 10^{12} eV)。低能和中能加速器已经广泛应用[12]。

1.1.5 介子和超子等的发现

随着加速器的问世和天体物理、核探测技术的不断进步，科学家在过去的几十年中取得了一系列重要的发现。例如，1932 年和 1936 年，他们利用云雾室发现了正电子和 μ 介子。而在 1954 年，他们则通过气泡室的实验发现了 Σ0 超子。随后，在 1961 年，火花室的使用使科学家们成功探测到了中微子的存在。而在 20 世纪 50 年代，以中国科学家为主导，利用气泡室成功发现了反 Σ-超子。

1.1.6 各种辐射技术的特点及现状

1.1.6.1 粒子加速器的现状

在 20 世纪 60—70 年代，中国建设了一批低能加速器（见表 1-1)，包括高频高压型加速器、35 MeV 质子直线加速器、电子直线加速器、4.5 MeV 离子静电加速器和串列加速器、高功率束加速器和电子加速器。这些加速器的关键部件和技术已达到国际水平或接近国际水平[6]。此外，中国还引进了一批小型加速器，在医疗、工业辐照、工业探伤和小型串列加速器等领域得到广泛应用[25]。1989 年起，中国原子能科学研究院开始运行引进的美国 2×13 MV 串列加速器，在低能核物理研究方面取得了重要突破。复旦大学、清华大学等高校利用引进的 2×2 MV 串列加速器，开展了深入的分子物理和原子物理研究。同时，北京大学、复旦大学和中国科学院上海冶金研究所等机构致力于离子注入和离子束元素分析的研究工作[21]。

表 1-1　我国低能加速器特点及现状[31]

加速器种类	总台数	束流能量/MeV	流强/mA
电子静电加速器	19	1.5～2.5	0.15
离子静电加速器	8（2）	0.2～4.5	15～100 μA
串列静电加速器	14（12）	2×2，2×6，2×13	1～3 μA
绝缘芯变压型加速器	8（1）	0.2～3.0	10～15
倍压加速器	25（4）	0.1～0.75	0.2～1
电子帘加速器	3（2）	0.2～1.5	30～50
高频、中频高压加速器	9（3）	2.0～3.0	10～40
离子注入机 高能	12（6）	0.4～0.6	0.01～0.2
离子注入机 低中能	170（30）	0.03～0.2	0.1～1
离子注入机 强流	13	0.025～0.15	0.3～15
中子发生器	12（3）	0.1～0.6	
回旋加速器	9（3）	6～35	0.05～0.9
质子直线加速器	1	35	66
电子直线加速器 科研用	7	4，10，14，30，90	
电子直线加速器 工业辐照用	5（3）	5，10，12	10～1 000
电子直线加速器 工业探伤用	15（9）	4，10	200～600
电子直线加速器 医疗用	89（64）	1，15，20	
电子感应加速器 医用	8（4）	25，35	
电子感应加速器 探伤用	12	15，25	
高功率电子 MARX 型	14	0.6，8	13～900 kA
束加速器 直线感应	1	1.5	3 kA
总计	452（145）		

备注：圆括号内为进口机器台数

我国自 20 世纪 60 年代末开始研制高功率电子束加速器，最初是为了满足军事工业的需求。中国科学院高能物理研究所与中国工程物理研究院合作成功研制出了一种强流脉冲电子束加速器（1 MV，20 kA）[11]。随着改革开放政策的推动，我国的科研事业和国民经济都迅速发展起来，粒子加速器领域也取得了进展，成功研制出适用于医疗和工业的小型加速器[25]。在接下来的十年中，我国陆续建成了多个强流脉冲电子束加速器，其中包括“闪光-I”和“闪光-JJ”，它们的输出电压分别达到 8 MV，脉冲电流达到 100 kA，以及 0.9 MV、0.9 MA。此外，中国原子能科学研究院、中国科学院电工研究所、国防科学技术大学和中国科学院电子学研究所也相继建成了类似的装置。另外，中国工程物理研究院还成功研制出一种感应直线加速器，其能量为 1.5 MeV，流强为 3 kA[23]。

相较于质子和中子，电子具有更小的体积和质量，其在物质中的射程范围更大。

通过电子束辐照技术，能促使物质原子电离激发，引发电子扰动，并以热能形式沉积能量。此外，电子束辐照技术在聚合物交联改性、材料加工、环保和辐照灭菌等领域已经实现了产业化。中国在电子束处理烟气工业化应用装置方面取得了全球首创的成就，并在成都建成了该装置。自 20 世纪 70 年代开始，中国开始研制医用电子直线加速器，但无论是数量还是质量都无法满足需求。随着进入 20 世纪 80 年代，中国引进了大量医用电子直线加速器，目前临床应用的电子直线加速器已接近百台[25]。此外，中国目前共拥有约 630 台辐照加工用电子加速器，总设计功率约为 45 000 kW。其中，用于辐照材料改性的中低能电子加速器约为 550 台，用于辐照消毒灭菌的高能电子加速器约为 80 台。2021 年 7 月，中广核达胜加速器技术有限公司采用了 7 台电子加速器进行联机运行，成功在广东建成了国内首个工业规模的辐照处理印染废水工厂，并于 2020 年 6 月正式投入运营。此外，中广核达胜科技有限公司还于 2020 年 7 月在新疆伊犁建成了中国首个电子束无害化处理抗生素菌渣应用装置。

在 20 世纪 80 年代，我国建造了三台大型科学装置（见表 1-2）。而在 20 世纪 90 年代，我国粒子加速器的发展进入了“巩固提高、稳步发展”的阶段[21]。这些加速器能够生成质子和重离子，并具有精确控制能量和剂量的优势，同时在物质中的分布和能量沉积方式也具有特殊性。除了在核物理相关的基础研究中，如离子注入、原子质量测量、新核素合成、材料改性及材料辐照损伤效应等方面，质子和重离子技术在临床医学领域也取得了显著的进展。山东万杰医院和上海质子治疗中心成功应用了质子/重离子加速器治疗装置进行临床治疗，而中国科学院兰州近代物理所建立的武威碳离子治疗装置则于 2019 年获得了“第三类医疗器械”的注册证。截至 2019 年年底，在中国大陆地区已经有 120 台医用回旋加速器和 400 余台工业探伤加速器投入使用。

表 1-2 我国 20 世纪 80 年代建成的三台大型加速器[31]

工程名称	加速器名称	束流能量	建设时间
北京正负电子对撞机	注入器（e^-、e^+直线加速器） 储存环	1.1/1.4 GeV 2.2/2.8 GeV	1984—1987 1981—1988
合肥同步辐射光源	注入器（e^-直线加速器） 储存环	200 MeV 200 MeV	1983—1987 1983—1989
兰州重离子加速器	注入器（SFC） 扇形加速器（SSC）	（碳）100 MeV/u	1976—1988

自 20 世纪 60 年代初以来，正负电子对撞机的出现开创了高能加速器发展的新时代[32]。随着技术的不断进步，20 世纪 70 年代开始涌现出许多能量较低的正负电子对撞机。而正是在美国 SPEAR 机器上，科学家们成功地进行了 J/ψ 粒子的观测实验[25]。随后，到了 20 世纪 70 年代末期，一项名为“冷却技术”的突破性进展催生了全新的质子－反质子对撞机，这一技术创新使得在 1982 年 CERN 的 SPS 机器上发现了 Z^0 和 $W^{\pm}$粒子[11]。值得一提的是，所有被提出的加速器方案都是基于对撞机的设计原理[6]。

表 1-3 列举了一些当前存在的对撞机。

表 1-3 世界上已有的对撞机特点[31]

对撞粒子种类	加速器名称	束流能量/GeV	周长或长度/m	亮度/（cm^{-2}/s）	首次出现时间
电子－正电子	PEP（美国）	16+16	2 200	5.9×10^{31}	1980 年
	SLC（美国）	46+46	3 050	6.0×10^{30}*	1987 年
	CESR（美国）	6+6	768	1.0×10^{32}	1979 年
	VEPP-4M（苏联）	6+6*	365	1.0×10^{32}*	1990 年
	DORISII（德国）	5.3+5.3	288	3.3×10^{32}	1973 年
	LEP（西欧核子研究中心）	55+55*	26 659	1.7×10^{31}*	1989 年
	BEPC（中国）	2.8+2.8	240	1.7×10^{31}*	1988 年
	TRISTAN（日本）	30+30	3 018	1.4×10^{31}	1986 年
电子－质子	HERA（德国）	26+820*	6 336	1.6×10^{31}*	1990 年
质子－反质子	Tevatron（美国）	900+900	6 263	2.0×10^{30}	1985 年
	SppS（西欧核子研究中心）	315+315*	6 911	2.8×10^{30}	1981 年
质子－质子	SSC（美国）	20 000+20 000*	86 760	1.0×10^{33}*	1998 年
	UNK（苏联）	3 000+3 000*	20 772	4.0×10^{32}*	1995 年
	LHC（西欧核子研究中心）	8 000+8 000*	26 659	3.8×10^{34}*	1996 年
重离子－重离子	RHIC（美国）	100/u+100/u	3 833	1.4×10^{31}（P）* 1.4×10*（Au）*	1996 年

备注：*为设计值

随着加速器技术的不断发展，人类对微观物质世界的认知不断加深，粒子物理学领域取得了显著的科学成就[33]。近期，国际科研团队成功开发了一种创新技术，将加速器与质谱仪紧密结合，研制出高度敏感的“加速器超灵敏质谱计”。这种先进的质谱计能够广泛应用于海洋学、地质学、考古学、材料科学及生物医学等多个领域，并为这些领域的研究提供了强大的分析工具[6]。在这一领域，中国科学院上海原子核研究所、中国原子能科学研究院、北京大学及中国科学院近代物理研究所（兰州）等研究机构取得了显著成果[11]。

1.1.6.2 X（γ）射线辐射技术的现状

X 射线是一种具有极强穿透力和较低辐射损伤的电磁波，因此在医院的影像诊断（如胸透、拍片和 CT 等）中广泛应用。同时，它也是车站和机场安检的重要手段，可有效检测行李包裹、行人和集装箱等物品。在高校和科研院所的实验室中，X 射线还被用于物质组成和微结构的分析，如 XPS、XRD、XRI、XRS、EXAFS 和 XRF 等技术。此外，在工业探伤等领域，X 射线也发挥着不可替代的作用。X 射线的应用已经深入到人们的日常生活中。在 20 世纪 60 年代，中国科学院高能物理研究所和中国工程物理研究院合作研制出一台能量为 500 keV 的脉冲 X 射线机[21]。截至 2019 年年底，我国大陆地区已拥有 23 台 PET/MRI、404 台 PET/CT、427 台正电子显像设备和 903 台单光子显像设备。同时，工业探伤装置的数量也已超过 19 600 台。作为一门内容丰富、应用广泛的综合学科[12]，X 射线学对物理学和科学技术的发展产生了深远的影响[11]。

由于γ射线的能量通常比 X 射线高，它对照射物引起的损伤比 X 射线大，同时也有更深的穿透性。因此，γ射线在材料改性、辐照育种、辐照绝育、医疗器件辐照消毒灭菌、肿瘤治疗、辐照食品保鲜、三废处理、无损探伤等领域得到广泛应用，并已经实现了产业化。截至目前，我国拥有超过 2 700 台γ辐照装置，其中 $^{60}Co \geqslant 3 \times 10^6$ Ci 装置的数量达到了约 140 台。钴源辐照装置的单座设计能力已经达到了 6×10^7 Ci。此外，工业 ^{60}Co 的生产已经实现了国产化，并且产品远销海外。

辐射技术的发展前景非常乐观，具有巨大的发展潜力，作为一种新兴技术与现代电子学和信息技术相媲美。辐射技术的应用属于战略新兴产业，与中国的三分之一行业紧密相关。目前，辐射技术已经与传统产业相结合，对传统产业进行了升级和改造，显著提高了人民的生活水平。未来，辐射技术中的中微子具有穿透地球的能力，可以实现全球中微子通信，揭示地球深部的信息。这将为研究地球动力学中的地球内部结构、火山活动预测、地震预报、隐伏矿产资源（如石油、天然气，以及铀矿、金矿等固体矿产资源）探测等提供一种全新的技术手段。

1.2 辐射技术的应用

在地球环境中，人类和生物始终受到电离辐射的照射[29]。辐射生物学研究的历史可以追溯到 20 世纪 20 年代，当时的果蝇遗传学家发现射线会导致遗传畸变。随后，到了 20 世纪 30 年代，科学家们开始探索辐射对 DNA 造成的损伤。经过近百年的不断努力，人们对辐射诱导的生物学效应的基本原理、相关过程、结果及各种影响因素有了更加深入和全面的认识[21]。在这一过程中，发现辐射生物效应的表现多种多样，可以促进生物细胞分裂和快速生长，也可以破坏生物体细胞组织用来杀灭病菌和防治害虫，可以诱发植物基因变异培育新品种，也可以通过辐照延长食品、农产品的保藏期，可以通过辐照处理和传统方法联合治理废水、废弃和废渣，也可以应用在医学领域中。

1.2.1 辐射技术在辐射育种中的应用

辐射育种的方法是通过高能射线照射农作物的种子或组织器官，以诱发基因突变或染色体畸变，并从中选取具有所需遗传特征的优良变异体，以培育新的优良品种。辐射育种主要可分为太空育种和原子能育种两种方法。太空育种是利用航天器将种子或组织器官带入太空，暴露在宇宙射线中的高能粒子流中，通过电离辐射处理生物体，以提高突变频率。相较于地球环境，这种方法大幅增加了突变品种的产生，这些品种表现出各种不同性状。然后，从中选取符合人类需求的品种进行繁育。原子能育种利用不同类型的射线，如α射线、X 射线、β射线、中子、γ射线、重离子、激光、质子及紫外线，对种子、生殖细胞或其他组织器官进行照射，以引发突变。其原理是利用高能射线对生物体的基因组进行操作，以改变染色体结构、影响胞内化学反应等方式来引发 DNA 复制的异常。不论是哪一种辐射育种方法，目的都是获得大量的变异性状，后期还要筛选符合需求的有力变异，并通过纯化等措施培育出性状稳定的优良植物品种。

我国的辐射遗传育种研究始于 1957 年，以中国农业科学院原子能农业利用研究室的建立为标志，经过几代从事诱变育种科研工作者的辛勤努力，我国的辐射诱变育种工作已经取得了可喜的成果。利用辐射诱变方法，已获得了多种具有应用潜力的突变体，包括抗逆性、矮秆性、早熟性、抗病性和优质性等。这些突变体为育种研究提供了丰富的遗传资源。在水产领域，通过辐射育种方法，成功培育出了非洲鲫鱼，该品种不仅具有抗寒能力，而且生长速度快。

1.2.2 辐射技术在刺激生物生长中的应用

低剂量辐射可以促进细胞的分裂和生长。自从 1895 年伦琴发现 X 射线以来，就有人开始尝试利用 X 射线照射种子来促进其发芽和增加产量。利用γ射线或中子低剂量照射家蚕，可以提高蚕丝的质量和产量；照射鱼和虾的受精卵可以提高孵化率，并促进鱼苗的生长；辐射处理蓝藻，可以加快蓝藻的生长；苍蝇、黄蜂、蛀虫和甲虫受到辐射后寿命得到延长。辐照处理马铃薯、洋葱和甜菜，获得增产。从 20 世纪 50 年代起，苏联、美国、意大刊等国都开展了不少低剂量辐射刺激的应用研究工作。

我国从 1958 年开始进行低剂量电离辐射刺激效应应用研究，各地不少单位相继对作物、果树、林木、微生物等用γ射线进行了辐照试验。在 20 世纪 70—80 年代低剂量辐照的应用在水产养殖方面也开展了较多的工作。低剂量辐射刺激生物生长主要有以下应用：可以促进种子萌发，提高发芽率；可以刺激细胞生长，加快农作物生长速度，提高产量；可以加速蔬菜等农作物的发育，提早成熟，增加收益；可以改善农作物的品质和形态结构，改善产品品质；可以增强农作物对病虫害的抗性。

1.2.3 辐射技术在防治害虫中的应用

高能射线处理害虫是一种无公害生物防治方法，通过破坏害虫的遗传物质，昆虫的生殖细胞遭受到影响，导致其合子细胞核分裂异常，最终导致昆虫后代的死亡。这种技术可以将不育的昆虫释放到害虫的野生种群中，与野生昆虫交配后产生不育卵。通过连续多次释放，可以有效地减少害虫野生种群的数量，甚至取代它们，从而达到控制害虫的目的[9]。昆虫辐射不育技术是一种环境影响最小的生物防治方法，可以有效地控制一些昆虫的发生和危害。太空育种不仅是现代生物防治方法中一种有效的手段，它还被认为是可以彻底消灭害虫的唯一途径，并且被视为无公害生物防治的创新技术。与传统化学杀虫剂相比，利用辐射处理不会造成环境污染，并且害虫不容易产生抗性。因此，这种方法对人类的生态环境没有消极影响。

全球超过三分之二的国家已经对 200 多种害虫进行了昆虫辐射不育技术的研究，以实施广泛的防治措施。这种方法已成功地应用于大面积防治地中海果蝇、螺旋蝇、墨西哥果蝇、瓜实蝇及棉红铃虫等一些重要害虫。我国于 20 世纪 60 年代开始，先后对棉铃虫、中国野蚕、大豆食心虫等 30 余种农林害虫开展了辐照不育研究，其中亚洲玉米螟、三化螟、桃小食心虫、大豆食心虫、柑橘大实蝇等害虫成功进入田间试验阶段，取得不错成效。

1.2.4 辐射技术在食品保藏中的应用

随着经济社会的高速发展和人口迅速增长，人类对食品的需求日益增加，对食品品质在流通过程中的要求也越来越高[23]。然而，传统的食品保藏技术已经无法完全满足这些需求。解决大量食品或农产品在运输和贮藏过程中的损失，延长食品和农产品的保鲜期，确保食品安全和卫生等方面的挑战变得越发严峻。

食品辐照是一项利用高能射线处理食品或农产品的技术。其主要目标是通过延缓新鲜食物的生理过程、消毒、杀虫、杀菌和防霉等处理，以达到延长保鲜时间、提高食品质量和稳定性的目的[20]。辐照食品技术可以调整辐照剂量，满足各类食品杀菌要求，射线穿透力强，杀虫灭菌彻底，可以对包装好的食品直接进行杀菌，避免交叉污染，过程容易控制，可以大大延长食品的保藏时间。辐照食品加工耗能低，加工易控制，可连续加工，既经济又省力，适于大规模加工[15]。辐照过程中不需要添加任何添加剂，避免了药物残留问题的产生。

自 19 世纪末期，X 射线的发现及 1896 年 Mink 对其杀菌作用的研究，为食品辐照的研究与应用奠定了基础。然而，直到第二次世界大战后，食品辐照的商业化运用才取得实质性进展。目前，全球已有 33 个国家开始商业化运作食品辐照技术。在推动食品辐照发展的过程中，该行业面临着众多有利的发展机遇。我国也积极参与了辐照食品研究试验，包括马铃薯、蘑菇、板栗、洋葱、大蒜、水果、牛羊肉、鲜猪肉、鸡鸭肉、水产、鲜蛋、中药材和酒，取得了令人鼓舞的科研成果[23]。

1.2.5 辐射技术在环保领域中的应用

通过高能射线与高速电子与环境污染介质的相互作用，可激发出具有高活性的自由基及水合电子，这些活性粒子可引发一系列的物理化学反应，将污染物氧化或与其他物质发生化学分解，从而有效治理环境并消除污染物。相对于传统的“三废”治理技术，这种新型技术不仅继承了节约能源资源、成本低、效率高等传统优势，还在化学物质零添加方面表现出独特的优势。该技术能够从源头上避免传统污染治理过程中“二次污染”问题的发生，从而显著提高环境污染治理的有效性。

自 20 世纪 50 年代发现电离辐射技术可用来处理环境污染物以来，许多发达国家积极开展辐射法治理环境污染的研究，并陆续建设投产了一批辐照设备，主要用于对饮用水进行消毒、污泥杀菌和污水深度处理等工作，产生了显著的社会效益和经济效益。我国自20世纪中叶开始积极开展辐射研究和辐射应用事业，其中包括利用核辐射技术处理环境废物的工作。这一领域已经历将近40年的发展历程。中国科学院上海应用物理研究所和上海交通大学等学术研究机构也曾对难降解有机废水进行了电子束辐照处理的研究。

1.2.6　辐射技术在医学领域中的应用

医学领域中，常利用穿透性极强的X射线进行成像，这种电磁辐射的光子能量比可见光光子高出约5 000倍，因此具有较强的生物学效应。由于X射线能穿透不同程度的人体组织，医学上利用了这一特性来进行成像。如今，医院普遍采用胸透、X光检查、CT检查和PET-CT检查等方法进行影像学检查，均是利用X射线产生的影像来帮助诊断疾病。

此外，电离辐射会对人体组织器官作用，产生生物学效应。肿瘤放射治疗便是利用电离辐射的方法治疗肿瘤。近年来，放射治疗肿瘤在肿瘤治疗中的比重越来越大，1997年的报告中放射治疗肿瘤治愈比例约为18%，2005年已经上升到22%。当前恶性肿瘤中60%以上的病人需要进行放射治疗。在恶性肿瘤早期，放射治疗是一种可以实现根治的方法。通过将放疗与手术或化疗相结合，可以达到对早期鼻咽癌、喉癌等疾病的根治性治疗，其控制率可达70%～90%。而对于晚期肿瘤，放射治疗则可以缓解病人的疼痛和不适症状，提高他们的生活质量。

1.3　辐射危害

伦琴发现X射线后不久，它的强穿透性就被用于医学诊断[17]。1896年，发明家爱迪生的助手C.M.Dally在研究荧光X射线管时，不幸被X射线严重伤害，他的头发脱落，头皮红肿并溃烂，至1904年，他的两臂和双手完全溃烂，很快因癌变而死亡。他也许是世界上第一个死于辐射致癌的科技工作者。在随后的几十年间，许多研究人员和医务工作者由于受到X射线的辐射而出现不同程度的烧伤和癌变。

早期，人们并没有立即认识到放射性物质发出的射线也像X射线那样，可以引起严重的生物学后果。贝克勒尔把铀盐晶体放在自己的衣袋里而受到了烧伤，居里夫妇二人均被镭射线烧伤过皮肤。美国钟表行业中许多从事在表盘上涂描含镭荧光涂料的女工，由于她们有用嘴舔描涂笔的职业习惯，而得了严重的贫血症和骨癌。另一个历史教训则发生在德国，当时曾以内服镭盐来治疗关节炎和其他疾病，结果很多接受这种治疗的患者因此而患上了骨癌。居里夫妇由于在没有防护的条件下从事放射性的研究而患上了再生障碍性贫血症。在晚年时，居里夫人一直在经历持续的发烧，同时她也出现了骨髓造血功能异常的症状，最终因为白血病而离世。根据医生的证明，对夺走居里夫人生命的真正罪魁祸首是镭。到 1922 年，就有 169 名从事放射工作的科技人员因辐射而死亡。这些早期的悲剧使人们逐步认识到辐射的危害。

1979 年，美国三哩岛核泄漏事故[27]；1986 年，苏联切尔诺贝利核泄漏事故；2011 年，日本福岛核泄漏事故[27]。这些事件是代价最昂贵的工业事故[10]。它们对人类的影响是深远的，将成为历史的悲壮的代名词。

目前，辐射技术已广泛应用于国防、军工、农业、科研、卫生等领域。各种辐射（γ射线、β射线、α射线、中子及重离子）对人体的危害不容忽视[12]。当生物体暴露于各种辐射中时，辐射粒子与生物体分子的作用有直接作用和间接作用两种形式。直接作用是辐射粒子与生物大分子，DNA、RNA、蛋白质、核酸、酶等直接发生作用，生成生物分子自由基，导致细胞损伤，甚至死亡。间接作用是辐射粒子先与大分子周围的水分子作用，被辐照的水分子分解产生大量的自由基和活性氧。过量的自由基和活性氧攻击细胞内的大分子（DNA、蛋白质、核酸）和生物膜等，与大分子反应，生成生物分子自由基，称为次自由基。再引起细胞的损伤和死亡。不论是直接作用还是间接作用，都能引起 DNA 链扭曲、畸变、基因突变，抗氧化酶活性降低，蛋白质损伤、变性。

由于辐射粒子引发的自由基破坏生物体的 DNA，因此，细胞分裂旺盛的器官，如生殖腺，骨髓等对辐照更敏感，引起不孕不育、癌症、白血病等。基于同样的原因，孕妇和小孩对放射性辐射也更敏感。胎儿受到辐照损害，终生癌症患病概率都会上升。特别是由于胎儿和婴儿的大脑发育尚未完全，辐射伤害将大大降低新生儿的智商。以美国疾病控制中心提供的数据为例，如果胎儿接受到 500 mSv 的辐射，终生癌症患病概率将从美国平均的 38%增加到 55%，智商下降 15 个点[8]。

生物体暴露在辐射粒子下时，辐射粒子会破坏生物体的蛋白质，导致体内酶活性降低，并引发体内氧化和抗氧化系统的失衡，进而导致炎症和早衰等问题。辐射毒性的表现形式分为可逆性和不可逆性两种，例如可逆性的毛发脱落、皮肤炎症和色素沉着，以及不可逆性的皮肤萎缩、永久性的毛发脱失、皮脂腺和汗腺的损伤，甚至可能发展成放射性坏死和溃疡等严重后果。需要特别注意的是，即使是小剂量的辐射也会对皮肤产生影响，这种影响具有隐匿性，并会逐渐积累。放射性皮炎的具体情况主要决定于以下三个因素。① 辐射的类型不同，其相对生物学效应也有差异。② 照射剂量及其体积量和时间量的分布，即照射体积越小，剂量分布的时间越短，组织对照射的耐受量也越小。③ 与受照射部位皮肤细胞的敏感性有关[12]。

由于辐射粒子破坏生物体的脂肪，会产生脂质过氧化，导致动脉粥样硬化，引发心梗、脑梗、高血压、高血脂等心脑血管疾病。由于辐射粒子破坏生物体的碳水化合物，会使体内的透明质酸降解，引起关节炎。

长期暴露于辐射的危害是显而易见的，会对人体产生负面影响。严重情况下，辐射会导致人体器官和系统受到损伤，进而引发各种健康问题，包括但不限于再生障碍性贫血、眼底病变、白血病、生殖系统疾病、肿瘤及早衰等多种疾病[12]。

1.4 辐射生物学人才培养要求

辐射生物学是一门研究电离辐射生物效应的交叉学科，主要涉及核物理学科、生物学及化学学科等领域。作为核工程与核技术、生物学和辐射防护与核安全等专业的选修课，辐射生物学旨在为国家培养急需的核科技领域基础研究与技术应用领域的高素质综合人才。

辐射生物学人才的培养目标是培养具备良好道德品质和身心健康的人才。这些人才需要具备扎实的核科学与技术及生物学理论基础，同时还需要具备较强的核与辐射工程实践能力。他们需要能够将生物学、核技术、核工程理论知识应用于国防和民用核工业、农业等领域，以促进社会经济发展，并满足国家军民融合发展战略的需求。此外，他们还需要具备宽广的视野、强烈的社会责任感、创新精神和实践能力，以成为能够适应社会需求的复合型人才。

辐射生物学的人才培养要求：通过课程的学习，使学生了解生物学的基础知识、学习各种辐照和放射性核素污染对植物、动物和微生物等各种生物体的影响机理，了解和掌握核技术在诱变育种、辐照灭菌及加工等领域应用的基本原理与技术，了解和掌握核污染生物监测、核污染生物修复的基本原理与技术，为学生今后将核技术与辐射防护技术应用于农学、医学和环境监测与保护等行业奠定相应的专业基础知识。毕业后具有一定的独立从事科学研究的能力，并在本学科基础研究或应用研究上取得一定的成果，可胜任相关领域的科研、教学和工程技术、技术开发工作。

1.5 思考题

（1）简述辐射加工有哪些应用。

（2）简述辐射加工的概念。

（3）简述辐射诱变育种的基本原理。

（4）简述辐射源的分类。

1.6 阅读材料

[1] 谢家麟. 加速器与科技创新［M］. 北京：清华大学出版社，2002.

[2] 薛岳，徐广铎. 中国核技术应用产业发展现状［J］. 同位素，2021，34（02）：97-103.

[3] 赵渭江，哈鸿飞. 工业电子加速器及其在辐射加工中的应用［M］. 北京：原子能

出版社，1996.
［4］郭之虞，王宇钢，包尚联. 核技术及其应用的发展［J］. 北京大学学报：自然科学版，2003，10：82-91.
［5］罗顺忠. 核技术应用［M］. 黑龙江：哈尔滨工程大学出版社，2015.

参考文献

［1］赵璇，张文凯. X 射线自由电子激光：原理、现状及应用［J］. 现代物理知识，2019，31（02）：47-52.
［2］原培新，赵秉军，孙丽娜，等. X 射线安检设备中双能量方式下 R 值的提取［J］. 机械与电子，2005（9）：25-27.
［3］窦银萍，孙长凯，林景全. 激光等离子体极紫外光刻光源［J］. 中国光学，2013，6（1）：20-33.
［4］李万宏，朱春杰. 质子重离子加速器冷却水系统运维数据分析要点解析［J］. 中国医院建筑与装备，2018，19（5）：30-32.
［5］张景勋. 自由电子激光及其应用前景［J］. 科学大众：中学生，1994（01）：5.
［6］俞基群. X 射线单晶结构分析方法的研究［D］. 北京：中国科学院物理研究所，1994.
［7］邢钢，徐玉秀. X 射线安检设备中双能量方式下 R 值提取［J］. 核电子学与探测技术，2006（2）：157-159.
［8］尼启良，齐立红，陈波. 使用气体靶激光等离子体光源的软 X 射线反射率计［J］. 光学精密工程，2004（6）：576-580.
［9］白山. 真空紫外和 X 射线自由电子激光器［J］. 激光与光电子学进展，2003，40（2）：6.
［10］赵媛. 惯性约束聚变中的能量转换及 X 射线产生的研究［D］. 长沙：国防科技大学，2019.
［11］张福昌，李艳秋. EUV 光刻中激光等离子体光源的发展［J］. 微细加工技术，2006（5）：1-7，12.
［12］张帆. 参量 X 射线辐射的实验研究［D］. 北京：中国科学院高能物理研究所，2007.
［13］黄冠夏. 自由电子激光器的现状和研究动向［J］. 激光杂志，1987（5）：277-281.
［14］李鹏，黎明，吴岱等. 我国自由电子激光技术发展战略研究［J］. 中国工程科学，2020，22（3）：35-41.
［15］杨小龙，陈惠贤，陈继朋等. 医用质子重离子加速器应用现状及发展趋势［J］. 中国医疗器械杂志，2019，43（1）：37-42.

［16］赵小风，杨福家. 自由电子激光原理和进展［J］. 核技术，1992（9）：559-568.
［17］赵振堂，冯超. X射线自由电子激光［J］. 光学学报，2021，41（1）：12.
［18］黄冠夏. 自由电子激光器的现状和研究动向［J］. 激光杂志，1987（5）：277-281.
［19］杨小龙，陈惠贤，陈继朋，等. 医用质子重离子加速器应用现状及发展趋势［J］. 中国医疗器械杂志，2019，43（1）：37-42.
［20］龚运淮，谢金伦. 有机结构分析的进展（五）——X 射线衍射方法简介［J］. 云南化工，1987（3）：23-26.
［21］尼启良. 纳秒激光等离子体光源的光谱测量技术［J］. 光学精密工程，2005（2）：211-218.
［22］程元丽，李思宁，王骐. 激光等离子体和气体放电 EUV 光刻光源［J］. 激光技术，2004（6）：561-564.
［23］李瑶. 空间 X 射线通信关键技术研究［D］. 北京：中国科学院大学，2020.
［24］刘鹏. 质子重离子加速器系统设备运行模式探讨［J］. 中国医院建筑与装备，2016（1）：42-44.
［25］李汉明，李英骏，王琛，等. 线聚焦——实现实用 X 射线激光饱和输出的关键技术［J］. 物理，2006（12）：1060-1063.
［26］窦银萍，孙长凯，林景全. 激光等离子体极紫外光刻光源［J］. 中国光学，2013，6（1）：20-33.
［27］束小建. 自由电子激光器中稳定波长反馈的理论研究［J］. 中国核科技报告，2003（2）：11-22.
［28］朱春杰. 电网波动对质子重离子加速器工艺冷却水系统的影响与应对方案［J］. 中国医院建筑与装备，2016（1）：51-52.
［29］李际霖. 粒子加速器［J］. 物理通报，1956（10）：3-10.
［30］李鹏，黎明，吴岱，等. 我国自由电子激光技术发展战略研究［J］. 中国工程科学，2020，22（3）：35-41.
［31］方守贤，梁岫如. 我国粒子加速器的发展和展望［J］. 物理，1991（8）：473-482.
［32］张闯. 北京正负电子对撞机：回顾与展望［C］. 中国物理学会粒子加速器学会会员代表大会暨成立 20 周年学术报告会，2000.
［33］张闯. 国际粒子加速器的前沿［J］. 物理，2008（5）：289-297.
［34］佚名.“2007 年全国离子束辐射育种机理及应用专题讨论会”会议纪要［J］. 原子核物理评论，2008（2）：160.
［35］杜方岭，王志芬，王守经，等. 电子束辐射技术应用研究及发展前景［J］. 山东农业科学，2009（12）：102-104.
［36］叶建红，王学涛，王辉，等. 肿瘤放射治疗设备及其进展［J］. 医疗保健器具，2007（6）：37-39.

第 2 章　辐射物理和放射化学基础

辐射无处不在。首先，天然的辐射包括来自银河系、河外星系和太阳活动释放的带电粒子流、来自太阳系的可见光和紫外线，以及来自地球和外部太空的质子、α 粒子、X 射线、γ射线等。其次，医学诊断和治疗中用的 X 射线透视、γ射线肿瘤放疗及重离子治癌进入人体内的辐射。最后，人类日常生活中用的电视、电脑、手机的辐射。除此之外，核能开发利用过程中，核燃料、核废物的放射性衰变及围绕核设施，开展核物理和核技术相关的基础研究及应用研究中释放的多种射线和粒子的辐射。暴露于各种辐射中的物质，它的抗辐照性能不仅与物质自身的结构有关，还与粒子（射线）的种类、能量、辐照剂量、损伤过程及机理等因素有关。

2.1　物质结构

原子和分子是组成物质的基本单元。它们之间是依靠相互作用结合成物质的。一般地，原子之间的结合可以概括为离子性结合、共价结合和金属性结合[1]。原子之间结合的相互作用力称为化学键。相应于上述三种结合形式的化学键分别为离子键、共价键和金属键。分子之间的相互作用力有范德瓦尔斯力、氢键、疏水作用等，相比于化学键的作用力要弱得多。实际物质的结合便是以这几种基本形式为基础，具有复杂的结合形式[2]。一种物质可以兼有多种结合形式，而且，不同的结合形式之间存在一定的联系[1]。物质原子、分子之间结合的形式与物质结构、物质的物理化学性质间有密切的联系。因此，物质原子、分子间的结合是研究物质性质的重要基础[1]。

2.1.1　离子性结合

离子性结合是电负性差较大的原子通过电子得失形成正负离子，正负离子通过库仑力相互吸引的键合形式。

2.1.2 共价结合

共价结合是一种原子通过共用电子对而形成稳定物质的一种结合形式。同种非金属元素或电负性相差不大的元素的原子互相接近时，两个原子分别提供电子，形成共用电子对（或者一个原子提供电子对，另一个原子提供空轨道）[3]。参与电子对形成的电子自旋方向必须相反，同时提供电子的原子轨道发生最大程度的重叠，继而在两个原子核间形成密集的电子云。这种靠共用电子对结合成的化合物称为共价化合物，如 CO、H_2O、SiC、Si_3N_4、C_3N_4 等。两个原子通过共用电子对结合形成的化学键，叫共价键。成键电子对可以由两个原子分别提供，也可以由其中一个原子单独提供（后者习惯上称为配位键）。一个原子可以与不同的原子形成多个共价键，成键数等于该原子的未成对电子数。此外，共价键具有方向性和饱和性。

2.1.3 金属性结合

第Ⅰ族、第Ⅱ族及过渡元素形成晶体时，都是金属性结合，如 Li、Mg、Fe、Cu、Ni、Ag、Au 等。它们的最外层电子为 1～2 个，电离能较小，最外层的价电子容易脱离原子的束缚而形成自由电子[3]。在晶体形成过程中，所有原子共用每个原子的最外层电子。因此，在结合成晶体时，失去电子的原子实“沉浸”在由价电子组成的“电子云”中。金属性结合的特点是电子的共有化[1]。金属离子与自由电子之间的相互作用力为库仑力（静电力），也叫金属键[3]，不具有方向性和饱和性。

2.1.4 分子

分子是由一定数量的原子通过特定顺序和空间排列结合而成的整体，如 H_2、O_2、NH_3、C_2H_6O 等分子。这些原子之间的键合顺序和空间排列关系被称为分子结构。由于分子内原子间的相互作用，分子的物理和化学性质不仅取决于组成原子的种类和数量，还取决于分子的结构。当原子形成分子时，电子不再局限于原来的原子轨道，而是属于整个分子的分子轨道。分子轨道由组成分子的原子轨道组合产生，组合前后轨道总数保持不变。在组合过程中，组合前原子轨道中的所有电子在组合分子轨道中重新分布，分布规则与电子在原子轨道中的排列类似。在分子中，成键原子之间的间距称为键长，而相邻键之间的夹角称为键角。分子的空间结构与键长和键角有关。在标准状态下，单位物质量的气态物质共价键断裂生成气态原子所需的能量称为键离解能。键能的数值为同类化学键各级离解能的平均值。双原子分子的键能等于键离解能，而多原子分子的键能则等于同类键各级离解能的平均值[4]。

2.1.5　极性分子和非极性分子

分子中正负电荷中心不重合，从整个分子来看，电荷的分布是不均匀的、不对称的，这样的分子为极性分子[5]，如 CO_2、HCl、H_2O。分子里电荷分布均匀、正负电荷中心重合的分子是非极性分子[5]，如 N_2、Cl_2。以极性键结合的双原子分子一定为极性分子，极性键结合的多原子分子视结构情况而定，如 CH_4 就不是极性分子，而是非极性分子。分子中各键全部为非极性键时，分子是非极性的（O_3 除外）。当一个分子中各个键完全相同，都为极性键，但分子的构型是对称的，则分子是非极性的[6]。

2.1.6　范德瓦尔斯结合

范德瓦尔斯结合是通过瞬时电偶极矩的相互作用而结合的。由瞬时偶极矩引起的作用力，叫范德瓦尔斯力。原子之间的结合，原子价电子的状态发生了根本性的变化，而范德瓦尔斯结合产生于原来具有稳定结构的原子或分子之间，如惰性气体元素和形成共价键的饱和分子。它们结合成物质时，基本保持着原来的电子结构。但在某一瞬间，原子正、负电荷的中心不重合，产生瞬时的偶极矩，这就会使其他原子产生感应极矩，从而产生了相互作用。范德瓦尔斯力是分子力的一种，这种力是很微弱的[1]。

范德瓦尔斯力主要由取向力、诱导力和色散力组成，其中色散力是最主要的。取向力是指极性分子固有电偶极之间的相互作用力，这种力仅存在于极性分子之间。诱导力则是指固有偶极与诱导偶极之间的作用力，这种力可存在于极性分子与非极性分子之间，或极性分子与极性分子之间。色散力则是指非极性分子在相互靠近时，由于电子和原子核的不断运动，导致正负电荷中心无法始终保持重合，从而产生瞬间偶极。这些瞬间偶极之间的相互作用力即为色散力[4]。色散力存在于所有分子之间，同类型分子距离相等时，相对分子质量越大，其色散力越大[7]。

2.1.7　氢键

当电负性极强的原子 X（F、O、N）与 H 原子形成化学键时，由于 X 对电子束缚的能力很强，使氢原子带有较多正电荷，它与另一个电负性大且半径又小的原子 Y（F、O、N）形成氢键：X—H·····Y。氢键可以是分子间的也可以是分子内的且具有方向性和饱和性，如 H_2O、HF。溶剂与溶质间的氢键或分子间作用力大于溶质之间的作用力，即当溶质与溶剂之间可以形成氢键时，利于溶质的溶解。

2.1.8 超分子

超分子是分子通过非共价作用，聚集形成有序的空间结构，并表现出特殊功能的聚集体[8]。超分子物质具有自组装、自组织、自复制三个重要特征[8]（如图 2-1 和图 2-2 所示）。在生物体中，蛋白质、磷酯双分子层等超分子利用分子间的氢键等相互作用自组装成细胞膜[8]。

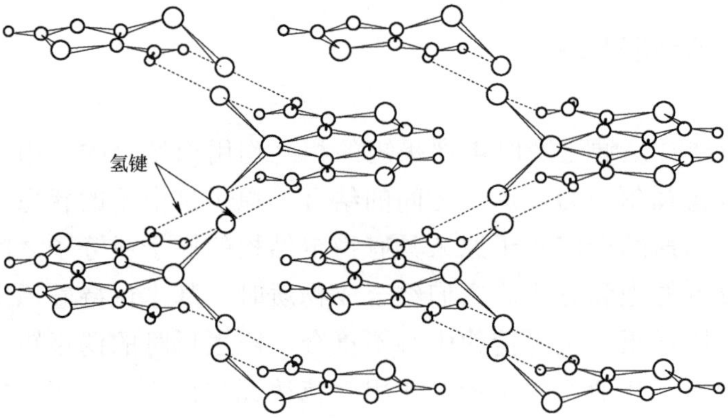

图 2-1　Cu(DABT)Cl_2 分子的有序聚集 DABT：2,2′二氨基-4,4′-联噻唑

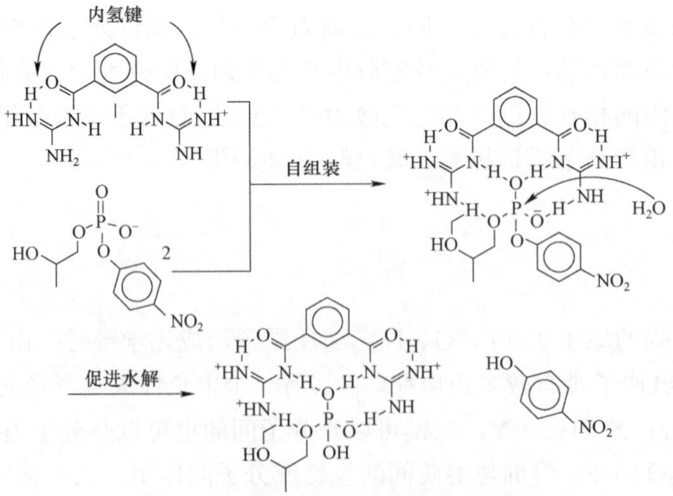

图 2-2　双乙酰基胍与磷酸二酯的自组装

1—双乙酰基胍；2—磷酸二酯

2.2　电离辐射和放射性衰变

2.2.1　电离辐射的种类

电离辐射是指能引起物质发生电离和激发的辐射（微粒）[9]。其特点是在被辐射物质的局部释放很大的能量，将被作用物原子（分子）中的电子击出电子轨道，形成自由电子和带正电的离子，或者将被作用物原子（分子）中的电子跃迁到较高的轨道能级上，形成原子（分子）的激发态。

辐射可以分为两大类：一类是电磁辐射；另一类是微粒辐射。电磁辐射是交变的同相电场和磁场以波的形式穿过物质和空间而传递能量，本质上是以波动的形式传播的电磁场。微粒辐射是高速运动的带电或不带电的粒子通过碰撞和电离激发将动能和势能传递给物质。电磁辐射仅有能量，而无静止质量，如紫外线、β射线、X 射线、γ射线；微粒辐射既有能量，又有静止质量，如α、^{3}He、t、d、n 和各种重离子。

（1）电磁辐射

电磁辐射的频率极宽，其频率与波长呈相反的趋势变化。根据波长的大小，将电磁辐射分为无线电波、微波、红外线、可见光、紫外线、X 射线和γ射线。它们的频率、波长、能量及主要来源见表 2-1。

表 2-1　电磁辐射分类

名称	波长	频率/s^{-1}	能量（$E=1\,240/\lambda$）	主要来源
无线电波	1～10^4 m	3.0×10^4～3.0×10^8	10×10^{-10}～10×10^{-6} eV	无线电发射机、高频加热炉
微波	1 mm～1 m	3.0×10^8～3.0×10^{11}	10×10^{-6}～10×10^{-3} eV	雷达或直线加速器的束调管或磁控管
红外线	0.8 μm～1 mm	3.0×10^{11}～3.7×10^{14}	10×10^{-3}～1.55 eV	温度高于绝对零度的任何物体
可见光	380～800 nm	3.7×10^{14}～7.9×10^{14}	1.55～3.26 eV	太阳、热物体、激发分子
紫外线	10～380 nm	7.9×10^{14}～3×10^{16}	3.26～124 eV	太阳、热物体、激发气体
X 射线	10^{-6}～10 nm	3×10^{16}～3×10^{24}	0.1 keV～10^4 MeV	高能粒子与原子核碰撞
γ射线	10^{-4}～0.1 nm	3×10^{18}～3×10^{21}	10 keV～10 MeV	放射性核素、宇宙射线

表 2-1 中的 X 射线和γ射线并非严格按能量区分，并非γ射线的能量一定高于 X 射线的能量。二者在物理特性上或本质上几乎没有区别，只是产生的过程不同。γ射线是原子核从高的激发态跃迁到低的激发态或基态发射出的光量子，它是单能的，能量一般在 10 keV～10 MeV 之间。如 ^{60}Co 原子核蜕变中，放出 2 个γ光子。X 射线是原子核外的电子从高的激发态跃迁到低的激发态或基态，发射出的光子，它的能量取决于靶

原子核外电子的壳层结构。通常的 XRD 测试中，用的 X 射线是约 8 keV 的 Cu K_α 线，在近代放射生物学实验中和放射治疗中，常用电子直线加速器或电子回旋加速器产生的 X 射线，其能量可达 10^3 MeV。

（2）微粒辐射

主要的辐射微粒及其特征见表 2-2。其中，电子、中子和重离子（^{12}C、^{4}He）是放射生物学中常用的。近年来，π-介子在放射治疗中的应用，也逐渐引起学术界的关注。

表 2-2　主要的微粒辐射及其特征

名称	符号	电荷（C）	静止质量			平均寿命
			g	u*	MeV	
电子	e^-（β^-）	$-1.602\,189\,2\times10^{-19}$	$9.109\,534\times10^{-28}$	$5.485\,79\times10^{-4}$	0.511	稳定
正电子	e^+（β^+）	$+1.602\,189\,2\times10^{-19}$	$9.109\,534\times10^{-28}$	$5.485\,79\times10^{-4}$	0.511	在空气中稳定，物质中，约 10^{-5} s
质子	p	$+1.602\,189\,2\times10^{-19}$	$1.672\,648\,5\times10^{-24}$	1.007 276 63	938.256	稳定
中子	n	0	$1.674\,953\,4\times10^{-24}$	1.008 665	939.550	12 min
μ 介子	$\mu^\pm$，μ^0	$\pm1.602\,189\,2\times10^{-19}$，0	$0.188\,346\times10^{-24}$	0.113 432	105.659	2.2×10^{-6} s
π 介子	$\pi^\pm$，π^0	$\pm1.602\,189\,2\times10^{-19}$，0	$0.248\,812\times10^{-24}$	0.149 848	139.58	2.55×10^{-8} s**
K 介子	$K^\pm$，K^0	$\pm1.602\,189\,2\times10^{-19}$，0	$0.880\,204\times10^{-24}$	0.530 104	493.78	1.23×10^{-8} s
∑正超子	Σ^+	$+1.602\,189\,2\times10^{-19}$	$2.120\,187\times10^{-24}$	1.276 885	1 189.39	0.17×10^{-16} s
∑负超子	Σ^-	$-1.602\,189\,2\times10^{-19}$	$2.134\,109\times10^{-24}$	1.285 269	1 197.20	1.58×10^{-15} s
重离子	$A^{z\pm}$	$z\times1.602\,189\,2\times10^{-19}$				

*u 为统一原子单位，$1u=1.660\,565\,5\times10^{-27}$ kg

**仅指 $\pi^\pm$，$\pi^0\rightarrow2\,h\nu$，$\tau_{1/2}$ 约为 10^{-15} s

① 电子

电子带有一个最小单位的负电荷，它是 X 射线和γ射线与物质作用后产生的次级粒子，这两种电磁辐射的生物效应主要是通过次级电子引起的；另外，β^-放射性衰变核素的内照射和外照射就是电子的照射。

② 正电子

它是电子的反粒子，带正电荷。原子核发生 β^+衰变时，原子核内的一个质子变成了中子，放出正电子和中微子。正电子穿过物质时，当它的速度减小到与物质原子轨道电子的速度相当时，正电子将与电子发生湮灭反应，放出两个能量均为 0.511 MeV 的光子。

③ 质子

质子是氢原子核 $^1H^+$，主要来自粒子加速器和宇宙射线。中子的生物效应主要是中子与组织中的氢原子核发生弹性散射产生的反冲质子所引起的。自 20 世纪 50 年代，医学界就用质子来治疗肿瘤和某些疾病。

④ 中子

原子核内，中子靠相邻核子间的核力稳定存在。游离的中子存在时间很短暂，或者被原子核俘获，或者发生 β^-衰变，变成质子。中子主要来源于加速器、反应堆和放射性核素中子源。加速器上，通常用加速的质子或氘核轰击某些靶核引起的核反应产生中子，最常用的 5 种产生中子的核反应及其中子产额见表 2-3。

表 2-3　加速器上常用的产生中子的核反应

轰击离子	靶	反应	反应阈能/MeV	中子能量*/MeV	产额**/（n/μA.s）
p（质子）	LiF	^{7}Li（p，n）^{7}Be	1.88	E_p-1.9	约 10^7（30 MeV）
p	LiT	T（p，n）^{3}He	1.02	E_p-1.1	约 10^3（2 MeV）
d（氘核）	C	^{12}C（d，n）^{13}N	0.33	E_d-0.33	约 10^7（1 MeV）
d	TiD	D（d，n）^{3}He	0	2～3	约 5×10^5（150 keV）
d	TiT	T（d，n）^{4}He	0	～14	约 10^8（150 keV）

* E_p 和 E_d 分别为质子和氘核的能量。

** 均为对厚靶和 4π 立体角的中子产额，产额对应于轰击粒子的能量。

加速器产生的中子一般是单能中子，而反应堆和放射性核素中子源则产生连续能谱的中子。实验室中常用的放射性核素中子源见表 2-4。

表 2-4　几种常用的放射性中子源

名称	放射性核素	发射粒子	核反应	中子产额	中子平均能量/MeV	半衰期	3.7×10^{10} Bq 的γ射线照射量率/（mC/kg.h.m）
钋-铍	^{210}Po	α（5.3 MeV）	Be(α,n)	7.0×10^{-5}/Bq	4.0	138.4 天	7.74×10^{-6}
镅-铍	^{241}Am	α（5.48 MeV）	Be(α,n)	7.3×10^{-5}/Bq	4.3	458 年	约 8×10^{-6}
钚-铍	^{238}Pu	α（$^{5.50}_{5.16}$MeV）	Be(α,n)	5.4×10^{-5}/Bq	4.1	80 年	约 8×10^{-6}
镭-铍	^{226}Ra	α（$^{4.8,5.3,5.5}_{6.0,7.7}$MeV），γ	Be(γ,n)	2.4×10^{-4}/Bq	4.5	1 600 年	2.2×10^{-1}

⑤ 重离子

重离子是指 $Z>2$ 的原子被部分或全部剥离了核外壳层电子后带正电荷的原子(实)核。利用重离子加速器可以产生和加速元素周期表上几乎所有元素的离子。重离子束具有特殊的物理学性质及在穿过物质中的特殊能量沉积方式，如强电离效应、射程可控、射程末端，有高的 LET 和尖锐的布拉格峰，重离子在临床肿瘤的治疗中具有广阔的前景。

⑥ 介子

由于质量介于电子和核子（质子和中子）之间，因此叫做介子。介子包括 π 介子（$\pi^{\pm}$和 π^0）和 K 介子（$K^{\pm}$和 K^0）。带负电荷的 π^-介子在放射生物学中最受青睐。它是高能质子与原子核中的中子碰撞发生核反应产生的。由于 π^-介子的静止质量约为

140 MeV，因此，质子的能量必须高于这个数值，才能通过核反应，产生 π^- 介子。一般用直线或回旋加速器，加速高能的强流质子束，轰击重金属靶来产生 π^- 介子。

2.2.2　放射性衰变

不稳定核素能自发地放出某种射线（如α、β、γ射线等）而衰变成另外一种核素，这个转变过程称为放射性衰变。

（1）放射性衰变的基本规律

指数衰变率：

$$N = N_0 e^{-\lambda t} \tag{2-1}$$

N_0 表示最初的原子核数；N 表示经过时间 t 后剩余的原子核数；λ 表示衰变常数[10]。这就是放射性衰变服从的指数规律，也称为放射性衰变的统计规律，即放射性原子核的数目随时间呈指数规律减少[10]。

衰变常数、半衰期和平均寿命：

$$\lambda = \frac{dN / N}{dt} \tag{2-2}$$

衰变常数 λ 表征一个原子核在单位时间内发生衰变的概率。λ 的大小反映了原子核衰变的快慢。

（2）半衰期和平均寿命

半衰期是放射性核素衰变其原有核数一半所需要的时间，用 $T_{1/2}$ 表示[10]。

由式（2-1）得到：

$$T_{1/2} = \frac{\ln 2}{\lambda} = \frac{0.639}{\lambda} \tag{2-3}$$

$T_{1/2}$ 和 λ 一样，是放射性核素的特征常数，即原子核的衰变常数和它的半衰期成反比[10]。

平均寿命是指母体原子核在衰变前的平均存活时间，用 τ 表示[10]。

$$\tau = \frac{1}{\lambda} = \frac{T_{1/2}}{\ln 2} = 1.443 T_{1/2} \tag{2-4}$$

2.2.3　辐射相关的量与单位

（1）放射性活度

放射性活度：放射性核素在单位时间内发生衰变的原子核数即 $-dN/dt$ 为该物质的放射性活度，也叫放射性核素的衰变率[10]。

由式（2-1）得到：

$$\frac{dN}{dt} = -N_0 \lambda e^{-\lambda t} = -\lambda N$$

定义

$$A = \frac{-dN}{dt} = N_0 \lambda e^{-\lambda t} = \lambda N = A_0 e^{-\lambda t} \tag{2-5}$$

A 为放射性活度。

放射性活度和放射性核素质量之间的关系：

由式（2-5）：$A = \lambda N$，其中 $N = \frac{m}{M} N_A$，则

$$A = \lambda \frac{m}{M} N_A, \quad m = \frac{AM}{\lambda N_A} = \frac{AM}{N_A \ln 2} T_{1/2} \tag{2-6}$$

式中，m 为核素的质量，M 为核素的质量数，N_A 为阿伏伽德罗常数。

放射性活度的单位是贝可（Bq）。贝可表征一个辐射源的强度。

1 Bq = 1 次衰变/s

习惯上采用居里（Ci）作为放射性活度单位，它的定义是，一个放射源如果在每秒钟产生 3.7×10^{10} 次衰变，这个放射源的放射性活度即为 1 Ci[10]。

换算关系：

$$1\ \text{Ci} = 3.7 \times 10^{10}\ \text{Bq}$$
$$1\ \text{mCi} = 3.7 \times 10^{7}\ \text{Bq}$$
$$1\ \mu\text{Ci} = 3.7 \times 10^{4}\ \text{Bq}$$

（2）吸收剂量

单位质量的物质（千克）吸收的辐射能量（焦耳），称为吸收剂量。用 D 来表示。吸收剂量的单位是戈瑞，Gy。1 戈瑞（Gy）= 1 焦耳/千克（J/kg），1 Gy = 10^3 mGy = 10^6 μGy。

每小时平均接收的吸收剂量，称为吸收剂量率。其单位为戈瑞/小时（Gy/h），或者 mGy/h、μGy/h[11]。

（3）当量剂量

不同种类的辐射（α、β、γ、中子）照射人体，虽使人体有相同的吸收剂量，但却造成不同的伤害。因此，针对不同种类的辐射，定义出权重因数（WR），代表不同辐射对人体造成不同程度的伤害[11]。它们的数值见表 2-5。

表 2-5　不同种类辐射对应的权重因子

辐射种类	辐射权重因数
光子、电子及介子，所有能量[11]	1
质子（不包括反冲质子），能量大于 2 MeV	5
中子	5～20
α 粒子、裂变碎片、重核	20

人体的吸收剂量与权重因数的乘积，称为当量剂量。用 HT 表示。单位是希沃特（Sv）。即 $HT(\mathrm{Sv})=D(\mathrm{Gy})\times WR$，或者 mSv、μSv。

表 2-6　放射性活度与剂量的国际单位（SI）

物理量	国际单位（SI）	其他单位	换算关系
放射性活度	贝可（勒尔），Bq 1 Bq = 1/s	居里，Ci	$1\ \mathrm{Ci}=3.7\times10^{10}\ \mathrm{Bq}$ $1\ \mathrm{Bq}=2.7\times10^{-11}\ \mathrm{Ci}$
吸收剂量	戈瑞，Gy 1 Gy = 1 J/kg	拉德，rd	1 rd = 0.01 Gy 1 Gy = 100 rd
剂量当量	希（沃特），Sv 1 Sv = 1 J/kg	雷姆，rem	1 rem = 0.01 Sv 1 Sv = 100 rem
离子剂量	库仑每千克，C/kg	伦琴，R	$1\ \mathrm{R}=2.58\times10^{-4}\ \mathrm{C/kg}$ 1 C/kg = 3 876 R

2.2.4　放射性衰变的模式

（1）原子核的α衰变

原子核自发地发射α粒子（^{4}He）转变成另一种原子核的放射性现象，称为原子核的α衰变。即 ${}_Z^AX\to{}_{Z-2}^{A-4}Y+{}_2^4\mathrm{He}$，要发生α衰变，必须放出能量，衰变前母核原子的质量必须大于衰变后子核原子和氦核的质量之和[10]。即

$$M_X(Z,A)>M_Y(Z-2,A-4)+M\ \mathrm{He}$$

通常把α衰变过程中放出的能量称为衰变能，记作 E_d，其关系式为

$$E_d=E_\alpha+E_Y=\Delta Mc^2=[M_X-(M_Y+M\ \mathrm{He})]c^2$$

衰变前母核静止，由动量守恒和能量守恒得到α粒子的能量为：$E_\alpha=\dfrac{A-4}{A}E_d$

（2）原子核的β衰变和中微子

β衰变是指一种原子核放出β粒子或俘获轨道电子转变成另外一种原子核的放射性现象。主要包括β⁻衰变、β⁺衰变和轨道电子俘获（EC）[10]。

β^-衰变：${}_Z^AX\to{}_{Z+1}^{A}Y+e^-+V$

β^+衰变：${}_Z^AX\to{}_{Z-1}^{A}Y+e^++V$

轨道电子俘获（EC 表示）：母核往往俘获核外轨道上的一个电子，使母核中的一个质子转为中子，过渡到子核的同时放出一个中微子，这就是电子轨道俘获（EC）过程[10]。即 ${}_Z^AX+e_i^{-1}\to{}_{Z+1}^{A}Y+V$

β衰变机理：β^-衰变的本质是核内一个中子变为质子，β^+和 EC 的本质是核内一个质子变为中子。而中子和质子可视为核子的两个不同状态，因此，中子与质子之间的转变相当于一个量子态到另一个量子态的跃迁，在跃迁过程中放出电子和中微子，

它们事先并不存在于核内。

（3）γ衰变及γ射线的性质

γ衰变：当原子核发生α、β衰变时，往往衰变到子核的激发态，处于激发态的原子核是不稳定的，它要向低激发态跃迁，同时往往放出γ光子，这种现象称为γ跃迁（γ衰变）[10]。

γ射线的性质：γ射线是从原子核内放射出来的电磁辐射。原子核的能级是分立的，γ光子具有单一的能量[10]。

2.3　辐射与物质的相互作用

所有的辐射都是能量的传递。辐射与受辐射物质相互作用时，不仅射线（粒子）的能量不断损耗，而且强度也不断降低，甚至还会引起受辐射物质原子核的核反应。这些现象对于射线探测、射线特性研究、射线应用及辐射防护等具有十分重要的意义[4]。因此，了解各种辐射（粒子）的物理性质以及它们与物质相互作用的基本规律和机理是研究辐射的前提和基础。根据实际应用情况，这里着重讨论带电离子、中子、γ（X）射线及β射线与物质的相互作用。

2.3.1　基本概念

（1）离位原子和初级离位原子

晶体内部的原子排列都具有周期性和规律性，从而形成了不同的点阵结构。如果这种周期性排列受到破坏，就意味着晶体内部存在缺陷。缺陷的类型包括零维缺陷、一维缺陷、二维缺陷和三维缺陷。零维缺陷又称点缺陷，包括空位、间隙原子和杂质原子。一维缺陷为线缺陷，典型的例子是位错。二维缺陷为面缺陷，如晶界。三维缺陷为体缺陷，例如晶体中的空洞和气泡等。在这些不同的缺陷中，点缺陷是最基本的，它是构成其他缺陷的基础。在实际的晶体中，总是或多或少地存在空位和间隙原子。它们的数量可以通过平衡热力学计算得到。在温度 T 时，热平衡条件下空位和间隙原子的份额浓度分别由式（2-7）和式（2-8）表示。

$$C_V = \exp\left(\frac{S_V^F}{k}\right)\exp\left(-\frac{E_V^F}{kT}\right) \tag{2-7}$$

$$C_i = \exp\left(\frac{S_i^F}{k}\right)\exp\left(-\frac{E_i^F}{kT}\right) \tag{2-8}$$

式中，k 是玻耳兹曼常数；S_V 和 S_i 分别是形成空位和间隙原子的附加熵；E_V 和 E_i 分别是空位和间隙原子的形成能。从理论上精确计算这些量是非常复杂的，特别是间隙原子可能有多种间隙位置，如八面体间隙位置和四面体间隙位置；单质晶体中的间隙原子可能处于正常的间隙位置，也可能以分裂式的间隙原子形式存在。因此，无论是从理论还是实验上解决这些问题都非常困难。通常，使用计算机模拟来确定这些参数。然而，一个基本事实是间隙原子在其周围产生的点阵畸变大于空位所引起的点阵畸变，所以 E_V 小于 E_i。这意味着间隙原子的平衡浓度远小于空位的平衡浓度。

晶体内还有一类非热平衡的点缺陷。冷加工、高温激冷和载能粒子辐照等都可能在晶体内产生点缺陷，其浓度和数量并不完全取决于温度。当载能粒子与固体内的点阵原子发生碰撞时，会将一部分能量传递给被轰击原子。被击原子在获得能量后，可能会被迫离开其初始点阵位置，并停留在某个合适的间隙位置，从而形成一个间隙原子；而在其原始位置将留下一个空位。与前面讨论的热平衡缺陷不同，在这种过程中所产生的间隙原子和空位总是成对出现的，被称为 Frenkel 缺陷对。

辐射粒子进入固体和点阵原子发生碰撞，将形成一系列碰撞过程，它可以分为两个过程。

① 初级过程。由外部入射粒子直接与固体的点阵原子发生作用，并将部分能量传给被撞击的原子。这类被入射粒子直接击中而受到反冲的原子叫作初级碰撞原子，那些带有相当能量并出射，离开自己点阵位置的初级碰撞原子，叫做初级离位原子[12]。

② 次级过程。入射粒子在固体内的慢化过程中可能产生若干个具有不同能量的初级碰撞原子。由于这些初级碰撞原子可能具有相当大的动能，它们又撞击其他点阵原子并使之发生离位而形成二级碰撞原子。同理，具有相当能量的二级碰撞原子又能击出三级离位原子等，这样一代一代地延续下去，构成一个“级联碰撞”过程。对二级以下各个级次的碰撞原子，统称次级碰撞原子[12]。

（2）离位阈能和离位概率

当原子所接受的能量低于某一数值时，由于受到周围原子的阻碍，它无法离开其初始点阵位置，最终将能量以无规则热振动的方式消散。这种情况下不会形成点缺陷。当能量略大于某一特定数值时，原子可能克服周围原子的阻碍作用，离开其最初点阵位置，留下一个空位。由于所带能量较低，它无法移动到距离原始位置较远的地方，而是停留在距空位较近的某一个间隙位置，从而形成一个近距离的 Frenkel 缺陷对。如果原子所获得的能量较大，它可以在固体内穿行较长距离，然后在某一个间隙位置处停止，形成远距离的 Frenkel 缺陷对。当被击原子获得的能量相当大时，它不仅能使自己发生离位，还可以激发其他点阵原子离位，从而产生一个碰撞级联。在所有运动原子最终静止后，形成若干个弗伦克尔缺陷对。处于正常位置的点阵原子受到撞击，并接受到某一数值的能量而离开其初始点阵位置，这种现象被称为原子离位。而离开了其点阵位置的原子称为离位原子。然而，并不是原子接受到任意能量时都能发生离位，只有当被击原子所接受的能量等于或大于某一数值的最低能量时，它才能变成离位原子。原子离位所需的这个最低能量值定义为原子的离位阈能值，简称离位阈值[1]。

离位阈能值的理论计算和实验测量结果表明，晶体中离位阈值的大小不仅与材料有关，还与碰撞中传递能量的方向有关，即与被击原子的出射方向有关。因此，离位阈值具有各向异性，可以通过它与晶格方向的关系绘制出离位阈能面。其最小和最大离位阈能分别标为 $E_{d,\min}$ 和 $E_{d,\max}$。由反冲原子形成两个离位原子所需的最低能量被称为二级离位阈能 E_d，同样具有各向异性，并与晶格方向绘制成二级离位阈能面。实验和理论表明，二级离位阈能面与离位阈能面有很大差异。最大离位阈能的方向恰好是二级离位阈能最小的方向。这是因为在反冲原子能量不高的情况下，出射碰撞中涉及晶格多体碰撞导致的。反冲原子形成三个离位原子所需的最低能量称为三级离位阈能。它所组成的三级离位阈能面与二级离位阈能面相似[13]。

由于离位阈能的各向异性，反冲原子的能量小于 $E_{d,\min}$，一定不能离位；反冲原子的能量大于 $E_{d,\max}$，一定能发生离位；而反冲原子的能量介于 $E_{d,\min}$ 和 $E_{d,\max}$ 之间是否发生离位，取决于反冲原子的出射方向[13]。在晶体内反冲原子的方向是随机的，可以用概率分布函数 $P_1(E)$表示反冲原子能量在 $E_{d,\min}$ 和 $E_{d,\max}$ 之间发生离位的概率，$P_1(E)$的函数是由离位阈能面所确定的，$P_1(E)$的值是能量 E 的球面与离位阈能面相割所形成的低于 E 区域的面积与 $E_{d,\max}$ 球面积之比。同样，可以从二级离位阈能面、三级离位阈能面得到产生两个、三个离位原子的概率分布函数 $P_2(E)$、$P_3(E)$，由于三级离位阈能面与二级离位阈能面相似，$P_2(E)$、$P_3(E)$函数具有同样形式，而远不同于 $P_1(E)$的函数形式。

（3）离位阈能的确定

处于正常点阵位置的原子被一个稳定的势阱包围。在碰撞中获得能量的原子要想离开其势阱，需要克服周围原子构成的势垒。这个势垒的最高点称为鞍点。鞍点与势阱最低点之间的高度差被视为势垒高度，即离位阈能。由于晶体结构具有确定的方向性和对称性，因此环绕平衡位置的各个方向上的原子势垒高度并不完全相同。在某些方向上势垒较低，而在其他方向上势垒较高。如果知道点阵原子间的作用势函数，原则上可以计算出各个结晶学方向的势垒高度，即各个方向的离位阈能值。鞍点处的能量与原子平衡位置势阱能量之间的差值代表了该方向的离位阈能。

（4）离位原子数

评价入射粒子产生的辐照损伤大小通常采用入射粒子产生的离位原子总数量作为度量。根据入射粒子的总通量、能谱和粒子与点阵原子碰撞时的能量传递截面，可以计算出微分能区内的初级离位原子（PKA）数目和能谱。要计算出离位原子的总数，需要建立具有能量 E 的 PKA 所产生的离位原子数 $\nu(E)$的关系[12]。能量为 E 的初级碰撞原子具有较大的动能，去撞击其他点阵原子并使之发生离位而形成二级碰撞原子[12]。同理，具有相当能量的二级碰撞原子又能击出三级离位的碰撞原子，这样一代一代延续下去，构成一个“级联碰撞”过程。离位级联最简单的理论是由 Knchin-Pease 给出的。

1）Kinchin-Pease 模型

此模型的分析基于下列假定：① 级联碰撞是由原子间一系列的二体弹性碰撞所构成的；② 离位概率为阶跃函数的单值离位阈能概念，其中 $E_{d,\min}=E_{d,\max}=E_d$，用这种模型时，$E_d$ 是 50～25 eV 之间的一个定值，最常用的是较低的数值；③ 在计算二体碰撞能量收支平衡时，对向被击原子传递动能时消耗在使原子离位的能量 E_d 忽略不计；

④ 电子阻止产生的能量损失可以按照运动原子保持中性的能量来处理；⑤ 能量传递截面由刚球模型给出；⑥ 固体内原子的排列是无规则的，忽略晶体结构的影响。

级联碰撞是由能量为 E 的初级离位原子引发的，最终产生出 $\nu(E)$个离位原子。在级联碰撞的发展过程中，载能的运动原子数量将大于 1 但小于 $\nu(E)$，而运动原子的平均动能将小于 E 但仍然不为零。在任何中间阶段，运动原子的总数仍然与最初的 PKA 相同，最后产生相同数量的离位原子 $\nu(E)$。因此，$\nu(E)$这个量是守恒的。这意味着，可以从 PKA 诞生到形成最终离位组态之间的任何时刻，根据运动原子的能量分布来计算这个量。尤其是，可以考虑当 PKA 第一次撞击一个静止点阵原子后产生两个运动原子的情况，从而计算出 $\nu(E)$。这样，如果能量为 E 的 PKA 将能量 T 传递给被撞击原子，它自身碰撞后留下的能量是 $E-T$，因为有：

$$\nu(E)=\nu(E-T)+\nu(T) \tag{2-9}$$

在式（2-9）中，并没有从反冲能量中减去将被击原子打离原位所需的能量 E_d。如果要将这个能量损失也包括进去，式（2-9）的最后一项应写为 $\nu(T-E_d)$。然而，仅有式（2-9）还不足以确定出 $\nu(E)$，因为并没有规定传递能量 T。由于 PKA 和点阵原子是等同的，T 可以是 0 到 E 之间的任意数值。如果知道了在碰撞传递能量位于 T 到 $T+\mathrm{d}T$ 时的概率，可以将式（2-9）乘以这个概率，然后对所有允许的 T 值进行积分。

当 PKA 的能量在 E_d～$2E_d$之间时，它和点阵原子发生第一次碰撞可以得到以下两种可能结果。如果传递给点阵原子的能量大于 E_d，点阵原子将离位，但原来的 PKA 则补进空出来的位置，并将它剩余的动能以热的方式散发出去。相反，如果原来的 PKA 传递出去的能量小于 E_d，那么被击原子就不会发生离位。不论是以上哪一种可能，PKA 的第一次碰撞只产生一个运动原子，它的能量小于原来的 PKA。上述的论证同样可以用到第二代的运动原子，结论是，它也不能产生任何新的离位原子。所以，动能介于 E_d～$2E_d$之间的 PKA 只能产生一个离位原子[12]。

2）Snyder（斯奈德）的修正模型

该模型与 Kinchin-Pease 模型有相同的基本假定，所不同的是被撞原子得到的能量 T 以后，为克服晶格势的作用，损失了 E_d 的能量才能成为离位原子，继续做进一步的运动，即去掉 Kinchin-Pease 模型中的第三条假定。

3）出射概率模型

该模型与 Kinchin-Pease 模型相似，只是去掉 Kinchin-Pease 模型中第二条假定，保留其余的基本假定。

4）改进性模型

上述模型没有考虑电离激发导致的能量损失，同时也没有考虑晶格效应。各种概率函数很难解释电子、质子、中子辐照产生的离位原子数量理论值与实验值之间的差异。如果使用概率函数使电子辐照产生的离位原子数量理论值与实验值一致，那么用同样的概率函数计算质子辐照产生的离位原子数量时，理论值将比实验值高出 5 倍。高能沟道效应仅占 25%的影响，其根本问题在于低能碰撞的晶格效应。从计算机模拟实验的结果来看，产生两个离位原子所需的最低能量与出射方向的关系和离位阈能与出射方向的关系截然相反。因此，基于离位阈能的概率函数只能适应电子辐照的情况，而不能适用于质子辐照和中子辐照的情况。

从计算机模拟实验和高能电子辐照实验来看，二级和多级位移阈能与出射方向的关系相似，而与离位阈能与出射方向的关系截然相反。利用改进型模型得出的电子、质子、中子辐照产生的离位原子数量理论值与实验值一致。

5）Sigmund（西格蒙德）离位处理

Sigmund 的离位损伤理论比较精确地考虑了电子阻止和较为实际的势函数影响。然而，在处理中引入实际的势函数是为了反映弹性碰撞的能量传递特征，从而较好地处理了 PKA 在碰撞中消耗了弹性碰撞和电子阻止间的能量分配问题。

2.3.2　辐照损伤的过程

（1）级联碰撞

当入射粒子与物质中的原子发生碰撞时，入射粒子将其部分能量传递给物质原子。如果传递的能量大于某一特定值，通常为 25 eV 左右，被撞击的原子将会离开其平衡位置，成为一个初级离位原子，并在原处留下一个空位（离位效应）。如果初级离位原子的能量足够高，它可能与物质中的其他原子发生碰撞，从而产生二次离位原子。如果初级离位原子的能量非常高，那么还可能产生三次、四次等多次离位原子。这种由一个具有高能量的初级离位原子导致一系列原子发生离位的过程被称为级联碰撞。其结果产生一系列点缺陷，包括空位和间隙原子。这个简单的碰撞模型假定各个碰撞都是互不影响、独立进行的，认为是二体碰撞而非多体碰撞，同时仅考虑入射粒子和靶原子的相互作用，而忽略物质内其他原子对该碰撞原子的影响及物质中原子排列的方向性。

级联碰撞可以计算出能量为 E 的 PKA 所击出的离位原子数，而尚未涉及这些离位原子的空间分布[11]。在大型计算机用于描述级联碰撞之前，就以解析的方式研究了级联碰撞内离位原子和空位的空间分布问题。运动原子在固体内的碰撞平均自由程 L 为：

$$L = 1/(N\sigma) \tag{2-10}$$

式中，N 是固体中的原子密度；σ 是每个靶原子的碰撞截面，相应地，离位（即产生点缺陷）碰撞截面 $\sigma_d(E)$ 是：

$$\sigma_d(E) = \int_{E_d}^{T_m} K(E,T)\mathrm{d}T \tag{2-11}$$

式中，$\sigma_d(E)$ 表示能量为 E 的 PKA（或一运动原子）与固体的原子能发生离位碰撞的截面；K（E，T）dT 是能量传输微分截面，它的具体形式取决于运动原子的能量及计算能量传输时应采用的原子势函数。目前所处理的是初级离位原子引发的级联。即使对于平均能量为 0.5 MeV 的中子轰击中等质量的元素原子，所产生的 PKA 的平均能量也仅为 10～15 MeV。而对于一般能量的重带电粒子所击出的 PKA，其平均能量更低。在处理这一能量范围内的原子碰撞问题，使用 Born-Mayer 势是合适的。如果利用刚球碰撞模型并由 Born-Mayer 势确定刚球等效半径，可以求出刚球散射截面。

发生离位碰撞的平均自由程与 PKA 的能量 E 有关。PKA 在其行进路径上遇到的每个点阵原子几乎都会被击离位，同时高级别的离位运动原子也会相继与它们所遇到的所有点阵原子发生碰撞并使之离位。在这种情况下，使用孤立的弗伦克尔对来描述损伤图像就不再正确。

在这样的级联碰撞中，初级离位原子沿途的高密度碰撞驱使原子向外运动。离位原子停留下来后形成一个间隙壳，并包围着由大量空位构成的中心空芯。这种级联碰撞称为离位峰。对于能量为 15 keV 的 PKA，根据简单的 Kinchin-Pease 模型计算，得到的离位原子和空位数约为 300（E_d=25 eV）。如果将 PKA 形成的级联碰撞看作是一个离位峰，那么它所产生的弗伦克尔对数是多少，目前还难以进行定量估计。然而，由于在离位峰形成过程中，几乎在 PKA 轨迹周围小体积内的每一个原子相继都被击出，当后来的原子离位时，其周围环境已经不再是按照完整的点阵排列。很可能被击原子接收的能量远小于正常点阵原子的离位阈能时就开始出现离位。因此，如果不考虑离位峰区内的近距空位与离位原子自行复合湮灭，根据离位峰的概念，由 PKA 产生的离位原子数很可能超出按简单理论所得到的结果。此外，由于离位碰撞的平均自由程是随着 PKA 能量的降低而逐渐减少的，要规定出形成离位峰的特定能量是不可能的，也难以断定能形成离位峰的离位碰撞平均自由程到底应取一个、两个还是三个原子间距。

在聚焦现象被揭示之前，离位峰概念被提出。考虑到级联碰撞中聚焦碰撞和聚焦换位碰撞序列的能量和质量长程传输，对离位峰进行了修正和补充。无论是离位峰还是贫原子区都是不稳定的结构。通常认为，它们可能坍塌成位错环，也可能吸收周围的空位而长大成微观空洞。由此产生的扩展型缺陷将导致材料的宏观性质发生变化。

（2）激发效应和电离效应

被击出的原子具有很高的能量，此时它们可以以带电离子的形式存在。在这些离子慢化过程中，它们可以与原子中的电子发生非弹性碰撞[9]，并将部分能量传递给束缚电子。这将导致电子从较低能级跃迁到较高能级（电子激发）。如果传递的能量足够大，电子将克服原子核的束缚，形成自由电子（电离效应）。电离效应的主要产物是电子-离子对。

（3）热峰

在 PKA 的级联碰撞中，除了产生空位和离位原子外，还有一部分能量以另一种方式传递出去。仅就弹性碰撞而言，存在一些小角掠射事件，其中传递的能量小于离位阈能。当入射粒子与靶原子发生小角掠射时，只能传递较低的能量。当传递的能量小于离位阈能时，物质原子并不离位，这部分能量无法作为点缺陷的势能而储存下来，而是在其平衡位置附近做被迫振动（振动幅度大小取决于碰撞中传递的能量）。在振动过程中，会激起附近原子振动，并将振动能量瞬间在周围原子散布开，造成物质局部所有原子产生振动。这种振动最终变成原子无规则的热振动，这些热振动能量最终以热的形式在以受击原子为中心的一个有限的区域突然释放出来，这就相当于材料内部的一个微观区域被迅速加热。这个瞬间过程称为“热峰”。

热峰的形成和消失过程会对固体材料造成一定程度的损伤。首先，固体内的每个原子都可能经历诸如向点阵间隙位置跳跃或与相邻点阵原子交换位置的速率过程。这些过程与热峰区的温度 T 有关。其次，在热峰区内，还可能因塑性流动导致行程扩展性缺陷。在离位峰内，由于离位峰坍塌或级联内产生的点缺陷聚集而形成像位错环这样的扩展缺陷。在热峰区内，由于点缺陷很少，不可能通过上述方式形成位错环。但是，由于热膨胀导致热峰区周围的固体产生相当大的压力。这么大的压力足以使完整的晶体发生塑性变形而产生位错。随着距热峰中心距离的增加，压应力减小。因此，热峰中心区外不太可能形成新的位错，但这种压应力可以促使晶体内已存在的位错运动。由于位错线要么终止在晶体的自由表面，要么终止在自己身上。可以预期，热峰在晶体内部导致的局部应力情况下，一定会形成位错环。上述热峰导致的位错环直径为 2～3 nm。如果热峰冷却时与热峰加热时的过程是不可逆的，或者热峰所形成的位错环是互相缠绕的，那么这些新形成的位错环可能作为永久性缺陷保留下来。即热峰可以在不到 1 ps 的时间内使该微观区域达到数千度，从而在物质内部形成球形融化区。该球形热峰将在径向产生很大的压力，足以使完整物质出现塑性变形。

高能重离子在固体中运动时，在慢化过程中主要通过弹性碰撞和电子激发或电离来耗散能量。然而，对于高速粒子在固体中运行，它和固体内电子的库仑力相互作用是主要的能量传输机制。电子获得的能量最终将以热的形式释放。假设离子沿途的能量释放形成一个柱状热峰，能量为 100 MeV 的裂变碎片在金属中运动时，如果所有电子激发都转化为晶格热能，则会形成一个半径为 10 nm、长度为 4 μm 的柱状热峰区，温度可达 4 000 ℃。但是，裂变碎片仅在其初始生成时（速度达 109 cm/s）具有非常高的电荷态。随着裂变碎片的慢化，碎片与固体内电子的库仑力相互作用减弱，即热源强度降低。因此，将裂变碎片在慢化期间形成的柱状对称热峰描述为以裂片最后终止处为顶点的圆锥形热峰更为合理。除了与电子碰撞，裂变碎片沿路径还将与原子发生弹性碰撞。发生某一给定能量传输的弹性碰撞平均自由程与裂变碎片的能量有关。随着碎片慢化减速，平均自由程降低，击出 PKA 的弹性碰撞频率增加。PKA 在级联碰撞中，其离位碰撞平均自由程随着能量降低而逐渐减小，并最终减小到原子间距的量级，引起离位峰。在接近径迹终点附近，离位峰互相重叠，裂变峰是热峰和离位峰的复合体，可以归纳为：在裂变碎片径迹的初始端，主要是由于与电子相互作用形成很强的热峰。随着碎片减速，由于获得电子使有效电荷降低，热峰强度逐渐减弱。然而，离位效应随着碎片减速逐渐变得重要，导致形成大量的 PKA 及随之形成的越来越密集的离位峰。

热峰和离位峰可以一起被视为温度峰。实际上，热峰可以独立发生，因为入射粒子会产生一系列不同能量的粒子，其中一些低能粒子，其能量接近离位阈能，从而形成热峰。另一方面，离位峰通常与热峰共同出现，因为离位峰包含大量具有不同能量的反冲原子，因此离位峰本身就具有热峰的特性。裂变峰有其独特的特性，这些峰的概念对于研究辐射损伤和辐射效应具有重要意义。

（4）聚焦碰撞效应

基于晶体结构中原子排列的有序性，沿某一晶向的一列原子可能会发生一系列连续的碰撞，包括换位碰撞和聚焦碰撞。这些受到晶体学影响的碰撞过程使得点缺陷的总产量比使用简单模型估算的数值略低，同时使缺陷产生的位置可以远离初级碰撞的位置。假设有一个具有高动能的原子沿一个原子列有一个碰撞序列，并且假设在这个碰撞序列中相继发生的都是严格的正碰撞，那么每次碰撞中碰撞原子的能量将全部传递给被击原子。获得能量的被击原子又会以同样的方式与原子列下一个点阵原子发生正碰撞，将其全部能量传递给这次碰撞中的被击原子。这样持续下去，最开始启动碰撞序列的那个领先原子能够将其具有的能量一代一代地传递到同一原子列上的最后一个原子，而且最后一个原子离开其初始位置时的能量基本与那个领先原子的能量相同。显然，这样的碰撞事件在密排原子列中最容易发生，因为这样的原子列与周围的原子相距较远，在列内原子间的碰撞中受到列外原子干扰较小。如果仅讨论正碰撞条件下的能量传输过程，意义并不大，因为沿原子列发生正碰撞的概率很小，对离位级联中产生的离位原子数量影响不大。然而，当初始碰撞原子的运动方向与原子列有一个相当大的夹角时，在一定条件下，随着碰撞序列的向前推进，反冲原子的方向与原子列的夹角可以逐渐变小并最终演化为正碰撞。这种反冲角逐次变小并演化为正碰撞的碰撞序列被称为聚焦碰撞。聚焦现象最早由 Silsbee 提出。

1）聚焦判据

首先考虑一个刚球碰撞序列，刚球半径为 R，原子列上原子间距为 D，且这个碰撞序列由左向右推进。A_{n-1}、A_n、A_{n+1} 是原子列上相邻的三个原子中心。受到左侧原子 A_{n-1} 原子碰撞的原子 A_n 原子将以同原子列轴成 θ_n 角向外运动。那么，当原子运动到某点时，A_n 原子和 A_{n+1} 原子开始碰撞。碰撞将沿两原子接触时刻圆心连线方向传给原子 A_{n+1} 原子动量，其动量方向与原子列轴成 θ_{n+1}。即随着碰撞序列的推进，反冲角越来越小，最后演化成正碰撞（反冲角 $\theta=0$）是聚焦。在这种情况下，可得：

$$D=4R \tag{2-12}$$

这是聚焦的判据条件。这表明，当原子列上两个原子间距 $D<4R$ 时，出现聚焦，而当 $D>4R$ 时，则出现散焦。式（2-12）所给出的聚焦判据完全是从几何学推导出来的。对于某一特定的原子列来说，原子间距 D 具有确定的数值，在沿这个原子列传播的碰撞事件是否聚焦唯一地取决于原子半径的大小。利用等效刚球半径的概念可把运动原子的动能同原子的半径联系起来，并由此确定原子的等效刚球半径。原子的动能越低，所呈现出的等效半径越大，聚焦条件越容易满足。因此，聚焦现象主要发生在低能运动原子中。

式（2-12）所给出的几何判据只是给出了发生聚焦碰撞的必要条件。即使满足了上述条件，未必一定聚焦。同聚焦效应密切相关的另一个重要条件是启动碰撞序列的初始反冲角大小。如果保持其他条件（D，R）不变，而改变 A_n 原子的运动方向，使反冲角 θ_n 增大，则有可能根本与原子 A_{n+1} 碰不上了。在这种情况下也不可能有聚焦碰撞。如果调整原子 A_n 原子的反冲角 θ_n 的大小，使 A_{n-1}、A_n、A_{n+1} 三个点构成的三角形应是等腰的。当出现这种特殊的碰撞序列时，整个序列的反冲角应满足：$\theta_0=\theta_n$。

2）聚焦换位碰撞——原子的长程传输

通过以上分析，可以看出通过聚焦碰撞序列可以将能量传输到相当远的地方。那么，在这样的聚焦序列中，原子的质量能否像能量那样沿着聚焦原子列传输到远方呢？为了分析这个问题，首先考察正碰撞的某些特征。当一个动能为 E 的刚球与同等质量的静止刚球发生正碰撞时，初始运动的刚球将把全部能量传给初始静止原子，而它本身则停留在被击刚球的初始位置。这种行为称为换位碰撞。这样的换位碰撞可以一代一代地传下去，构成了一个换位碰撞序列，从而实现了刚球质量长程传输。由此可以推算，在晶体内聚焦序列演化成正碰撞并能一代一代发生换位传输，则可同时实现原子的能量和质量的长程传输。然而，根据等效刚球模型导出的聚焦判据，将会发现，同时实现原子的能量和质量的长程传输是不可能的。因为，要实现聚焦，就必须满足 $D<4R$。在这种限制条件下的正碰撞，两原子发生碰撞时碰撞原子的中心总是距它的初始中心位置比被击原子的中心位置更近一些。因此，在碰撞之后，碰撞原子又退回到了自己的初始平衡位置。另一方面，换位碰撞则要求碰撞时刻碰撞原子中心应处在距被击原子中心近一些的位置。要满足这个条件，必然要有 $D>4R$。然而，在这种条件下，则不可能发生聚焦换位。这意味着，如果根据上面分析的聚焦碰撞，那就不可能发生换位碰撞，因此，必须修正上面关于聚集讨论中的刚球模型。

聚焦判据完全是从几何上推导出来的，只是在最后才把真实的原子势函数引入，并由运动原子的动能确定出刚球的等效半径。因此，在本质上它仍然是刚球碰撞模型。现在将从根本上放弃刚球模型，从一开始就引入原子作用势。在原子列中，两个相邻原子 A_n 和 A_{n+1} 之间的碰撞呈现出一些特殊的特征。在原子 A_n 开始运动或远未达到刚球模型中的碰撞之前，原子 A_{n+1} 就已经感受到它们之间的相互作用，并随之向前运动。这导致在刚球模型中的碰撞发生时，原子 A_n 有可能接近原子 A_{n+1} 的初始位置。在碰撞过程中，原子间的距离逐渐减小，达到最小值后，又逐渐恢复到平衡态时的距离 D。当这个过程结束时，如果原子 A_n 的位置越过了原子 A_n 和 A_{n+1} 初始位置的中点，原子 A_n 将进入原子 A_{n+1} 留下的空位，而不再返回到其原始位置，从而发生换位碰撞。在启动聚焦碰撞的位置，由于换位碰撞出现了一个空位，而在原子列上各原子依次发生换位，并导致原子的质量长程传输。然而，这种碰撞导致的质量长距离传输并不是无限延续的。由于某些原因，最后运动的那个原子可能无法置换被它撞击的前方原子，也无法回到其初始位置，而是挤在原子列上两相邻点阵原子之间，称为动力挤塞子。聚焦换位碰撞能传播多远，与导致聚焦换位序列中断的原因有关。晶体内的位错或层错等延伸性点阵缺陷可能导致聚焦换位序列中断，而更可能的原因是聚焦序列因为与周围原子的相互作用而能量消耗终止。当启动聚焦序列的初始能量全部消耗于周围原子的相互作用后，沿聚焦轴的能量传递就停止了。

（5）沟道效应

当运动的原子进入由几个紧密排列的原子列组成的较开阔的沟道时，它们将与组成沟道壁的原子发生掠角碰撞。这种碰撞使得原子能够沿着沟道在晶体内穿行很长的距离，从而实现能量和质量的长程传递，这种效应被称为沟道效应。虽然聚焦效应和沟道效应都容易发生在点阵密排方向上，但聚焦效应导致的动力挤塞子在密排原子列内行进，而沟道中的原子则是约束在由密排原子所围成的中心通道内行进。

沟道效应和聚焦效应都可以降低级联碰撞所产生的离位原子数量。沟道效应对离位原子数的影响更为明显。例如，一个具有几十千电子伏特能量的碰撞原子一旦进入沟道，将在沟道内长距离地波浪式向前运动。沟道中原子的能量通过与沟道壁原子列上的原子掠射和原子列上原子的电子阻止而逐渐损失。通常情况下，在沿沟道运动期间不会产生额外的离位原子，只有在原子能量降低到临界沟道能（大约几百电子伏特），导致沟道运动破坏后，才能与原子列上的原子发生大角度碰撞而产生少量附加离位原子。然而，以这种方式产生的离位原子数量与直接用 Kinchin-Pease 理论从沟道原子初始能量计算出的离位原子数量相比要少得多。在沟道效应的相关公式推导中，必须考虑一个碰撞原子从沟道口的正面被驱赶到沟道所提供的开放空间。但是，由于沟道内是空置的，在沟道轴附近没有正常的点阵原子可以作为沟道原子。在级联中的沟道效应很可能是由沟道壁的原子列中某一个原子撞击并以很小的角度离开其点阵位置而引起的。

（6）离位峰和贫原子区

当入射粒子或撞出原子的能量降低到一定程度（约几千电子伏特）时，发生碰撞的概率会增加。当碰撞之间的平均自由程接近于点阵原子间距时，这意味着初级离位原子在其运动路径上能使遇到的每个原子离位，而次级离位原子也会在它们的运动路径上使所遇到的每个原子发生离位，直到传递的能量无法再使原子离位为止。此时所产生的点缺陷将不再孤立，而是集中在一个区域。这个区域的中心有许多空位或空位团（空腔芯），而边缘被一些间隙原子所包围（间隙原子壳）。这个不稳定的缺陷密集区被称为离位峰。如果考虑到聚焦换位碰撞序列，空腔芯并非完全无原子，而是原子密度较低，因此又称为贫原子区。无论离位峰还是贫原子区都是不稳定的，它们可能崩塌成位错环或吸收空位长成微观空洞。

2.3.3 原子间的作用势

（1）原子间相互作用势

当两个原子间的距离由无限远到逐渐接近时，它们的势能随距离的变化如图 2-3 所示。势能曲线分为两部分：一部分表示原子间的吸引力，一部分表示原子间的排斥力。随着原子间距离 r 的逐渐减小，引力和斥力不断变化，但斥力的变化更为迅速。

从图中曲线特征可以看出，当 r 值较大时，引力起主导作用，而当 r 值较小时，则斥力占优势。在图 2-3 中，所显示的势能曲线是两项力叠加的结果。在 $r=r_0$ 处，系统处于最低能态，E_{coh} 称为结合能。当 r 小于 r_0 后，由于斥力的急剧增大，系统的能量也开始激增。势能曲线纵坐标的最低值即为固体原子间的结合能，而与这个最低值相对应的横坐标 r_0，就是固体内原子间的平衡间距。

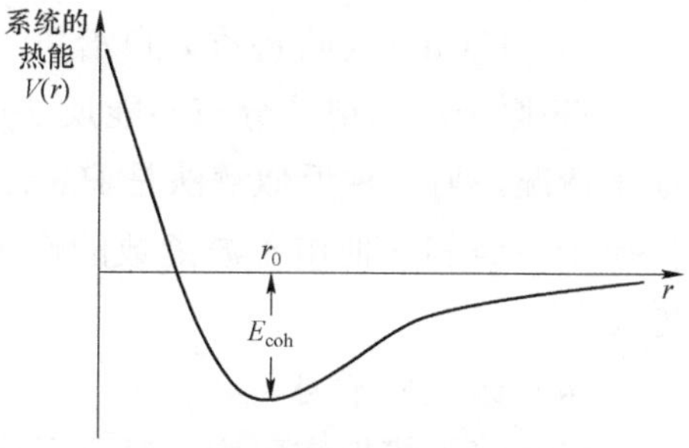

图 2-3　两原子间的势能曲线

对于分子动力学模拟技术，需要采用镶嵌势，由对力的斥力项和电子云的结合项组成。每个原子都由位于中心的原子核和围绕其运动的各壳层电子组成，可以将各壳层的电子大致视为电子云。原子间的斥力势包括两项：一项是由于两原子的电子云重叠产生；另一项是带正电的两原子核之间的静电斥力。当彼此孤立的两原子相互接近时，两原子核周围的电子云先开始接触并发生重叠。电子云的重叠意味着有一部分电子必须处于更高的原先未被电子占据的能级上，随着两原子间距离的减小，电子云重叠部分越来越大，意味着有更多数目的电子受到影响。因此，电子云重叠对于系统势能增加的贡献随着两原子的逼近程度而增大。如果两原子间的距离稍微小于点阵内原子平衡间距时，由于两个带正电的原子核几乎完全被各自的核外电子所屏蔽，原子核之间的静电斥力很小，所以可以忽略不计。此种情况下，斥力势主要由电子云重叠所引起[11]。

（2）Thomas-Fermi（托马斯－费米）势[1]

在实际问题中，特别在运动原子慢化过程中，运动原子从高能量一直减速到完全静止的状态，意味着，原子的能量在一个很宽的范围内变化，解决这个问题有两种方法。一是确定通过确定一个分界点来近似替代，即高于分界能值时用库伦势 $V(r)=A\exp(-r/\rho)$，低于分界能值时用钢球碰撞模型。钢球势函数虽然与实际不吻合，但是这种近似却极大地简化了理论计算过程。二是找出一个能在相当宽的能量范围内普遍适用的势函数。Thomas-Fermi 模型假定原子里有很多电子，其势函数 $V(r)$的变化比较平缓，许多电子处于势能变化不大的体积内，在一定的局域范围内，势函数 $V(r)$ 可假定为常数[11]。这代表着这些电子有可能被看作是围绕原子核的自由电子气。如果考虑在无限介质内一个边长为 L 且势能 $V(r)$近似为常数的立方体，由薛定谔方程求解电子的能量为[11]：

$$E=\frac{\hbar^2}{2m_e}\vec{k}\cdot\vec{k}=\frac{\hbar^2}{2m_e}\left(\frac{2\pi}{L}\right)^2(n_x^2+n_y^2+n_z^2) \tag{2-13}$$

式中，$h=h/2\pi$，h 为普朗克常数；m_e 是电子质量；k 是电子波函数的波矢量；n_x、n_y、n_z 是 k 空间 x、y、z 三个方向的整数。由式（2-13）可以看出，电子能态是分立的，对应于特定波矢量的模 k，有一个特定的等能面。这些等能面是一些以 $2k$ 为直径的球面。在每个球面上，包含为数一定的状态可供电子填充。根据泡利不相容原理，每个电子能态可填充具有相反自旋方向的两个电子[11]。

（3）Hartree（哈特里）自洽势

TF 原子势的电子分布不能反映原子中电子的壳层结构，并且不适用低原子序数的原子情况。另一种近似解法是 Hartree 方法，假设电子在中心力场下运动，中心力场包括原子核势和其他电子波函数的作用势，写出每一个电子在自身中心力场下的薛定谔方程[11]。

（4）镶嵌原子势

在计算机模拟实验中，特别是在模拟级联碰撞过程和计算离位阈能、空位和间隙原子的形成能、迁移能、空位团和间隙原子团的结合能、空位和间隙原子与缺陷团的结合能和逸出能，需要精确考虑晶体中原子间相互作用势，它是个多体问题。为表述原子之间的作用势，发展了一种叫镶嵌原子势的方法，它把相互作用势写成各个原子对之间的斥力势和多体、各向同性的引力势之和，而引力势也可以写成粒子对形式的函数之和，N 个原子的总势能 U 包括各个原子对之间的斥力势和局域电子密度的引力势[11]。

（5）等效刚球势

同样，在上述过程中特别需要符合实际的原子势函数，它能够得出正确的缺陷图像和进一步的演化过程。但是计算机模拟实验是有限的，特别是在探索碰撞的过程时，常常采用刚球碰撞模型，得出一些清晰的物理过程和简洁的计算公式来判断其他因素的作用，如碰撞列模型和沟道结构描述原子长距离传输过程，碰撞自由程导出离位峰的概念，计算碰撞级联所产生的离位原子总数[11]。

2.3.4 碰撞截面

（1）微分截面和能量传递微分截面[1]

根据碰撞两粒子的本身属性、运动原子的初始动能及对计算精度的要求，可以选择合适的势函数来计算散射角。这样，就可以分别得到散射原子的运动方向和能量，以及反冲原子的运动方向和能量。在这种情况下，对于这种碰撞事件，可以唯一地确定碰撞过程中的能量传递关系。散射角与碰撞参数 P 密切相关，因此在确定散射角时，必须给出某一个特定碰撞事件的碰撞参数 P 的具体数值[11]。如果只是分析碰撞过程的物理模型和数学处理方法，假定一个 P 的具体数值是可以的。但是在处理实际情况时，问题会比较复杂，需要仔细分析。在辐照效应的研究领域中，实际情况通常是一束均匀的粒子流（中子、带电粒子、电子等）在一给定时间内连续不断地轰击某一固体介质。在这种情况下，无法跟踪每一个入射粒子。在亿万个入射粒子和亿万个靶原子之间，无法确定每一对碰撞粒子间发生碰撞时的碰撞参数，只知道它们之间可能发生正碰撞（$P=0$），也可能发生擦边碰撞（$P=P_{max}$，P_{max} 为两粒子的作用范围半径之和）。但是，更可能发生的是介于这两种极端情况之间的任意状态的碰撞。

因此，在考虑大量的入射粒子与大量的靶原子发生的为数众多的碰撞事件时，对于每一个碰撞事件而言，都有着确定的碰撞参数。然而，从整体来看，这些碰撞事件具有各种不同的碰撞参数，并且介于 0 到 P_{max} 之间。从统计物理学的方法来看，可以设想，对于一个靶原子而言，受到大量入射粒子以各种不同的碰撞参数的撞击事件。通过观察其散射规律，最后归一化为概率的关系。在这种情况下，入射粒子与固体中某个原子相遇发生碰撞的概率称为碰撞截面。微分截面表示发生在某一范围内的碰撞截面。如果将微分截面在所有范围内积分，可以得到总的碰撞截面。这样定义的总截面积表示一个靶粒子对入射粒子所表现出来的几何截面，通常称为微观散射截面。

（2）库伦势的微分截面

当入射粒子的能量很高（离子状态）时，它可以穿入到靶原子的电子壳层以内。在这种情况下，两粒子间的作用相当于两个裸核之间的相互作用。此时，可以采用纯库伦斥力势来计算能量传递截面。能量传递的微分截面为：

$$\mathrm{d}\sigma = \pi \frac{Z_1^2 Z_2^2 e^4}{E_1} \frac{M_1}{M_2} \frac{\mathrm{d}T}{T^2} \tag{2-14}$$

式（2-14）表明，在库伦势条件下，散射规律的特点是能量传递的微分截面与碰撞中传递能量 T 的平方成反比。这意味着，在库伦势散射事件中，低能传递事件占绝对优势，即小角散射（向前散射）事件是主要的。

（3）刚球散射的能量传递微分截面[15]

刚球散射模型是得到解析形式的能量传递微分截面的另一种极端情况。在运动粒子运动过程中，当它与被击粒子的间距大于它们的刚球半径之和时，一个粒子对另一个粒子的存在毫无感觉。而当它们达到物理接触时，作用势立刻变成无穷大。因此，两粒子不可能接近到比它们的几何半径之和更小的距离。

2.3.5　离子与物质的作用

离子与物质的相互作用是一门涉及原子核物理与固体物理的交叉学科。当离子穿过固态物质时，它将与靶原子发生相互作用。这一相互作用的过程是能量传递的过程。如果材料厚度足够大，离子最终将被阻止在靶物质中。由加速器产生的载能离子束拥有特殊的物理学特性。首先，单能离子束具有特殊的深度剂量分布，离子集中分布在靠近射程末端的区域。在射程末端附近，有高的能量沉积和高的 LET 值。其次，离子束属于带电粒子束，具有磁导向性，可以通过磁场调整离子在射程末端的分布。还有，离子的射程可控、可调。离子束独特的能量沉积方式在放射医学、放射治疗学中有天然的优势，已被广泛用于癌症治疗。

（1）离子与靶物质的主要作用方式

① 与靶原子的弹性碰撞：入射离子通过弹性碰撞把能量传递给靶原子，导致靶原子反冲运动[15]。弹性碰撞是入射离子与靶原子之间的直接碰撞，满足经典力学中的能量和动量守恒定律[6]。由于是同靶原子核碰撞的能量损失，所以也叫核能量损失或弹性能

量损失，而物质对离子的这种慢化能力称为核阻止本领。这是低速入射离子能量损失的主要机理[1]。

② 与靶核的非弹性碰撞：入射离子通过非弹性碰撞将能量传递给靶核，导致靶核激发或电离[1]（如图 2-4 所示）。激发或电离的能量损失也称为电子能量损失，或非弹性能量损失，而物质对离子的慢化能力为电子阻止本领。这是高速入射离子能量损失的主要机理[1]。

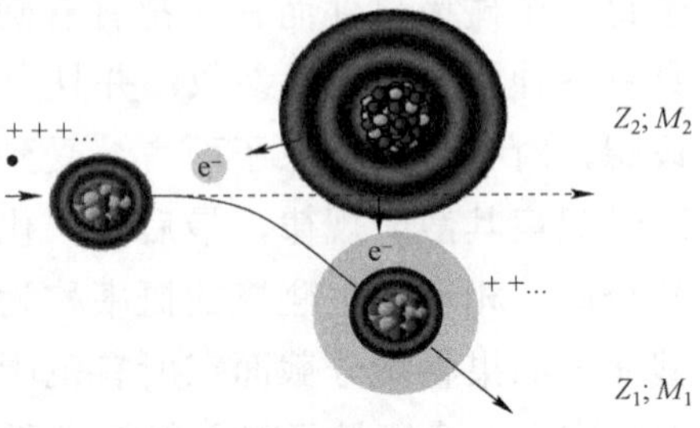

图 2-4　非弹性碰撞（散射）原理图

③ 核反应：当入射离子与靶核满足一定的条件，并且达到反应阈能时，就有可能发生核反应。

④ 光子产生：在相对论速度下，入射离子在靶材料中减速而发射光子（韧致辐射），同时损失相应的能量[6]。

在考虑离子穿过靶物质（即透射情况）时，同时忽略发生概率较小的核反应的影响，入射离子的能量损失主要取决于弹性碰撞和非弹性碰撞两种方式[2]。如果假定电子能损和核能损之间没有关联，那么就可以分别独立地处理这两种能量损失。

（2）弹性碰撞

入射离子与靶原子之间的弹性碰撞是直接的，并且遵循经典力学中的能量和动量守恒定律。在弹性碰撞过程中，原子核间距离对碰撞过程具有重要影响[6]。当核间距离小于屏蔽半径时，库仑相互作用起主导作用，碰撞遵循卢瑟福散射原理。当核间距离大于屏蔽半径时，屏蔽电子层变得不透明，碰撞服从硬球间碰撞规则。在这两种极端情况之间的中间过程非常复杂，在核碰撞过程中，需要考虑电子屏蔽等因素的影响[2]。

① 卢瑟福散射

在简单库仑力作用下的荷电离子碰撞散射称为卢瑟福散射（见图 2-5），库仑势可表示为 $V(r)=Z_1Z_2e^2/r$（Z_1，Z_2，r 和 e 分别为入射离子和靶核的原子序数、离子与靶核间距离及电子电荷）。离子散射角 θ 满足 $\tan(\theta/2)=b/2p$ 关系，其中 p 为碰撞参数，b 为入射离子与靶核发生对心碰（$p=0$）时二者的最近距离，b 可由 $M_0v^2/2=Z_1Z_2e^2/b$ 确定（M_0 为系统的约化质量，$M_0=M_1M_2/(M_1+M_2)$），M_1、M_2 和 v 分别为入射离子和靶核的质量及入射离子速度）。

在碰撞过程中，由入射离子转移给靶核的动能 T 为：

$$T=\frac{T_{\max}}{1+(2p/b)^2}=T_{\max}\sin^2(\theta/2) \tag{2-15}$$

式中，$T_{\max}$ 为对心碰撞中转移给靶核的最大能量[2]，即

$$T_{\max}=\frac{4M_1M_2}{(M_1+M_2)^2}E_1 \tag{2-16}$$

式中，E_1 为入射离子能量。卢瑟福散射微分截面可以表示为

$$\mathrm{d}\sigma(E_1,T)=2\pi p\mathrm{d}p=\pi(b/2)^2T_{\max}T^{-2}\mathrm{d}T \tag{2-17}$$

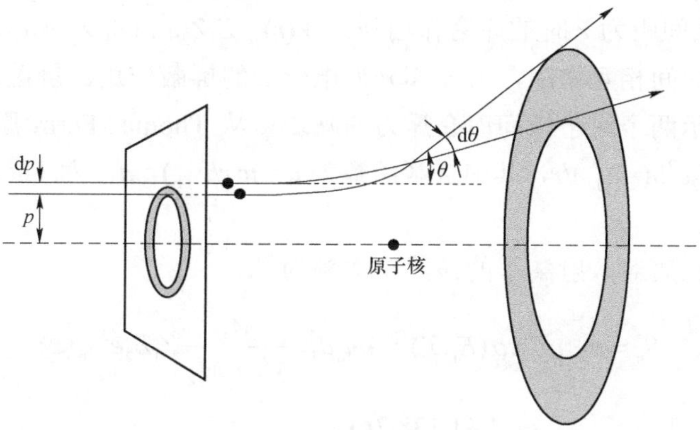

图 2-5　弹性散射原理图

② 弹性碰撞能量损失与阻止本领[1]

荷能离子穿过物质时，能量损失基本公式为：

$$\left(-\frac{\mathrm{d}E}{\mathrm{d}X}\right)=-\frac{\langle\Delta E\rangle}{\langle\Delta x\rangle}=N\int T\mathrm{d}\sigma(E_1,T) \tag{2-18}$$

沿离子入射方向为 x 轴的核碰撞引起的能量损失为：

$$\left(-\frac{\mathrm{d}E}{\mathrm{d}X}\right)_n=-\frac{\langle\Delta E\rangle}{\langle\Delta x\rangle}=\frac{\langle\Delta E\rangle}{\lambda} \tag{2-19}$$

式中，λ 和 ΔE 分别为连续两次碰撞的平均自由程和一次碰撞的平均能量损失。λ 依赖于单位体积内散射中心的数目（即原子浓度 n_a）和发生碰撞的作用截面 $\sigma(E_1)$，得到如下关系。

$$\lambda=\frac{1}{n_a\sigma(E_1)} \tag{2-20}$$

其中

$$\sigma(E_1)=\int_{T_{\min}}^{T_{\max}}\mathrm{d}\sigma(E_1,T) \tag{2-21}$$

发生一次碰撞的平均能量损失为：

$$-\langle\Delta E\rangle=\frac{1}{\sigma(E_1)}=\int_{T_{\min}}^{T_{\max}}T\mathrm{d}\sigma(E_1,T) \tag{2-22}$$

从以上计算得到：以离子入射方向为 x 轴，单位路程由核碰撞引起的能量损失为：

$$\left(-\frac{\mathrm{d}E}{\mathrm{d}x}\right)_n=-\frac{\langle\Delta E\rangle}{\lambda}=\pi n_a\frac{M_1}{M_2}\frac{Z_1^2Z_2^2e^4}{E^1}\ln\left(T_{\max}/T_{\min}\right) \tag{2-23}$$

单位路程上的核能损$(-\mathrm{d}E/\mathrm{d}x)_n$反映了核碰撞对入射离子的阻止能力，又称作核阻止本领，记为 $S_n=(-\mathrm{d}E/\mathrm{d}x)_n$。

在低能情况下，核阻止本领 S_n 会随着离子能量的升高迅速增加，并在能量达到 keV/u 量级时达到最大值[1]。在入射离子能量较高时，电荷屏蔽开始起作用。荷电 Z_{1e}

和 Z_{2e} 两个原子核间距为 r 时的库仑作用势为 $V(r)=Z_1Z_2e^2u(Z_1/Z_2,r/a)/r$，其中前一部分对应于原子核电荷间相互作用，后一部分为电子云的屏蔽作用。屏蔽函数 u 仅包含两个独立参数，表示两个原子核间库仑斥力的减弱。从 Thomas-Ferm 原子模型导出的势函数为 $V(r)=Z_1Z_2e^2u(r/a_{TF})/r$，其中屏蔽函数为 $u=u(r/a_{TF})$，a_{TF} 为 Thomas-Ferm 原子的电子屏蔽半径。

由此得到靶物质对入射离子的核阻止本领为[2]：

$$S_n = n_a\int_{T_{\min}}^{T_{\max}} T\mathrm{d}\sigma(E_1,T) = 4m_a a_{TF}^2\frac{M_1}{M_1+M_2}Z_1Z_2e^2s_n(\varepsilon) \tag{2-24}$$

$$s_n(\varepsilon)=\begin{cases}\dfrac{\ln(1+1.138\,3\varepsilon)}{2[\varepsilon+0.013\,21\varepsilon^{0.21226}+0.195\,93\varepsilon^{0.5}]}------\rightarrow\varepsilon<30\\[2ex]\dfrac{\ln\varepsilon}{2\varepsilon(1-\varepsilon^{-1.49})}----------------------\rightarrow\varepsilon\geqslant30\end{cases} \tag{2-25}$$

其中一次碰撞转移给靶核的平均能量和靶核反冲能小于 T 的概率 P 分别为：

$$\langle T\rangle=\int_{T_{\min}}^{T_{\max}}T\mathrm{d}\sigma(E_1,T)\bigg/\int_{T_{\min}}^{T_{\max}}\mathrm{d}\sigma(E_1,T) \tag{2-26}$$

$$p\langle T\rangle=\int_{T_{\min}}^{T}\mathrm{d}\sigma(E_1,T)\bigg/\int_{T_{\min}}^{T_{\max}}\mathrm{d}\sigma(E_1,T) \tag{2-27}$$

在核能量损失机制中，通过离子与靶原子核间的弹性碰撞，离子的部分能量转移到靶的原子核上，当转移的能量大于靶原子的移位阈能 E_d 时，靶原子会发生移位，从而在靶物质中产生了缺陷。发生移位的原子称为初级离位原子，当 PKA 携带的能量足够大时，它会作为次级粒子继续与靶原子发生碰撞，引起位移级联事件发生，产生更多的缺陷。

（3）非弹性碰撞

离子与靶核发生弹性碰撞时，碰撞前后整个系统能量保持不变。而入射离子与靶电子的相互作用过程中，靶电子不能作为自由电子来处理，因此，在碰撞之后，核与电子之间的内能将发生变化[2]。碰撞之后的入射离子能量为：

$$E=E_1-T-Q \tag{2-28}$$

式中，T 为传递给靶原子核的能量，Q 为通过电子的激发、电离和电荷交换损失的能量。

要激发靶电子中的一个电子，入射离子所需的能量应高于与禁带宽度 E_g 相关的一个阈值。这个阈值为 $E=(M_1/8m_e)E_g$，其中 m_e 为电子质量[2]。

在阈值以下，入射离子主要通过弹性碰撞与靶的原子核相互作用。当入射离子具有远大于原子中电子结合能的能量，并且碰撞传递的能量也远大于结合能时，作为初级近似，可以将原子中的电子视为独立的自由电子。实际上，入射离子与围绕靶原子核运动的多个电子发生相互作用，能量损失分布于靶原子的激发和电离中。林哈德和 Kobetich 等研究了原子浓度为 n_a，每个原子具有 Z_2 个电子的靶对于入射离子慢化的影响[2]。与弹性碰撞类似，得到单位路程上电子能损为：

$$\left(-\frac{\mathrm{d}E}{\mathrm{d}x}\right)_e = 2\pi n_a \frac{Z_1^2 Z_2^2 e^4}{m_e v_1^2} \ln\left(T_{\max} / T_{\min}\right) \tag{2-29}$$

式中，$T_{\max}$ 为入射离子与靶外电子对头碰撞时传递的最大能量，其表达式可写作：

$$T_{\max} = \frac{4M_1 m_e}{(M_1 + m_e)^2} E_1 \approx 2m_e v_1^2 = \frac{4m_e}{M_1} \approx \frac{4}{1\,836 A_1} E_1 \tag{2-30}$$

A_1 为入射离子的质量数。考虑激发和电离的共同贡献，Bethe 等对电子阻止本领进行了量子处理，在平面波波恩近似量子力学微扰计算的基础上得到了电子阻止本领的计算公式，即有名的 Bethe 公式[2]：

$$S_e = \left(-\frac{\mathrm{d}E}{\mathrm{d}x}\right)_e = 4\pi n_a \frac{Z_1^2 Z_2^2 e^4}{m_e v_1^2} \ln\,(2m_e v_1^2 / \hat{I}) \tag{2-31}$$

考虑了有效电荷修正、相对论修正、内壳层效应修正、密度修正后，电子阻止本领的完整表达式可以写为[2]：

$$S_e = \left(-\frac{\mathrm{d}E}{\mathrm{d}x}\right)_e = 4\pi n_a \frac{Z_1^2 Z_2^2 e^4}{m_e v_1^2} [\ln\,(2m_e v_1^2 / \hat{I}) - \beta^2 - \ln(1-\beta^2) - C / Z_2 - \delta(\beta)] \tag{2-32}$$

式中，$\beta = v_0/c$，c 为光速，C/Z_2 是内壳层修正项，$\delta(\beta)$为由密度修正引入的项，能量 I 是由靶原子的性质决定的，与激发频率 ω_{nn0} 和相应的偶极阵子强度 f_{nn0} 有关。

$$\ln I = \sum_m f_{nn0} \ln \hbar \omega_{nn0} \tag{2-33}$$

当载能离子的单核能小于 1 MeV/u 时，能量损失主要以核能损（弹性能量损失）为主；而当载能离子的单核能大于 1 MeV/u 时，能量损失则主要以电子能损（非弹性能量损失）为主。入射离子通过弹性碰撞将能量传递给材料原子，导致材料原子反冲和移位。由于这种能量损失是直接通过与材料原子核碰撞产生的，因此满足能量守恒和动量守恒定理，所以称为核能损。用 S_n 或 $\left(-\frac{\mathrm{d}E}{\mathrm{d}x}\right)_n$ 表示。电子能损是高速运动的入射离子进入材料后，先与材料电子直接作用，使材料原子电离、激发，然后，处于激发态的电子将能量传递给材料原子。在入射离子的径迹周围形成了高温等离子体。这种传递能量的方式称为电子能损。用 S_e 或 $\left(-\frac{\mathrm{d}E}{\mathrm{d}x}\right)_e$ 表示。两种能量损失的大小与入射离子的原子序数、所带电荷数、能量和靶物质的原子序数、密度、晶格结构有关。

（4）物质对入射离子的总阻止本领及入射离子射程[2]

带电离子进入物质后，通过与物质原子发生弹性和非弹性碰撞，不断损失能量。当能量耗尽时，离子就会停在物质中。带电粒子沿运动方向所穿过的最大距离称为入射粒子在该物质中的射程，用 R 表示。射程在入射方向上的投影长度称为投影射程，以 R_p 表示；射程在垂直于入射方向上的平面内的投影长度称为射程的横向分量，以 R_T 表示。通常，使用投影射程 R_p 来表示离子在物质中的穿行距离。当提到射程时，通常

指的是投影射程 R_p。一般讲到射程即是指投影射程 R_p。靠近射程的末端，是离子的注入区，离子浓度急剧增加，形成布拉格峰。

荷能离子穿过物质时总阻止本领可以表示为核能损与电子能损两部分之和，可表达为[2]：

$$S_t(E_1)=S_n(E_1)+S_e(E_1) \tag{2-34}$$

电子能损与核能损都存在一个峰值，并且当入射离子能量高于 1 MeV/u 时，电子阻止本领远远大于核阻止本领。

能量为 E_1 的入射离子在靶中沿入射方向 x 穿过的距离，即入射离子在靶中的平均投影射程。它是总阻止本领的函数，可表示为[2]：

$$R_p(E_1)=\int_0^{E_1}(S_t(E_1)^{-1})\,\mathrm{d}E=\int_0^{E_1}(S_n(E_1)+S_e(E_1))^{-1}\mathrm{d}E \tag{2-35}$$

一个离子从射入靶到静止，所走过的路程称为射程，用 R 表示。射程在入射方向上的投影长度称为投影长度，以 R_p 表示；射程在垂直于入射方向上的平面内的投影长度称为射程的横向分量，以 R_T 表示。通常，使用投影射程 R_p 来表示离子在固体中的穿行距离。当提到射程时，通常指的是投影射程 R_P，如图 2-6 所示。

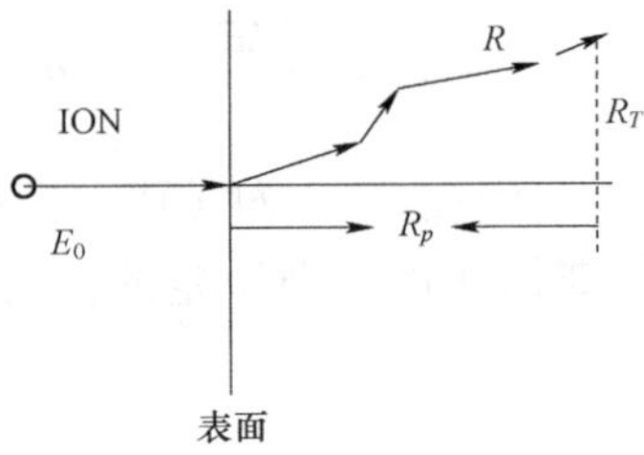

图 2-6　离子入射到靶材料中的分布图

离子在固体中所经历的碰撞过程是一个随机过程。因此，具有相同能量的某种离子，由于能损过程的涨落，它们的射程并不完全相同。虽然单个离子的射程是随机的，没有规律性，但大量相同能量的入射离子的射程却具有统计规律。一般以 $\bar{R}_p$ 表示大量入射离子射程的统计平均值。以 $\bar{R}_p$ 表示大量入射离子投影射程的统计平均值，以标准偏差 $\overline{\Delta R_p}$ 来描述各入射离子投影射程的分散特性。

如果已知阻止截面 $S_n(E)$和 $S_e(E)$，则有

$$R=\int_0^R -\frac{\mathrm{d}E}{\mathrm{d}E/\mathrm{d}x}=\frac{1}{N}\int_0^R\frac{\mathrm{d}E}{S_n(E)+S_e(E)} \tag{2-36}$$

为了简化计算，可以定义约化射程：

$$\rho(\varepsilon)=\frac{1}{N}\int_0^{\varepsilon}\frac{\mathrm{d}\varepsilon}{S_n(\varepsilon)+S_e(\varepsilon)} \tag{2-37}$$

由此可知，离子的总射程仅取决于电子阻止截面和核阻止截面。

对于重离子（$M_1>M_2$），散射角较小，这时投影射程与总射程的关系可以近似地表示为

$$R_p=\frac{R}{1+(M_2/3M_1)} \tag{2-38}$$

同样，射程偏离可以近似地写成

$$\Delta R_p = 0.88\frac{\sqrt{M_1 M_2}}{M_1 + M_2} R_p \tag{2-39}$$

2.3.6　中子与物质的相互作用

1932 年，英国物理学家查德威克在进行一个用 α 粒子轰击铍的实验时，意外地发现了中子。由于中子不带电荷，因此能够轻易地打入原子核内部，引发各种核反应。正因如此，中子成为研究核反应的理想轰击粒子。此外，中子在核裂变反应中也扮演着重要角色。中子辐照是一种电离辐射，由自由中子组成。在核裂变或核聚变过程中，从原子中释放的自由中子会减少，同时这些自由中子会与其他原子的原子核发生反应，形成新的同位素。这个过程会导致辐照的连锁反应，并在较大的空间范围内造成辐照损伤和危害[11]。

中子由于不带电荷，因此在与物质相互作用时，不会与原子核和核外电子产生库仑力作用。实际上，中子仅与原子核发生相互作用。这类相互作用主要分为散射和核反应两大类。其中，散射又分为弹性散射和非弹性散射，核反应又分为吸收（俘获）反应和裂变反应。

（1）弹性散射：当中子能量不高时，中子与靶原子核发生弹性碰撞，中子动能的一部分或全部交给靶核，变为靶核动能。中子与靶原子核弹性碰撞后，中子并没有消失，但它的动能和运动方向发生了变化。碰撞前后，中子与靶核的总能量不变，满足经典力学中的能量和动量守恒定律[2]。弹性散射是中子与一些轻核物质作用的主要方式。

（2）非弹性散射：当中子能量大于 0.5 MeV 时，可能与靶核发生非弹性碰撞，中子动能的一部分转化为靶核的激发能，使核处于激发态。激发态核通过发射一个或几个 γ 光子回到基态。

（3）吸收（俘获）反应：中子与原子核发生反应，形成复合核。复合核不稳定，释放出射线或带电粒子，如（n，P）和（n，α）反应。

（4）裂变反应：当原子核俘获一个中子时，它会分裂成几个碎片，从而产生几种新的核素。在这个过程中，通常会释放出射线或中子。

当入射粒子为中子时，其与靶原子核之间的相互作用主要表现为核力作用。这种情况相较于电子或离子辐照更为复杂。由于中子与晶格原子碰撞时表现出核力作用，这种作用是一种短程有序的强相互作用，其作用范围较小，但强度很大。这一特点使得中子碰撞具有截面小、每次作用交付的能量大，以及反冲能量在零至 $T_{\max}$ 范围内的所有碰撞事件的概率相等等特点。其辐射的主要损伤机理仍然在于晶格原子向间隙位置的位移（不考虑晶格原子的畸变）。中子作为电中性粒子，不存在库仑相互作用。中子所能传递给物质原子的最大能量为

$$T = \frac{4Mm}{(M+m)^2} E_0 \tag{2-40}$$

式中，M 为物质原子的质量，m 为中子的质量，E_0 为中子的入射能量。对于中子来说，因为在一次刚球碰撞中，交付能量由零至最大的所有事件的概率都是相等的，因此每次碰撞平均交付的能量为

$$\bar{T} = \frac{1}{2} T \tag{2-41}$$

当快中子入射时，每次碰撞沉积于位移过程中的平均能量 T 远高于位移阈能，通常高出数百倍甚至上千倍。此时，初级反冲原子和次级反冲原子均可依次导致许多其他原子发生位移。每次初级作用后，可能导致 200～1 000 个位移原子的产生。这些位移原子集中在为 10～16 cm^3 的体积内，形成局部损伤区域（也称为缺陷团）。当缺陷团内的位移原子仅占结晶原子密度的 0.1%～1%时，材料仍然保持结晶状态。如果沉积于位移过程中的能量高达 1 024 $eV \cdot cm^{-3}$ 量级，则可能导致无序区的形成。而要产生连续的无序区，必须使得每个原子都发生位移。通过增加辐照注量（或剂量），使缺陷团严重重叠，原则上也可形成无序区。产生无序区所需的最小注量（或剂量）称为临界注量（或剂量），这种情况对应于位移量的饱和。

快中子的位移损伤主要源于初级反冲原子的作用。一次初始碰撞会产生一个反冲原子，这个反冲原子通过级联碰撞形成一个缺陷团。由于快中子的碰撞截面很小，导致缺陷团彼此间距离较大。这意味着只有极少数快中子能够产生缺陷团，绝大多数中子不可能在材料中留下位移损伤。因此，在快中子辐照过程中，位移缺陷团（局部畸变区）均匀地、稀疏地分布在整个样品体积内，平均位移密度较低。

在中子与物质的相互作用中，不存在库仑碰撞，这使得中子具有较大的平均自由程和射程。这一特性使得中子能够对整个物质造成损伤分布[9]。中子与物质相互作用，首先经历的是碰撞过程，该过程会产生初级离位原子、级联碰撞、离位峰及各种缺陷。在这些缺陷不断产生的过程中，存活的缺陷之间、存活缺陷与固体中固有缺陷之间会发生相互作用。这些相互作用导致了物质内部微观结构的演化过程，例如间隙原子和空位的迁移至陷阱处以消除缺陷；在演化过程中，空位迁移、聚集，形成空位团。空位团可能崩塌形成位错圈和堆垛层错，或者在嬗变气体的作用下成核，最终演变为空洞（或气泡）。另外，间隙原子迁移、聚集，形成间隙原子团。间隙原子团在杂质原子的作用下成核，进而演变为间隙原子位错圈；贫原子区或崩塌成位错圈，或在嬗变 He 的作用下形成空洞，可以说辐照作用下的微观演化过程主要是空洞（或气泡）和间隙原子团的成核、长大过程，最终导致固体内部产生大量缺陷。

2.3.7 γ（X）射线与物质的相互作用

X射线和γ射线都是电磁波，两者之间没有本质区别，只是产生的方式和波长不同[4]。γ射

线是激发态原子核退激或正负电子对湮灭的产物，而 X 射线是原子的壳层电子由外层向内层空位跃迁或快速电子与原子核外电子库仑场作用的产物。一般说来，γ射线波长比 X 射线波长更短，能量更高[4]。

γ光子（射线）不带电荷，光子静止质量为零，以光速运动时，才具有能量、动量与质量。且γ光子与物质作用，能量损失的方式不同于带电离子。带电离子与物质原子核和电子相互作用时，会逐步损失能量。而γ光子在与物质的原子或电子的一次碰撞中就会损失大部分或全部能量。另外，粒子数量减少的规律也不同。γ射线穿过物质时，它的强度按指数规律衰减，而带电离子最终大多都停留在射程的末端，形成掺杂。因此γ光子不能像带电离子那样直接与靶原子核和电子直接碰撞传递能量，使靶物质中的原子电离、激发或移位。因而不能用描述带电离子的物理量（能损、射程）来描述光子在物质中的行为。

（1） γ射线与物质相互作用的主要方式（能量 E_γ＜30 MeV 时）

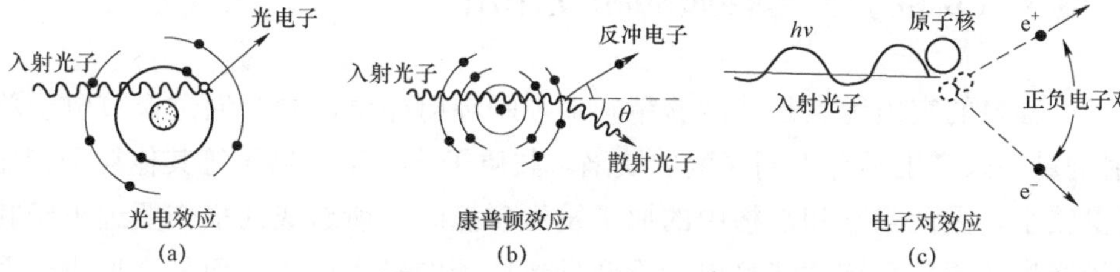

图 2-7　γ射线与物质相互作用

① 光电效应：当γ射线的全部能量传递给原子中的束缚电子，导致这些电子从原子中发射出来，成为光电子，而γ光子本身消失的现象，被称为光电效应[12]。光电子的能量等于入射光子的能量和壳层电子的结合能之差。光电效应通常发生在束缚最紧的 k 壳层电子上（80%）。

② 康普顿效应：当入射γ光子与核外电子发生非弹性散射时，光子的一部分能量被转移给电子，导致电子被反冲出来，而散射光子的能量和运动方向发生变化的现象，被称为康普顿效应。康普顿散射总是发生在束缚得最松的外层电子上。

③ 电子对效应：当光子的能量大于 1.02 MeV 时，光子与靶原子的库仑场相互作用，导致光子转化为正－负电子对。

三种效应对于物质的原子序数 Z 和入射γ光子的能量都具有一定的依赖性。在低能γ射线与原子序数较高的物质相互作用时，光电效应占据主导地位；在中能γ射线与原子序数较低的物质相互作用时，康普顿效应成为主要效应；在高能γ射线与原子序数较高的物质相互作用时，电子对效应则占据优势。对于低能γ射线和原子序数高的物质，光电效应应占优势；对于中能γ射线和原子序数低的物质，康普顿效应占优势；对于高能γ射线和原子序数高的物质，电子对效应占优势。

（2） γ射线与物质相互作用的次要方式

γ射线与物质作用除上面三种方式以外，还有其他的一些作用方式。

① 相干散射是一种低能光子（$h\nu \ll 0.51$ MeV）与束缚电子之间发生的弹性碰撞过程，在这个过程中，靶原子保持其初始状态不变。碰撞后，光子的能量仍然保持不变（λ不变），因此这种散射被称为汤姆逊散射或相干散射。在光子能量较低且靶物质的原子序数较大的情况下，相干散射占据一定的优势。

② 光致核反应：当γ光子的能量超过一定阈值时，它们可以与物质的原子核发生相互作用，产生核分裂的反应，例如（γ，n）反应。然而，这种反应的发生概率通常很低。

③ 核共振反应：当入射光子与靶核相互作用时，靶核会被激发到一个激发态。当核从激发态退激时，会释放出γ光子。

在γ光子能量介于 30～100 keV 的范围内，相干散射、光致核反应和核共振反应等次要作用方式对γ射线的吸收贡献较小，一般小于 1%。

2.3.8 电子（β粒子）与物质的相互作用

电子束辐射的突出优点是其能够精确地控制辐射能量，同时通过调节电子总流量（即辐射剂量）来产生具有不同深度的缺陷。与质子、中子、离子等其他粒子相比，电子的质量较小，因此当它和晶格中的原子发生碰撞时，所造成的损伤要远小于其他高质量粒子产生的损伤。这意味着电子不会导致原子的多级碰撞，而只会形成一系列独立的、简单的点缺陷。电子穿透试样的深度对其产生缺陷的深度具有重要影响。当电子作用于固体表面时，将与原子核和核外电子发生弹性和非弹性两种碰撞。这种辐射作用会导致材料中出现缺陷。假设轰击电子的能量在试样表面迅速衰减，则引入的缺陷面积较小，但密度较大。相反，如果电子深入晶体内部，那么辐射后将产生大量可扩散的缺陷中心。考虑到电子在材料中的散射效应，那么电子在材料中的射程：

$$R_{KO}=\frac{0.027\,6AE_0^{1.67}}{Z^{0.899}\rho}\ (\mu\text{m}) \tag{2-42}$$

式中，E_0是辐照电子的能量，单位为 keV；A 是原子量，单位是 g · mol^{-1}；ρ 是物质密度，单位是 g · cm^{-3}；Z 是原子序数。

通过控制电流，可以实现不同辐射剂量的电子束流。电子辐射剂量的总量主要取决于电子束流的速率（电流）、直径以及辐射持续时间。单位面积的电子总剂量为：

$$D=\frac{4It}{\pi d^2 e} \tag{2-43}$$

式中，I 是电流，t 是辐照时间，d 是辐照区域的直径，e 是电子电量。

电子与物质的相互作用方式主要有以下 5 种。

（1）韧致辐射

当高速运动的电子穿过物质时，由于受到原子核外库仑场的作用，其速度会突然降低。此时，电子能量的一部分或全部将转化为连续的电磁辐射，这种现象称为韧致辐射，也称为韧致 X 射线[4]。产生的韧致辐射能量范围可以从零连续到电子的最大动能。

（2）契伦科夫辐射

当高速运动的带电粒子（如 β 粒子）穿过折射系数较大的物质时，其速度可能会超过光在该物质中的传播速度[4]，此时带电粒子的能量将有一部分以可见光或接近可见光的形式释放出来，这种现象首先于 1934 年苏联科学家契伦科夫发现，故称为契伦科夫辐射。

（3）湮没辐射

一个电子与一个 β^+粒子碰撞，产生两个（或三个，但概率很小）能量为 0.511 MeV 的 γ 光子，电子和 β^+粒子消失。这种一个粒子与其相应的反粒子发生碰撞时，其质量可能转化为 γ 光子的辐射，称为湮没辐射[4]。

（4）吸收

β 粒子在穿过一定物质时，其强度会逐渐减弱[4]。如果物质的厚度足够大，粒子最终将完全被物质所吸收，这种现象称为吸收。在电子能量处于 0.5～6 MeV 情况下，β 粒子的吸收关系可近似用指数函数来表示，即 $I = I_0 e^{-\mu x}$，I_0 表示进入吸收物质前的 β 射线强度，I 是穿过 x cm 厚度吸收物质后的 β 射线强度，μ 为吸收物质对 β 粒子的线性吸收系数，单位是 cm^{-1}[4]。

（5）电离和激发

β 粒子通过物质时与核外电子发生弹性和非弹性碰撞，当 β 粒子将能量传递给束缚电子时，电子会由于获得能量而使原子电离或激发，而 β 粒子本身的能量将逐渐消耗。电离、激发是 β 粒子能量损失的重要方式。

2.4　阅读材料

［1］郁金南．材料辐照效应［M］．北京：化学工业出版社，2007.
［2］王广厚．粒子同固体相互作用物理学［M］．北京：科学出版社，1988.
［3］黄昆，韩汝琦．固体物理学［M］．北京：高等教育出版社，1988.
［4］闫鹏飞，郝文辉，高婷．精细化学品化学［M］．北京：化学工业出版社，2004.
［5］朱壬葆．辐射生物学［M］．北京：中国科学出版社，1987.
［6］刘树铮．医学放射生物学［M］．北京：中国原子能出版社，1986.
［7］夏寿萱．分子放射生物学［M］．北京：中国原子能出版社，1992.
［8］李焕铁．固体核径迹探测器［J］．物理，1977，6（4）：229-235.
［9］丁洪林．半导体探测器及其应用［M］．北京：中国原子能出版社，1989.

参考文献

[1] 胡育筑. 分析化学简明教程［M］. 北京：科学出版社，2004.

[2] 杨剑波，黄红，刘志，等. 初探中子探测器的研究现状与发展趋势［J］. 科学技术与工程，2016，16（14）：94-101.

[3] 中国科学院原子核委员会委员会. 原子核辐射探测资料汇编［M］. 北京：科学出版社，1960.

[4] 耿红梅. 衡水湖不同生态区水体特性分析及建议［J］. 衡水学院学报，2021，23（4）：4.

[5] 张帅伟，张建萍，任东超. 我国中子测井方法应用的现状与发展趋势［J］. 中国石油和化工标准与质量，2014（1）：1.

[6] 魏宇航，魏志勇，牛志，等. 中子探测器的研究现状与发展趋势［J］. 科学技术创新，2019（34）：2.

[7] 王艳芬. 一道概率统计题引发的思考［J］. 课程教育研究：新教师教学，2014（025）：316.

[8] J.N.伊斯雷尔奇维利，伊斯雷尔奇维利，王晓琳，等. 分子间力和表面力［M］. 北京：科学出版社，2014.

[9] 李宇风. 初探红外探测器及其发展趋势［J］. 工业，2016（6）：253.

[10] 同济大学概率统计教研组. 概率统计复习与习题全解［M］. 上海：同济大学出版社，2010.

[11] 王元兰. 仪器分析［M］. 北京：化学工业出版社，2014.

[12] 李鑫，李妍敏，刘超，等. 基于 GSM 的核辐射测量系统［J］. 合肥工业大学学报：自然科学版，2021，44（7）：5.

[13] 张钧林. 材料科学基础［M］. 北京：化学工业出版社，2006.

[14] 曹德新. 沟道效应及其应用［J］. 核技术，1983（3）：73-77.

[15] 汲长松. 核辐射探测器及其实验技术手册［M］. 北京：中国原子能出版社，1990.

[16] 朱金辉，左应红，刘利，等. 蒙特卡罗方法在核爆辐射环境模拟中的应用与发展［J］. 现代应用物理，2023，14（3）：44-56.

第 3 章　生物学基础

3.1　分子基础

生物大分子主要指糖类、脂类、蛋白质和核酸等大分子，它们是细胞的物质基础，在细胞的生物活性和新陈代谢中起重要作用。

3.1.1　糖类

糖类是指多羟基的醛或酮及其缩聚物和衍生物，是自然界中分布最广、数量最多的一大类有机化合物[1]。

在糖代谢中，糖经过彻底氧化生成二氧化碳和水，同时释放能量供生物体维持其生命活动所需，因而是一种重要的能源物质。其次，糖类也是重要的中间代谢物，可作为细胞中其他化合物合成的基本原料，如核糖和脱氧核糖是组成核酸大分子的主要成分。此外，糖类还是体内的结构物质，如植物根茎中的纤维素。

3.1.1.1　单糖

单糖是不能再被水解的最小糖单位，根据其含碳原子数目可分为丙糖（3 碳）、丁糖（4 碳）、戊糖（5 碳）和己糖（6 碳）等。此外，单糖也可根据其羰基特点分为醛糖和酮糖。

葡萄糖的分子式为 $C_6H_{12}O_6$，是最常见的一种单糖，也是生物体内最重要的单糖，是细胞中的主要燃料分子。葡萄糖可以和其他单糖合成氨基酸，也可以通过脱水作用合成双糖，如两分子的葡萄糖可生成麦芽糖，葡萄糖和果糖可生成蔗糖。蔗糖是植物体内运送的主要养分，是植物汁液中的主要糖类。

3.1.1.2　多糖

多糖是由多个单糖（一般为 20 个以上）通过脱水合成而形成的多聚体。目前已知的最重要的多糖主要是淀粉、糖原和纤维素。

淀粉是由葡萄糖的单体聚合而成的长链分子，其长链卷曲成螺旋，主要存在于植物的根茎和其他部分中，见图 3-1（a）。淀粉分直链淀粉和支链淀粉，不同植物种类或品种中淀粉的直链与支链的比例不同，比如玉米淀粉主要是直链淀粉，糯米淀粉主要是支链淀粉。淀粉可以看作是植物中蔗糖的贮存体，当细胞需要能源或是合成其他分子的原料时，就可通过将淀粉水解实现。此外，人和大多数其他动物也都能利用淀粉，在消化管中将其水解。

糖原是一种动物淀粉，其结构和支链淀粉相似，但其较支链淀粉分支更多，平均每隔 12 个葡萄糖分子就有一个分支点，见图 3-1（b）。糖原主要贮存在动物的肝细胞和肌细胞中，在需要时被水解成葡萄糖。

纤维素是一种存在于自然界中分布最广泛且含量丰富的多糖，是植物细胞壁的主要构成成分，其占植物界碳含量的比例超过 50%。

纤维素与淀粉和糖原一样，也是葡萄糖的多聚体，但其结构有所不同，如图 3-1（c）所示。纤维素是一种线性的没有分支的同多糖，因而不发生卷曲，这些相互平行的链彼此由氢键连接在一起，形成原纤维的一部分。

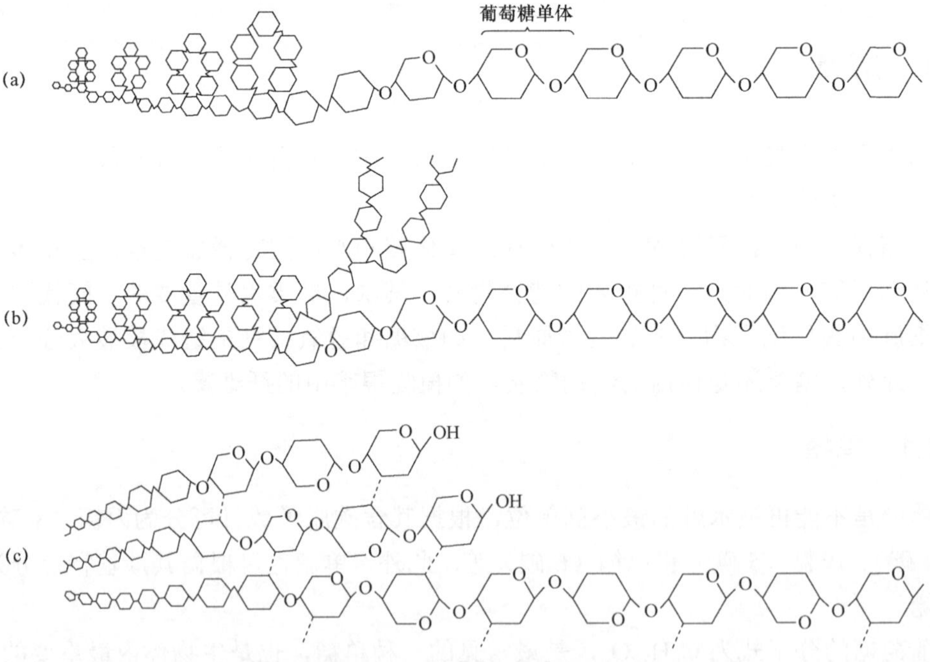

图 3-1　三种主要的多糖

（a）淀粉；（b）糖原；（c）纤维素

3.1.2　脂质

脂质是指不溶于水而能被乙醚、氯仿、苯等非极性有机溶剂抽提出的化合物总称。脂质的主要组成元素是 C、H、O、P 和 N[2]。脂质在生物学中具有多种重要功能，主要包括以下几个方面。

（1）是生物膜的重要组成成分；

（2）是贮存能量的分子；

（3）构成生物表面的保护层；

（4）是很好的绝缘体，具有维持生物体正常体温的功能；

（5）某些脂类具有极为重要的生物活性作用，例如维生素 A、维生素 D 和睾酮等[2]。

3.1.2.1　脂肪

脂质包括脂肪、磷脂、蜡和类固醇等。脂肪是甘油三酯，由甘油和脂肪酸脱水合成（见图 3-2），甘油分子结构较为简单，而脂肪酸则具有不同的种类和长度。脂肪酸可按照化学结构被归为三类：饱和脂肪酸、单不饱和脂肪酸及多不饱和脂肪酸。

膳食中饱和的脂肪太多会引起动脉粥样硬化及心血管疾病。

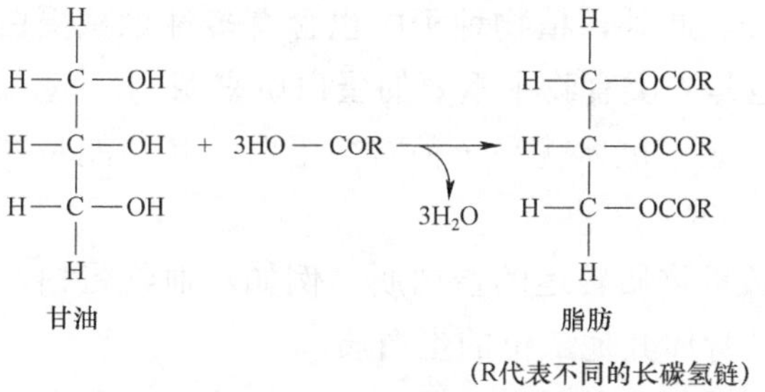

图 3-2　甘油和脂肪酸脱水合成脂肪

3.1.2.2　磷脂、蜡和类固醇

磷脂是细胞膜的重要组分，其结构与脂肪类似，只不过其分子中的一个脂肪酸变为磷酸。

蜡是由一些长链的醇与长链脂肪酸形成的酯。它们的疏水性比脂肪更强，所以可保护生物体的表面。

类固醇是广泛分布于生物界的一大类环戊稠全氢化菲衍生物的总称，是由 3 个六碳环已烷和 1 个五碳环组成的稠合四环化合物。胆固醇是最常见的一种类固醇（见图 3-3）。胆固醇是构成细胞膜的重要组成成分，占质膜脂类的 20%以上。同时，它也可用于形成胆酸及制造激素，并可用作乳化剂。

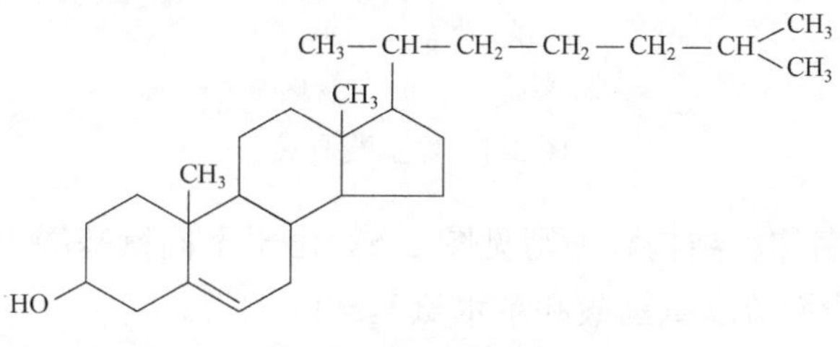

图 3-3　胆固醇

3.1.3 蛋白质

3.1.3.1 分类

蛋白质是由氨基酸组成的多聚体，是细胞和生物体的重要组成成分。根据蛋白质在生物体内的功能，可将其分为 7 大类。

（1）结构蛋白。结构蛋白是组成细胞结构的基础，例如，哺乳动物的毛、发、肌腱和韧带，蚕和蜘蛛的丝等都是由特定的蛋白质组成。

（2）收缩蛋白。收缩蛋白与结构蛋白共同参与了某些生物学过程，例如，肌肉的运动就需要收缩蛋白与肌腱共同起作用。

（3）贮藏蛋白。例如，卵清蛋白是一种动物卵中的贮藏蛋白，其主要作用是为发育中的胚胎提供氨基酸。此外，植物种子中也含有多种贮藏蛋白，是种子在萌发过程中主要的养料来源，也是人类食物中重要的蛋白质来源。

（4）防御蛋白。例如，抗体就是一种防御蛋白，其功能是在血液中与病原体进行斗争。

（5）转运蛋白。负责物质转运的蛋白质，例如，血红蛋白，即血液中含铁的蛋白质，是把氧从肺转运到身体其他部位的蛋白质。

（6）信号蛋白。信号蛋白能够将信号从一个细胞传递到另一个细胞。某些激素就是信号蛋白，它们在体内的作用是协调躯体中的某些活动。

（7）酶。酶是生物体内最重要的蛋白质，发挥着生物催化剂的作用，能够催化体内一系列化学反应。

3.1.3.2 氨基酸

氨基酸是构成蛋白质的基本单质。组成蛋白质的常见氨基酸有 20 种左右，都是α-氨基酸，氨基酸在分子中的不同组合和排列决定了蛋白质的多样性。氨基酸是含有氨基和羧基的化合物，其通式如图 3-4 所示。

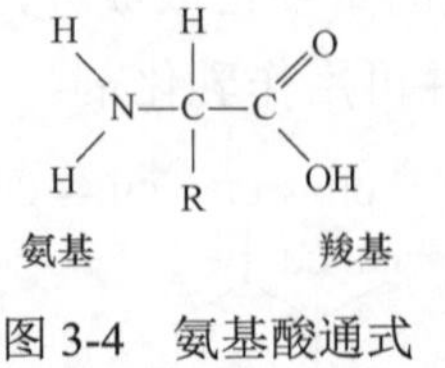

图 3-4 氨基酸通式

20 种氨基酸的名称、结构和缩写见图 3-5。由于不同氨基酸 R 基团的性质不同，这些氨基酸又可以分为疏水氨基酸和亲水氨基酸两大类。

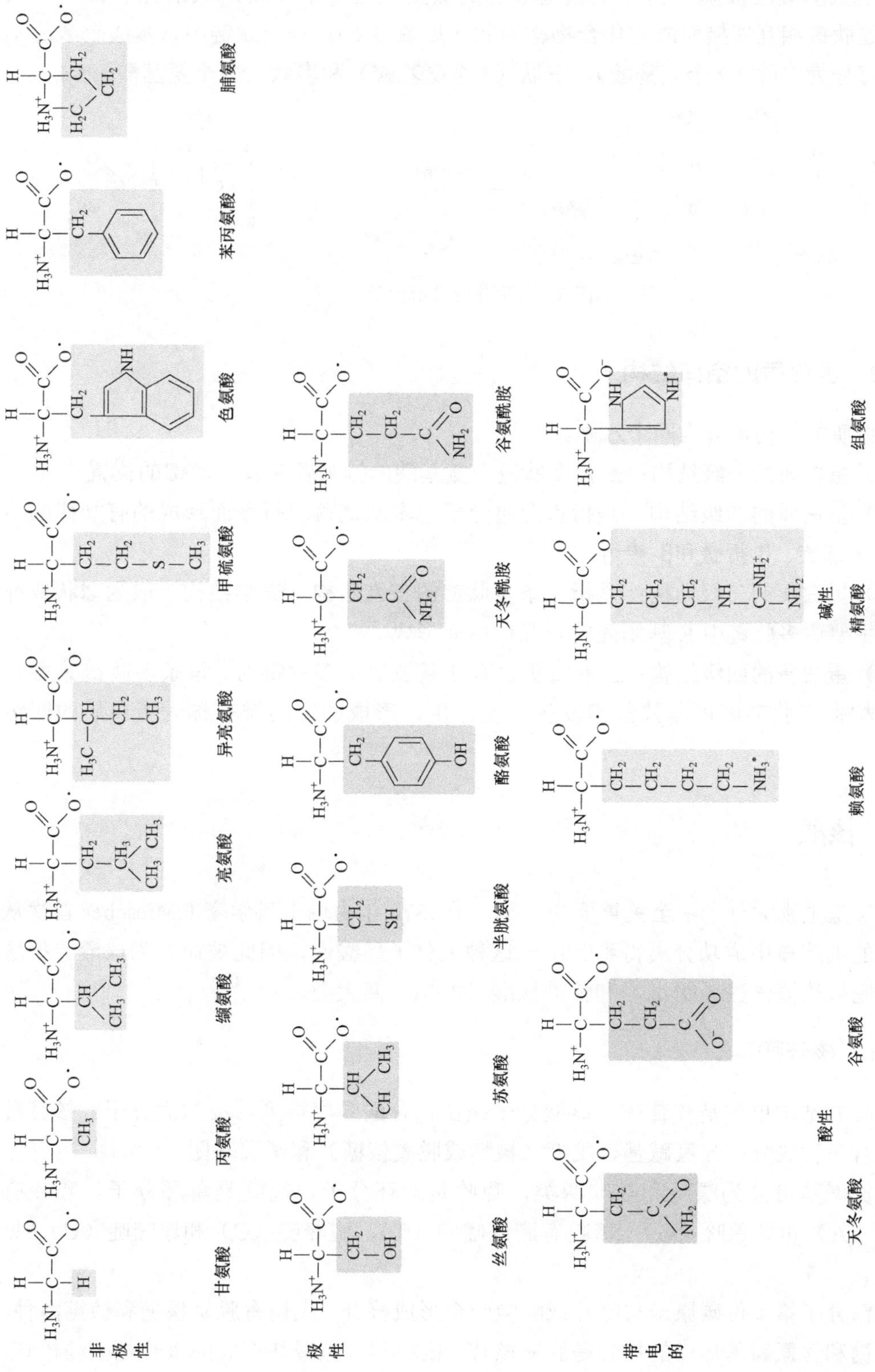

图 3-5 常见 20 种氨基酸结构

一个氨基酸的羧基与另一个氨基酸上的氨基通过脱水作用形成的化学键叫做肽键，通过肽键相互连接而成的化合物称为肽（见图 3-6）。基于肽链中氨基酸个数的不同，肽可分为二肽（2 个氨基酸）、三肽（3 个氨基酸）和多肽（多个氨基酸）。

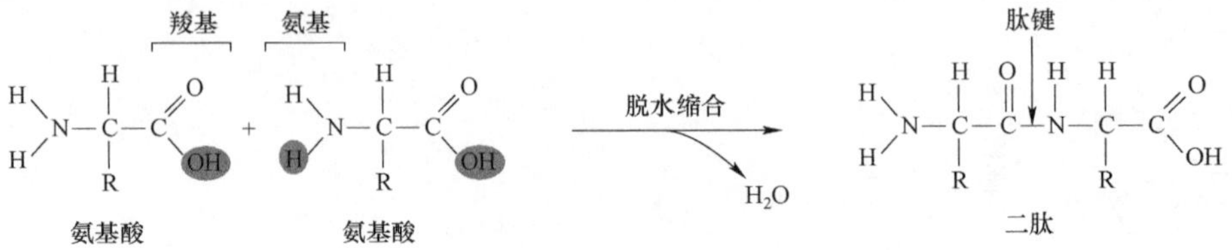

图 3-6　肽键形成示意图

3.1.3.3　蛋白质的空间结构

蛋白质的结构可分为四个水平。

（1）蛋白质的一级结构：是指多肽链中氨基酸的排列顺序及二硫键的位置。

（2）蛋白质的二级结构：是指蛋白质分子中多肽链盘绕折叠而形成的有规律的结构，如 α-螺旋、β-折叠和β-转角。

（3）蛋白质的三级结构：是指一条多肽链的三维结构。三维结构一般为球状或纤维状，主要由多肽链中 R 基团间的相互作用而形成。

（4）蛋白质的四级结构：当蛋白质含有 2 条及以上多肽链时，每条多肽链具备其三级结构，多肽链间以非共价键发生相互作用，形成的空间排布称为蛋白质的四级结构。

3.1.4　核酸

核酸是生物大分子中至关重要的一类，于 1870 年由瑞士科学家 F.Miescher 首次从脓细胞的细胞核中成功分离得到。由于这种大分子呈酸性，因此被命名为核酸。核酸可分为脱氧核糖核酸（DNA）和核糖核酸（RNA）两大类。

3.1.4.1　核苷酸

核酸的结构单体是核苷酸，核酸分子是由核苷酸顺序排列形成的大分子。核苷酸分子含有三种成分：含氮碱基、戊糖（核糖或脱氧核糖）和磷酸基团。

含氮碱基可分为嘌呤和嘧啶两类，嘌呤是双环分子，嘧啶是单环分子。嘌呤有腺嘌呤（A）和鸟嘌呤（G），嘧啶有胸腺嘧啶（T）、胞嘧啶（C）和尿嘧啶（U）（见图 3-7）。

戊糖分子第 1 位碳原子与嘌呤或嘧啶结合形成核苷。戊糖有脱氧核糖和核糖两种，脱氧核糖和含氮碱基形成的核苷是脱氧核苷，核糖和含氮碱基形成的核苷是核糖核苷。

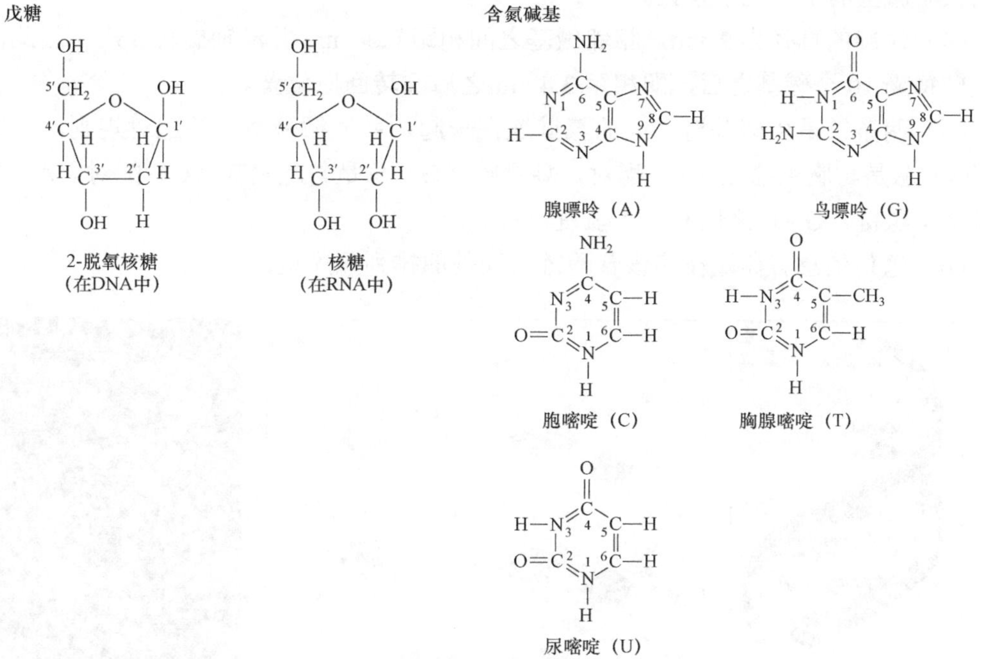

图3-7 戊糖、含氮碱基结构

核糖核苷或脱氧核苷与磷酸分子结合，形成核苷酸或脱氧核苷酸。磷酸的结合部位通常是核糖或脱氧核糖的第3位或第5位碳原子。

3.1.4.2 核糖核酸和脱氧核糖核酸

多个核苷酸或脱氧核苷酸经磷酸二酯键缩合而成的长链分子称为核糖核酸（RNA）或脱氧核糖核酸（DNA）。

线型DNA或RNA具有极性，并有独特的5′或3′末端。DNA分子具有双链结构，由两条脱氧核糖核苷酸长链相互连接，通过碱基互补配对形成螺旋状的双链分子[3]。

RNA分子一般是单链的，即只是一个多核苷酸链。

3.1.4.3 DNA双螺旋

1953年沃森和克里克推断出DNA分子的双螺旋结构。这是生物学史上最光辉的成就之一，因为它在分子层次上说明了基因的功能。沃森和克里克及Wilkins因此于1962年获得了诺贝尔奖。

DNA双螺旋模型的特点如下（见图3-8）。

（1）多核苷酸链的两个螺旋围绕着一个共同的轴旋转，为右手螺旋。

（2）多核苷酸链是通过3′-5′磷酸二酯键相连而成的，长链的两端一端是3′C-OH，另一端是5′C-PO_4，因而双螺旋的多核苷酸长链一条是从3′到5′，另一条是从5′到3′。

（3）碱基在双螺旋内部，磷酸根和核糖在外部。碱基平面与螺旋轴相垂直，糖的平面又与碱基的平面几乎垂直。

（4）螺旋的直径为 2 nm，相邻碱基之间相距 0.34 nm 并沿轴旋转 36°。因此，整个旋转每隔 10 个碱基之后，即相距 3.4 nm 之后又转回原位置。

（5）两条链是由碱基对之间的氢键连在一起，并遵循碱基互补配对规则，即腺嘌呤（A）总是与胸腺嘧啶（T）配对，鸟嘌呤（G）总是与胞嘧啶（C）配对。A－T 之间有 2 个氢键，G－C 之间有 3 个氢键。

（6）遗传信息就蕴藏在多核苷酸链中碱基的排列顺序里。

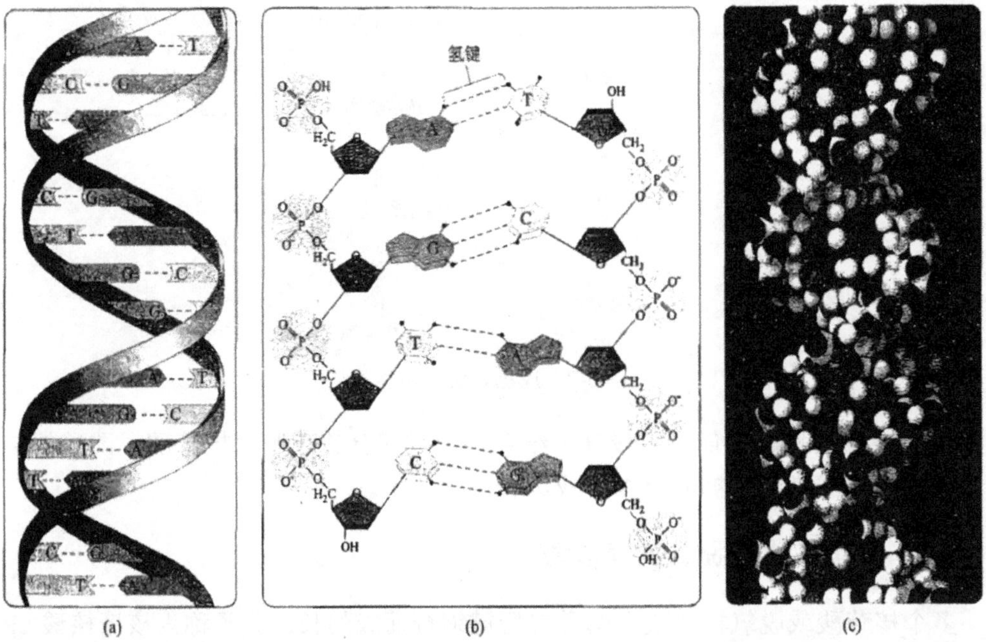

图 3-8　DNA 的三种表示法

（a）该模型中，螺旋状长带表示糖－磷酸骨架，深色和浅色的碱基互补；
（b）侧重显示化学细节，图中显示氢键（用虚线表示），两条链排列的顺序相反，两条链上的糖基的方向彼此相反；
（c）为 DNA 双螺旋的计算机图像，每一原子均为球形，所得到的是空间填充模型

3.1.4.4　有特殊生物学功能的核苷酸

三磷酸腺苷又称腺苷三磷酸（ATP），是细胞中的“能量货币”。ATP 是在一磷酸腺苷（AMP）的磷酸一侧以高能磷酸键再顺序连接上 2 个磷酸而成的。在 ATP 发生水解时，其高能磷酸键的断裂会释放大量自由能，这些能量可被转移到其他分子上，或用于驱动各种耗能活动，包括运动、物质的吸收、主动运输及合成等。在 ATP 水解过程中，通常仅最后一个高能磷酸键发生断裂，释放能量并生成二磷酸腺苷（ADP）[4]。

除了 ATP，一些核苷酸也在生物学中扮演着重要的角色。例如，三磷酸鸟苷（GTP）在蛋白质合成过程中发挥着核心作用。三磷酸尿苷（UTP）则参与了糖原的合成。三磷酸胞苷（CTP）则在脂肪和磷脂合成中起到不可或缺的作用。而四种脱氧核糖核苷的

三磷酸酯，即 dATP、dGTP、dTTP 和 dCTP，则是 DNA 合成的基本原料。

在环化酶的催化作用下，每一种核苷酸都可以生成环状一磷酸核苷。例如，ATP 在腺苷酸环化酶的催化作用下，可以转化为环状 AMP（cAMP）。cAMP 在传递激素信号和调节细胞生命活动等方面具有至关重要的功能。

3.2　细胞基础

3.2.1　细胞结构

细胞有原核细胞和真核细胞之分，细菌的细胞为原核生物，其他生物，即原生生物、真菌、植物和动物的细胞都是真核细胞。这里主要介绍真核细胞的结构（见图 3-9 和图 3-10）。

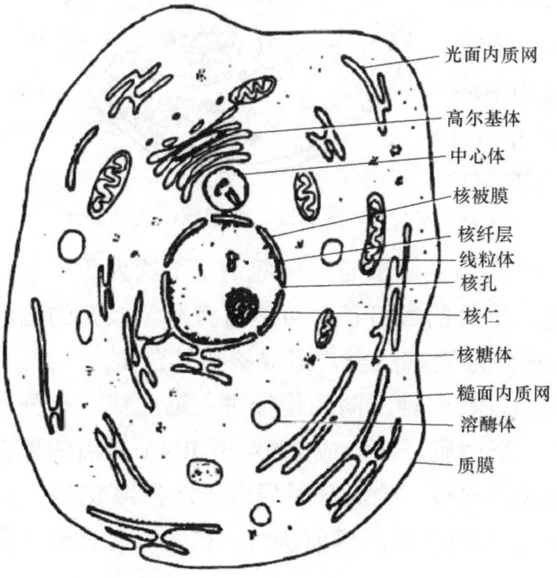

图 3-9　动物细胞模式图

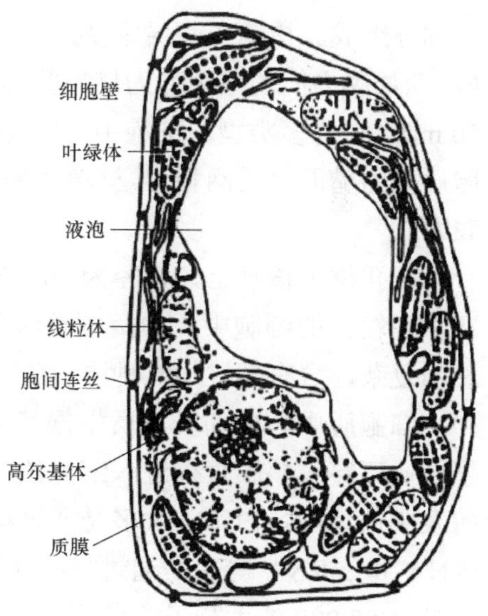

图 3-10　植物细胞模式图

3.2.1.1　细胞膜和细胞壁

细胞膜，也称为质膜，是细胞表面的膜，其厚度通常为 7～8 nm，主要由脂类和蛋白质组成[5]。细胞膜最重要的特性是半透性或选择性透性，其对进出细胞的物质有很强的选择透过性，以确保胞内环境的相对稳定。此外，大多数质膜上还包含受体、抗原结合点及其他与细胞识别相关的位点，因此质膜也能够接收外界信号刺激，进而使细胞产生相应的反应。

细胞壁是位于细胞膜外的一层厚实、坚韧且无生命力的结构，其主要存在于植物细胞中。

细胞壁分为胞间层、初生壁和次生壁三层。细胞壁的功能主要是维持细胞形状、参与物质运输与信息传递、抵御病虫害和参与细胞间的相互粘连等。

细菌也有细胞壁，其主要成分是肽聚糖。采用革兰氏染色技术可以将细菌细胞壁区分为革兰氏阳性（G+）和革兰氏阴性（G–）。细菌细胞壁能够保护细菌抵抗低渗环境，对维持细菌的固有形态有重要作用。

3.2.1.2　细胞核

细胞核是真核细胞区别于原核细胞最显著的标志之一，它主要由核被膜、染色质、核仁和核基质等组成（见图 3-11）[6]。大多数细胞是单核的，但也有些细胞是多核的。

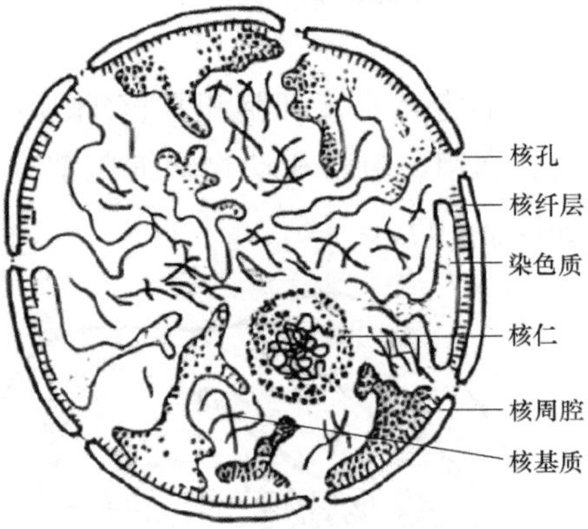

图 3-11　细胞核结构示意图

（1）核被膜

核被膜包在细胞核外层，由核膜和膜下核纤层两部分组成。核膜由两层厚度为 7～8 mm 的膜构成，两层膜之间的空隙称为核周腔，其宽度为 10～50 mm。在许多类型的细胞中，外膜会延伸并与细胞质中的糙面内质网相连，核糖体颗粒会附着在其表面。

核孔位于核膜上，直径为 50～100 nm，数目并不固定，一般情况下约为数千个。在体积较大的细胞中，如两栖类卵母细胞，核孔的数目甚至可达百万个。核孔的构造相当复杂，含有超过 100 种蛋白质，并与核纤层紧密结合，形成核孔复合体。

细胞质中合成的蛋白质根据其分子大小，有两种不同的途径进入细胞核。小分子蛋白质可穿过核膜直接进入细胞核；大分子蛋白质，如合成 DNA 或 RNA 所需的聚合酶及染色体组蛋白等，大多是通过核孔进入细胞核。除大分子蛋白质，各种 RNA，如 tRNA 和 mRNA 等也是通过核孔从细胞核进入细胞质。目前认为，核孔可允许分子量不超过 60 000 的大分子的穿梭。

（2）染色质

染色质是存在于间期细胞核内的一种线性复合结构，主要由 DNA、组蛋白、非组蛋白及少量 RNA 组成，是细胞遗传物质在间期的存在形式。

在细胞分裂期，染色质会浓缩形成光学显微镜下可看见的染色体。

染色质可以分为细丝状的常染色质和团块状的异染色质。通常，常染色质在染色过程中呈现出较浅的染色效果，而异染色质则呈现出较深的染色效果。此外，异染色质往往会紧贴于核被膜的内侧。

真核细胞染色质的主要成分是 DNA、蛋白质和少量 RNA。染色质中的蛋白质包括组蛋白和非组蛋白两大类。组蛋白分为 H1、H2A、H2B、H3 和 H4 共 5 种，其中 H2A、H2B、H3 和 H4 是核心组蛋白。由于含有大量的碱性氨基酸，组蛋白能与带负电荷（磷酸基团）的 DNA 按照 1:1 的比例结合。与组蛋白相比，非组蛋白种类较多，如 DNA 聚合酶和 RNA 聚合酶等都属于非组蛋白。

在电子显微镜下可看到染色质呈串珠状的细丝，这些串珠就是核小体，见图 3-12（a）。染色质的基本结构单位为核小体，由 DNA 和组蛋白组成，其直径约为 10 nm。各核小体间以长度为 1.5～2.5 mm 的细丝相连。

核小体的核心部分由 4 对组蛋白分子构成（H2A、H2B、H3 和 H4 各 2 个），DNA 分子链缠绕在核小体核心的外周，见图 3-12（b）。核小体之间由被称为连接 DNA 的 DNA 分子连接起来，每个染色质丝单位包含缠绕在核小体核心外的 DNA 及连接 DNA 共约 200 个碱基对。H1 组蛋白结合在连接 DNA 上，可促进各核小体的聚拢。

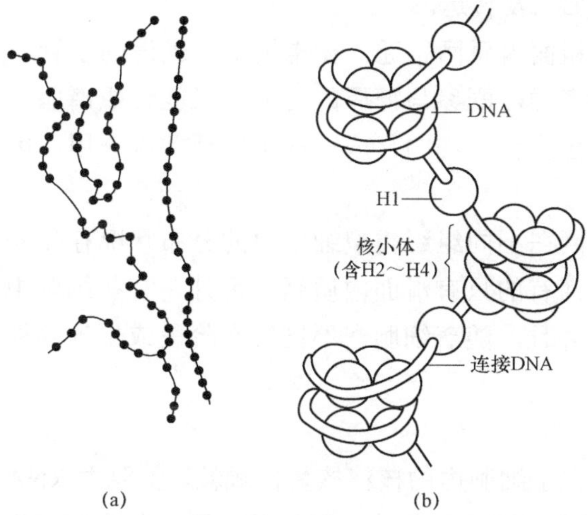

图 3-12　核小体

（a）根据电镜观察结果绘制的高度伸展的染色质示意图；（b）核小体结构示意图

（3）核仁

核仁是细胞核中球形或椭球形的无外膜的颗粒状结构。各种生物的核仁数目一般都是固定的。例如，非洲爪蛙有 2 个核仁，人细胞只有一个核仁。在细胞分裂过程中，核仁会消失，分裂完成后，两个子细胞核中会分别形成新的核仁。核仁富含蛋白质和 RNA 分子。

细胞质中有许多颗粒状的核糖体，其中的 RNA（rRNA）来自核仁。

（4）核基质

将分离的细胞核进行生化处理，除去脂质和几乎所有的组蛋白和非组蛋白后，再用 DNA 酶降解 DNA，而后得到的是由含蛋白质的细纤维组成的网架结构。这种不溶的纤维网架结构称为核基质。核基质不仅可作为骨架维持细胞核的形态，还能够固定各种与细胞核活动相关的装置。

3.2.1.3 细胞质和细胞器

细胞质是细胞质膜包围的除核区外的一切半透明、胶状、颗粒状物质的总称。细胞质是生命活动的主要场所，由细胞质基质、内膜系统、细胞骨架和包涵物组成。主要的细胞器如下。

（1）内质网

内质网是由一层单位膜所形成的网膜系统，常呈囊状、泡状或管状结构。由于它靠近细胞质的内侧，故称为内质网。依据内质网膜外表面是否有核糖体附着，可将内质网分为粗面内质网（RER）和滑面内质网（SER）两种基本类型。

粗面内质网与细胞核的外层膜相连通，呈排列整齐的扁平膜囊状，其上附着有大量的用于合成蛋白质大分子的核糖体。粗面内质网的功能主要是参与外输性蛋白质及多种膜蛋白的合成、加工及转运。

滑面内质网常与粗面内质网相通，在电镜下呈光滑的小管、小泡样网状结构。光面内质网的功能多种多样，既参与糖原的合成，又能合成磷脂、糖脂及糖蛋白中的糖成分。此外，它还在甾类化合物的合成过程中发挥关键作用，因此在合成甾类激素的细胞中特别丰富。

两种类型的内质网在不同组织类型细胞中的分布状况存在差异。在某些细胞中，只存在粗面内质网；而有的只有滑面内质网。另外，有些细胞中这两种类型的内质网以不同的比例共存。并且，随着细胞在不同发育阶段或生理功能状态的变化，内质网的类型也会发生转换。

（2）核糖体

核糖体是一种存在于细胞内的核糖核蛋白颗粒，主要由 RNA（rRNA）和蛋白质组成。其主要功能是遵循 mRNA 的指令，将遗传密码转化为氨基酸序列，并利用氨基酸单体构建蛋白质聚合物[7]。

核糖体又被称为细胞内蛋白质合成的分子机器。核糖体蛋白和 rRNA 被排列成两个不同大小的核糖体亚基，通常称为核糖体的大小亚基，它们在蛋白质合成过程中相互配合，将 mRNA 转化为多肽链。

（3）高尔基体

高尔基体是由多个扁平囊泡叠加在一起，形成的一种具有高度极性的细胞器，呈弓形或半球形。凸出来的一面对着内质网称为顺面，凹进去的一面对着质膜称为反面。这两面上都有一些大小不等的运输小泡。

高尔基体的主要功能为对内质网合成的蛋白质进行加工、分拣与运输，并将其分别送至细胞特定部位或分泌至细胞外。高尔基体是细胞内对分泌物（例如蛋白质）进行最后加工和包装的场所。从内质网送来的小泡与高尔基体膜融合，将内含物送入高尔基体腔中，在那里新合成的蛋白质肽链继续完成修饰和包装。

（4）溶酶体

溶酶体是分解蛋白质、核酸、多糖等生物大分子的细胞器，一般存在于真核细胞中。溶酶体是由单层膜包被的囊状结构，多为球形或橄球形，直径为0.025～0.8 μm，其包含多种水解酶，这些酶具有分解从外部环境进入细胞内的物质，以及消化细胞自身的局部细胞质或细胞器的能力。在细胞衰老过程中，溶酶体发生破裂并释放出水解酶，对整个细胞进行消化，最终导致细胞死亡。

（5）线粒体

线粒体是细胞进行有氧呼吸的主要场所，是细胞中制造能量的结构。线粒体外观形状比较多变，一般呈短棒状或圆球状，也可呈环状、线状、哑铃状、分杈状、扁盘状或其他形状，其直径为0.5～1.0 μm。线粒体具有两层膜，由外至内分别为外膜、膜间隙、内膜和基质四个功能区[8]。线粒体外膜光滑平整，起着将线粒体和细胞质分隔的作用，线粒体内膜向内折叠形成线粒体嵴，这种结构为多种生化反应提供了发生的场所。线粒体外膜与内膜之间的区域称为膜间隙，被线粒体内膜包裹的是线粒体基质。

线粒体数量与细胞的代谢水平直接相关，通常代谢活动越活跃的细胞，其线粒体数目越多。其次，不同生物的不同组织中的线粒体数量存在显著的差异。在某些细胞中，线粒体的数量可高达数千个，而在一些细胞中则只有一个线粒体。

线粒体的主要化学成分包括水、蛋白质和脂质，另外还含有少量的辅酶等小分子及核酸。线粒体蛋白质分为可溶性蛋白和不可溶性蛋白两大类。可溶性蛋白质主要是指位于线粒体基质内的酶及膜的外周蛋白。而不可溶性蛋白质则构成了线粒体膜的本体，该类蛋白质包括一部分镶嵌蛋白和一些酶。线粒体中的脂类主要分布在两层膜结构中，其中超过75%是磷脂。线粒体在构成上与细胞其他膜结构存在明显差异，主要体现在其磷脂的丰富性及胆固醇含量相对较低。

（6）质体

质体是一种与碳水化合物合成和贮存密切相关的细胞器，是植物细胞中被双层膜包裹的一种细胞器的总称。根据色素的不同，质体可分成三种类型：叶绿体、色质体（或称有色体）和白色体。质体在光学显微镜下容易看到，在幼年细胞中，质体还没有分化成熟，叫前质体，随着细胞的长大，前质体可分化为成熟的质体。质体是绿色植物细胞特有的细胞器，是动植物细胞的三大区别之一，另外两种区别分别是：细胞壁和中央大液泡。

（7）液泡

液泡是一种存在于细胞质中的泡状结构，其外部由液泡膜所包裹，从而与细胞质保持分离，液泡内部则包含着一种水状细胞液。在植物的幼年阶段，细胞中的液泡较小，随着植物的成熟，液泡会逐渐变大。除了绿色外，花、叶、果实的颜色大多是由液泡内细胞液中的色素，如花青素所产生的。

高等动物细胞中的液泡不明显；某些单细胞动物的食物泡和伸缩泡，分别具有摄取营养和排泄废物的功能，亦可说是液泡的一种形式。液泡在调节细胞内部环境方面发挥关键作用，通过保持细胞渗透压，维持细胞的膨胀状态。

液泡中所含的物质很多，植物细胞的液泡含有无机盐、有机酸、糖类、脂类、蛋白质、酶、树胶、粘液、鞣酸类、生物碱和花色素苷。在动物分泌细胞中则含有以酶原形式制造和输出的大量糖原颗粒。植物液泡中的液体称为细胞液，细胞液是高渗的，所以植物细胞才能经常处于吸涨饱满的状态。此外，液泡还是植物贮存代谢废物的场所，这些废物以晶体的形式沉积在液泡中。

3.2.2 细胞分裂和细胞周期

细胞从一次分裂开始到第二次分裂开始所经历的全过程称为一个细胞周期。细胞周期由一个有丝分裂期（M 期）和一个分裂间期所构成。后者包括 DNA 合成期（S 期）及 S 期前后的两个间歇期（G1、G2 期）。

3.2.2.1 有丝分裂期（M 期）

有丝分裂的全过程可以人为区分为前期、前中期、中期、后期和末期。

（1）前期

前期是指细胞分裂周期中从分裂期成到核膜解体的一段时期。在细胞进入有丝分裂前期时，细胞的细胞核体积逐步增大，同时，染色质会发生盘绕并逐渐缩短变粗，最终形成染色体。每条染色体均由两条染色单体组成，这两条染色单体被称为姐妹染色单体，它们是通过着丝粒相互连接的[9]。在分裂前期后半阶段，核仁逐渐消散，核膜破裂，导致染色体散布在细胞质中。在动物细胞的有丝分裂前期，两个靠近核膜的中心体发出纺锤丝，随着这两个中心体逐渐分离并移向相对的两极，核膜破裂后，位于两极之间的纺锤体得以形成。

（2）前中期

前中期是指从核膜破裂开始，直至染色体排列在赤道面上为止的过程，涵盖了纺锤体的形成和染色体向赤道面移动两个过程。纺锤体分为有星纺锤体和无星纺锤体两种类型。有星纺锤体在两极各有一个以一对中心粒为核心的星体，主要出现在动物细胞和一些低等植物细胞中。无星纺锤体则主要出现在高等植物细胞中，其两极并没有星体[9]。每条染色体的两条染色单体其着丝粒分别通过纺锤丝与两极相连，并在极微管和着丝微管的相互作用下向赤道面移动。当染色体到达赤道面时，各种力量达到平衡状态。

（3）中期

中期是染色体排列至赤道板，至染色单体开始分别向两极移动的阶段，历时较长。在此期间，染色体出现浓缩变粗的现象，并在赤道面构造出赤道板，呈现出该物种特有的染色体数目和形态。这个时期适合进行染色体形态、结构和数目的研究，也适宜进行核型分析。

（4）后期

后期是指染色体中的两条姐妹染色单体分离并分别移向细胞两极的过程。在此过程中，被分离的染色体被称为子染色体。当子染色体到达细胞两极时，后期结束。染色单体的分离通常从着丝粒部位开始，然后两个染色单体的臂逐渐分离，直至完全分开后向相对的两极移动。这种移动速度因细胞类型而异，一般在 0.2～5 μm/min 之间，平均速度约为 1 μm/min。在同一个细胞内，各条染色体以相近的速度同步移向两极。子染色体向两极的移动依靠纺锤体的运动来实现。

（5）末期

末期是染色体分离和子细胞形成的阶段。从子染色体到达两极开始，直到形成两个独立的子细胞为止，这个时期被称为末期。在此阶段，主要的过程包括子核的形成和细胞体的分裂。子核的形成大体上与前期阶段相反。到达两极的子染色体首先解螺旋而轮廓消失，所有的子染色体凝聚成一个大染色质块，随后，染色质块周围的核膜成分相互融合，最终形成了子核的核膜。随着子细胞核的重新组成，核内出现了核仁。核仁的形成与特定染色体上核仁组织区的活动紧密相关。细胞体的分裂被称为胞质分裂。在动物和一些低等植物中，胞质分裂是通过缢束或起沟的方式完成的。一般认为，缢束的动力是由赤道板细胞质周边的微丝收缩产生的，微丝的紧缩使细胞在该区域形成缢束，随着缢束逐渐加深，细胞体最终分裂成两个独立的子细胞。而高等植物的胞质分裂主要依赖于细胞板的形成。

在细胞分裂的末期，植物细胞的纺锤丝在靠近两极处首先解体并消失，然而位于中间区域的纺锤丝则却得以保留，同时微管的数量增加并向外扩展，形成了被称作成膜体的桶状结构。在成膜体形成的同时，来自内质网和高尔基体的一些小泡和颗粒成分被运输到赤道面。这些成分经过改组和融合过程，参与到细胞板的形成中。随着细胞板逐渐扩展到原有的细胞壁，最终导致使得细胞质一分为二。在细胞质内，诸如线粒体和叶绿体等细胞器的分配并非均匀的，而是随机地进入两个子细胞中。细胞板由两层薄膜组成，这两层薄膜之间可以积累果胶质，进而发育形成胞间层[9]。两侧的薄膜则可积累纤维素，各自发育成子细胞的初生壁。

3.2.2.2　分裂间期

有丝分裂间期分为三个阶段，分别是 G1 期（DNA 合成前期）、S 期（DNA 合成期）和 G2 期（DNA 合成后期）。在间期中，G1 期与 G2 期主要进行 RNA（即核糖核酸）和蛋白质的合成，S 期则进行 DNA 的复制。在 G1 期，主要是合成染色体蛋白质和 DNA 解旋酶，而在 G2 期，主要是合成细胞分裂期有关酶与纺锤丝蛋白质。在有丝分裂间期中，染色质并未高度螺旋化形成染色体，而是以染色质的形式进行 DNA 单链复制。有丝分裂间期是一个重要的准备过程，是有丝分裂重要的基础。

3.3 组织基础

多细胞生物的细胞分化形成不同的细胞群，细胞群由形态相似，结构、功能相同的细胞和细胞间质联合在一起，这样的细胞群被称做组织。植物和动物的组织不同。

3.3.1 植物组织

3.3.1.1 分生组织

分生组织是在植物体内具有持续或周期性分裂能力的细胞群。在分裂过程中，该细胞群体产生的子细胞表现出紧密的排列，无细胞间隙，细胞壁较薄，细胞质丰富，细胞体积相对较小，通常呈等径多面体形状，并且细胞核较大。在植物的分生组织中，只有一小部分细胞始终保持着高度分裂能力，而大部分细胞则在分裂和生长的过程中逐渐丧失这种能力，并分化为具有特定形态和生理功能的细胞。这些分化后的细胞会组成植物体的其他各种组织，使植物的器官得以生长或更新。分生组织是植物体内产生和分化其他各种组织的基础。由于分生组织的活动，使得植物体与动物体和人体存在显著差异，其可以终生增长[10]。

分生组织按存在位置可分为顶端分生组织、侧生分生组织和居间分生组织。

（1）顶端分生组织：位于植物根、茎及其分枝顶端。这些组织的活动促进了根和茎的伸长，形成了侧根、侧枝、新叶和生殖器官。顶端分生组织中的细胞呈现出小而等径的多面体结构，具有较薄的细胞壁和位于中央的大细胞核，细胞质浓厚，液泡小且分散。

（2）侧生分生组织：纵贯根、茎，其周围靠近器官边缘的部分，存在的一种由 1 至 2 层细胞构成的特殊结构，呈圆筒形或带状。侧生分生组织包括维管形成层（即形成层）和木栓形成层。维管形成层的活动能够促使植物的根和茎不断增粗，而木栓形成层的活动则能在根和茎的表面及受伤的器官上构建新的（次生的）保护组织。

侧生分生组织主要存在于裸子植物和木本双子叶植物中。草本双子叶植物和单子叶植物由于缺乏侧生分生组织，因此其根和茎没有明显的增粗生长。构成侧生分生组织的细胞与顶端分生组织细胞存在显著差异。形成层的细胞形态大多为长梭形，其内液泡较为显著，细胞质相对不浓厚。该区域的细胞分裂活动通常呈现出明显的周期性，随着季节的变化，其分裂活动也会发生相应的变化。

（3）居间分生组织：位于成熟组织之间，是顶端分生组织在某些器官中的局部区域的保留。主要存在于多种单子叶植物的茎和叶中。在诸如水稻、小麦等谷类作物的茎秆的节间基部位置，存在居间分生组织。这种分生组织的活动导致茎节的急剧伸长，从而实现拔节和抽穗的过程。在葱、蒜、韭菜的叶子被剪去上部后，其叶基部的居间分生组织的活动使得叶子能够继续伸长。花生雌蕊柄基部居间分生组织的活动使得开花的子房能够被推入土中。然而，与顶生分生组织和侧生分生组织相比，居间分生组织的细胞进行持续分裂的时间较短。在通常情况下，经过一段时间的分裂过程，所有的居间分生组织细胞都会完成向成熟组织的转化。

3.3.1.2　永久组织

（1）表皮组织

植物幼嫩器官的表面存在着一层由初生分生组织分化而来的细胞，称为表皮组织。表皮组织通常是由一层具有扁平长方形、多边形或波状不规则形等多种形态的生活细胞组成。在某些情况下，表皮组织可能由 2～3 层细胞构成。其细胞排列紧密，无细胞间隙，通常不含叶绿素，具有细胞核，细胞质较少，液泡较大。细胞壁与外界接触的一面较厚，且覆盖有角质膜形成角质层。部分细胞在角质膜外还覆盖有蜡被。此外，有的细胞壁外壁呈波齿状或不规则形，细胞之间相互嵌合，使表皮更加牢固。这些结构均可增强细胞壁的保护作用。

（2）薄壁组织

薄壁组织以细胞具有薄的初生壁而得名，它是一类较不分化的成熟组织。

薄壁组织细胞具有潜在的细胞分裂能力，细胞间通常具有发达的细胞间隙。在受到一定的外界刺激后，这些细胞可以反分化并恢复其分生能力，转变为分生组织，进而促使植物的创伤愈合、再生，并形成不定根或不定芽。在离体培养条件下，分离的薄壁组织细胞团，甚至单个细胞，均具有培养形成完整植株的能力。

薄壁组织主要与植物的营养活动相关，其具有多种生理功能，如同化、贮藏、通气和吸收等。薄壁组织是植物进行光合作用、呼吸作用、贮藏养分及各类代谢物的合成和转化的基地，因此又被称为“营养组织”。薄壁组织在植物体内分布广泛，占植物体的大部分，主要存在于基质中，如茎、根的皮层和髓部，叶肉、花的各部分及许多果实的果肉、种子的胚乳等，全部或大部分由薄壁组织组成。

（3）机械组织

机械组织是对植物起主要支撑和保护作用的组织。这种组织具有出色的抗压、抗张和抗曲挠的能力，赋予了植物一定的硬度，其枝干能够挺立，树叶能够平展，能经受狂风暴雨及其他外力的侵袭，都与这种组织的存在有关。基于细胞结构的差异，机械组织可分为厚角组织和厚壁组织两大类别。

（4）维管组织

维管组织是由木质部和韧皮部组成的植物组织，其主要功能为输导水分和营养物质，同时还具有一定的支持作用。其对植物适应陆生环境有帮助。在有次生生长的植物中（大多数裸子植物和木本双子叶植物），维管组织包括来源于原形成层的初生木质部和初生韧皮部（合称初生维管组织），以及来源于维管形成层的次生木质部和次生韧皮部(合称次生维管组织)。在只有初生生长的植物中(大多数蕨类植物和单子叶植物),维管组织只包括来源于原形成层的初生木质部和初生韧皮部。

3.3.2 动物组织

3.3.2.1 上皮组织

上皮组织简称上皮,由密集排列的上皮细胞和少量的细胞间质组成。上皮细胞具有明显的极性。其中,面向身体表面或有腔器官腔面的一侧,被称为游离面,因其与周围环境直接接触。与之相对的另一侧,即面向深部结缔组织的一面,被称为基底面。游离面和基底面在结构和功能上具有明显的差别。位于机体不同部位和不同器官的上皮,细胞游离面常具有不同的结构,以适应各自的功能。上皮组织内含有丰富的神经末梢,但通常不含有血管。其所需的营养物质依赖于结缔组织内的血管提供。营养物质通过基膜渗透到上皮细胞之间的间隙中。根据其功能,上皮组织主要分为两类:被覆上皮和腺上皮。被覆上皮覆盖于体表或衬贴在有腔器官的腔面,具有保护、吸收、分泌和排泄等功能。腺上皮以分泌功能为主,是构成腺的主要成分。此外,体内还有少量特化的上皮,如能感受特定理化刺激的感觉上皮,具有收缩功能的肌上皮等。

3.3.2.2 结缔组织

结缔组织是人和高等动物的基本组织之一。由细胞、纤维和细胞外间质组成。细胞有巨噬细胞、成纤维细胞、浆细胞、肥大细胞等。纤维包括胶原纤维、弹性纤维和网状纤维,主要发挥联系各组织和器官的作用。基质是略带胶黏性的液质,填充于细胞和纤维之间,为物质代谢交换的媒介。纤维和基质又合称“间质”,是结缔组织中最多的成分。结缔组织具有很强的再生能力,创伤的愈合多通过结缔组织增生而完成。结缔组织可以分为不同的类型,其中包括疏松结缔组织(如皮下组织)、致密结缔组织(如腱)、脂肪组织等。

3.3.2.3 肌肉组织

肌肉组织是动物体内由特殊分化的肌细胞构成的基本组织。这些肌细胞之间存在少量的结缔组织,同时还有毛细血管和神经纤维等。由于这些肌细胞的形态细长,因此又被称为肌纤维。肌细胞的细胞膜称为肌膜,其细胞质称为肌浆。肌浆内含有肌丝,为肌细胞收缩的物质基础。根据肌细胞的形态与分布特征,肌肉组织可分为三种类型:骨骼肌、心肌和平滑肌。骨骼肌通常以腱的形式附着于骨骼之上,但存在一些特例,例如,食管上部的肌层及面部表情肌并不附着于骨骼之上。

心肌分布于心脏,构成心房、心室壁上的心肌层,靠近心脏的大血管壁上也有分布。平滑肌分布于内脏和血管壁。骨骼肌与心肌的肌纤维均具有横纹,因此也被称为横纹肌。平滑肌纤维无横纹。肌肉组织具有收缩特性，能够为身体运动及体内消化、呼吸、循环和排泄等生理过程提供动力来源。骨骼肌的收缩受意志支配，因此也被称为随意肌。而心肌和平滑肌则受自主性神经支配，因此属于不随意肌。

3.3.2.4　神经组织

神经组织是人和高等动物的基本组织之一，是神经系统的主要构成成分。神经组织是由神经元（即神经细胞）和神经胶质所组成。神经元是神经组织的主要成分，具有接受刺激和传导兴奋的功能，是神经活动的基本功能单位。神经胶质细胞在神经系统内发挥支撑、保护和营养功能。人体神经组织主要由神经细胞构成。神经元亦称神经细胞，包括细胞体和突起两个主要部分。每一个神经元通常具有一条长且分支较少的轴突，以及数条短且呈现树状分支的树突。神经元的突起又被称为神经纤维。神经纤维末端的细小分支被称为神经末梢，这些神经末梢分布到所支配的组织器官中。神经元在受到刺激后能够产生兴奋，这种兴奋能够沿着神经纤维进行传导。

3.4　器官基础

3.4.1　被子植物的器官系统

植物器官是指由多种组织构成的具有特定形态结构并行使特定生理功能的植物结构。被子植物的器官有根、茎、叶、花、果实、种子。前三种担负植物营养物质的吸收、制造和运输等生理功能，称为营养器官，后三种与植物的有性生殖有关，称为繁殖器官。

3.4.1.1　植物营养器官的形态和结构

（1）根

1）根的基本形态

根所处的环境条件相对稳定，外形变化小，多呈圆柱状。根据根的发生时间和部位，可分为定根和不定根。

定根是指出现在特定位置的主根和侧根。当种子萌发时，胚根从种皮中突破并向下生长的根称为主根。主根发生形成较早，又称为初生根。当主根生长到一定长度时，就会在特定位置产生分支，形成侧根。这些侧根上还能继续产生新的分支。从主根上生出的侧根为一级侧根，而从一级侧根上生出的侧根为二级侧根，侧根发生的时间比主根迟，因此它们也被称为次生根。

植物除了能够由种子产生定根外，还可以从茎、叶、老根及胚轴上产生根，这些根的位置并不固定，因此被统称为不定根。侧根和不定根的产生，增加了根的吸收面积，提高了根的固着力。

2）根尖及其分区

根由根尖和老根组成，根尖是指根的顶端到根毛处的一段，其上为老根。根的生长、组织的形成及各种化学物质的分泌和吸收主要由根尖来完成。

根尖对于根的生长、组织的形成及各种化学物质的分泌和吸收起到了至关重要的作用，而老根则主要起运输和支撑植物体重量的作用。根尖可分为根冠、分生区、伸长区和成熟区 4 个部分。

根冠位于根的顶端，由多层排列疏松的薄壁细胞组成。根冠有保护幼嫩的分生区不受擦伤的作用。根冠外层细胞外壁可能被一种多糖分泌物覆盖，这种分泌物可能是果胶。这种胶状物质有助于根尖在土壤颗粒之间推进，减少了阻力，并保护幼嫩生长点不受擦伤。除此之外，根冠还参与了根的向地性生长过程，这可能与细胞内淀粉体的分布有关。在生长过程中，根冠外层细胞与土壤颗粒摩擦而不断脱落。根冠表层细胞发生脱落之后，分生区会及时产生新的细胞进行补充，从而确保根冠能够保持一定的形态和厚度。分生区大部分被根冠包围，是根内新细胞产生、促进根尖生长的主要部位，也称为生长点。该区域由一群排列紧密、细胞壁薄、细胞核相对较大、细胞质丰富且无明显液泡、具有分裂能力的分生组织组成。分生区由原生分生组织和初生分生组织组成。原生分生组织须有持续分裂的能力，初生分生组织由原生分生组织分裂产生的，其细胞分裂能力逐渐减弱，并进行了初步分化，最外层的初生分生组织称为原表皮，中央部分是原形成层，两者之间是基本分生组织。

伸长区位于分生区的后方，向上到达第一条根毛出现的部位为止，长度一般只有几毫米。伸长区是由分生区衍生而来，由初生分生组织组成，其特征是随着细胞分裂活动的减弱和分化程度的加深，细胞普遍伸长，出现明显液泡，体积增大并开始向成熟组织过渡。伸长区细胞增殖迅速并持续伸长，推动根尖深入土壤层。这一过程不断调整根的吸收位置，从而有利于根的吸收作用。

根毛区位于伸长区之上，其内部细胞已停止生长并形成了各种成熟组织，因此又被称为成熟区。根毛是表皮细胞向外形成的管状结构，长度为 0.5～10 mm，含有丰富的内质网、线粒体和核糖体等细胞器。根毛的形成增大了根的吸收面积，同时导管也在此分化形成，因此成熟区是吸收能力最强的部位。

3）根的初生结构

根的初生结构，即根的成熟区结构，由初生分生组织分化而来。根的初生结构由外至内分为表皮、皮层和中柱 3 个部分。

表皮包围在成熟区的外周，由一层特化的吸收组织细胞构成，细胞排列紧密，细胞的长轴与根的纵轴平行。表皮细胞的细胞壁不角质化或仅有薄的角质膜，这种结构有利于水和溶质通过，部分表皮细胞的细胞壁向外延伸形成根毛，从而扩大了根的吸收面积。幼根的表皮细胞与根毛细胞一样具有吸收功能。

皮层位于表皮与中柱之间，由多层体积较大的薄壁细胞组成，细胞排列疏松，存在明显的细胞间隙。有些植物皮层外还被外皮层包裹。内皮层是皮层最内层排列紧密的细胞，在其细胞的径向壁和横向壁上有一条木质化或栓质化的带状加厚区域，称为凯氏带。内皮层的这一特殊结构，切断了皮层与中柱鞘通过胞间隙和死细胞等途径进行质外体运输，进入中柱的溶质只能通过内皮层细胞的原生质体，从而确保了根对物质吸收的高度选择性。

中柱指内皮层以内的中轴部分，由原形成层分化而来，中柱由中柱鞘、初生木质部、初生韧皮部和薄壁细胞组成。① 中柱鞘位于中柱最外层，具有潜在的分裂能力，是侧根形成、木栓形成层发生和维管形成层的一部分的主要发源部位。② 初生木质部位于根的中央，主要由导管和管胞组成，横切面呈辐射状。初生木质部由外向内逐渐成熟，外侧是原生木质部，内方是后生木质部。③ 初生韧皮部以若干束的形式分布于初生木质部辐射角之间，也有原生韧皮部和后生韧皮部之分。原生韧皮部一般由筛管组成，而后生韧皮部主要由筛管和伴胞组成。④ 薄壁细胞分布于初生韧皮部与初生木质部之间，在次生生长开始时，其中一层由原形成层保留下来的薄壁细胞，将发育成维管形成层的主要部分。

4）双子叶植物根的次生结构

双子叶植物的根在完成初生生长并形成初生结构后，开始出现次生分生组织（主要是维管形成层和木栓形成层），使根增粗，这种次生分生组织的生长称为次生生长，形成的结构称为次生结构。

位于成熟区初生韧皮部内侧与初生木质部内凹部分之间，由原形成层保留下来未分化的薄壁细胞恢复分裂能力形成维管形成层片段。此时，中柱鞘细胞也恢复分生能力，成为维管形成层的一部分，使维管形成层成为连续波浪状的形成层环。维管形成层形成后进行切向分裂，向内产生新细胞，分化后形成新的木质部（次生木质部）；向外分裂所产生的细胞形成新的韧皮部（次生韧皮部）。

随着次生组织的增加，中柱逐渐扩展，中柱鞘细胞恢复分裂能力，形成木栓形成层。木栓形成层一旦形成，便开始进行切向分裂，产生向外和向内两方面的数层新细胞，外面的几层细胞发育成木栓层；内层的细胞则形成栓内层，再加上木栓形成层本身，共同组合形成周皮。

（2）茎

1）茎的基本形态

植物茎具有明显的节与节间的区分，节上着生叶，顶端具有芽。芽是枝条或花（花序）的原始体，植物体上所有枝条和花（花序）都是由芽发育来的。芽的基本结构包括生长锥、叶原基、腋芽原基或花部原基，均属于顶端分生组织，将来分别发育为叶片、枝和花或花序，形成性的枝叶或花。

随着植物的生长，主茎上发生出多种侧生器官，包括叶、枝、芽、花或果，除了这些主要组成结构外，枝条还有许多特殊的形态特征。① 节和节间：茎上着生叶的部位称为节，节与节之间的部位称为节间。节间的长短因植物和植株的不同部位、生长阶段或生长条件而异。② 长枝和短枝：有些植物的植株上由长枝和短枝之分，短枝就是花果枝。③ 叶痕、叶迹、枝痕、芽鳞痕：这 4 种结构均为侧生器官脱落后留下的痕迹。

2）茎尖的结构

茎尖分为分生区、伸长区和成熟区 3 个区域。① 分生区又称为生长锥或生长点，也叫顶端分生组织。位于分生区顶端的组织称为原分生组织，是由一团胚性细胞所组成。原分生组织可逐渐分化为 3 个初生分生组织，即原表皮、基本分生组织和原形成层，这 3 种分生组织位于分生区顶端后部。② 伸长区：茎伸长区的细胞结构与根类似，但长度一般比根的分生区长 2～10 倍。③ 成熟区：成熟区细胞的主要特点是细胞分化已基本完成，已具备了幼茎的初生结构。

3）双子叶植物茎的初生结构

茎的初生结构是指茎尖顶端分生组织中的初生分生组织细胞经过分裂、生长和分化而形成的各种结构。在横切面上，双子叶植物的茎与根一样也可以分为表皮、皮层和维管柱 3 部分。

表皮是由初生分生组织的原表皮分化而来，通常由一层细胞组成，细胞排列紧密，呈长方体形，主要起保护作用。表皮上还生有气孔，可与外界进行气体交换；茎表皮除了有表皮毛外，还具有由细胞外壁角质化形成的角质膜，它们既能起保护作用，又不影响光线透入。

皮层处于表皮与维管柱之间。最外方常由厚角组织构成，细胞排列紧密，内含叶绿体。因此，这些厚角组织既能起机械作用，又能进行光合作用。皮层内为薄壁组织，大都不存在叶绿体，细胞排列疏松，有胞间隙，主要起贮藏作用，胞间隙可贮藏空气。

维管柱是皮层以内的中轴部分，由维管束、髓和髓射线组成。① 维管束由初生木质部、初生韧皮部和束中形成层组成。维管束是由原形成层发育而来。当维管束的初生结构形成后，在初生韧皮部和初生木质部之间，保留一层分生组织细胞，称为束中形成层，这是进行次生生长的基础。② 髓：位于茎中央部分的薄壁细胞称为髓，由原形成层以内的基本分生组织分化而来，所占的比例很大。髓主要起贮藏作用。③ 髓射线：位于两个维管束之间连接皮层与髓的薄壁细胞，由原形成层束之间的基本分生组织分化而来。

4）双子叶植物茎的次生结构

双子叶植物的茎在初生生长的基础上会进一步进行次生生长，使茎不断增粗。与植物的根类似，这个过程也是由维管形成层和木栓形成层的活动开始的。

当次生生长开始时，连接束中形成层的髓射线细胞恢复分生能力，称为束间形成层。束中形成层和束间形成层连成一环，共同构成维管形成层。维管形成层的细胞有纺锤状原始细胞和射线原始细胞两种类型。维管形成层细胞不断向内产生木质部，使茎的直径不断增粗。

茎中周皮的木栓形成层最初的发生位置多数在皮层，可在近表皮处或皮层厚角组织中，也可在皮层的深处，但也可发生于表皮，甚至可在初生韧皮部中发生。木栓层细胞之间无间隙，一般呈褐色，壁较厚且高度栓质化，细胞内的原生质解体，具有不透水、不透气、抗菌耐磨等特性。

（3）叶

1）叶的组成

被子植物的叶通常由叶片、叶柄和托叶 3 个部分组成。植物的叶可分为完全叶和不完全叶。完全叶是指含有叶片、叶柄和托叶 3 个部分的叶，不完全叶是指仅有叶片或仅有叶片和叶柄的叶。

植物的叶片是指叶的绿色、扁平、宽大的部分。叶片有背面和腹面之分。叶片上分布着粗细不同的叶脉，居中最大的为主脉，其上的分枝为侧脉，其余较小的为细脉，末端为脉梢。大小叶脉的分布方式叫做脉序，可分为网状脉序、平行脉序和叉状脉序。

叶柄位于叶的基部，连接着叶片与茎的轴状结构，叶柄除了起疏导作用外，主要起到支撑叶片的作用，并通过自身的长短和扭曲使得叶片处于光合作用最有利的位置。叶柄一般呈圆柱状或稍扁平，上方常有沟。

叶柄基部的两侧具有的附属物，称为托叶。这些托叶通常成对出现，通常细小，且在早期会脱落。托叶对幼叶和腋芽具有保护作用。

2）叶的结构

① 表皮

表皮是叶的保护组织，覆盖在叶的表面，分为上表皮和下表皮。叶片的表皮细胞为活细胞，一般不具有叶绿体，细胞性状不规则，呈扁平状，侧壁凹凸不齐，彼此紧密嵌合。表皮细胞外壁较厚并覆盖有一层角质膜，可防止细菌和真菌对植物的侵害。此外，角质膜还具有较强的折光性，能够有效地防止植物因过度照射引起的伤害。

气孔是叶片内部组织与外界环境之间进行气体交换和水分散失的通道，它们分布在表皮细胞之间。每个气孔有 2 个保卫细胞包围，称为气孔器。双子叶植物的气孔有 4 种类型：无规则型、横列型、平列型和不等型。气孔的开启和关闭与保卫细胞的水势有关。当保卫细胞的水势下降时，细胞吸水膨胀，导致气孔张开。相反，当水势上升时，细胞失水收缩，气孔就会关闭。引起保卫细胞水势的下降与上升的原因主要存在以下学说：淀粉 – 糖转化学说、无机离子吸收学说和苹果酸生成学说。气孔在叶片表皮上的位置、数目和分布，随植物种类而异，且与植物所处的生存环境有关。

排水器一般分布在叶片的顶端和叶缘处，由水孔和通水组织构成。水孔的结构与气孔相似，但其保卫细胞不具有自动调节开闭的作用。

附属物主要指植物叶片上一些形态各异的组织，如表皮毛、鳞片和腺体等，其主要功能是保护和分泌等。表皮毛是植物表皮最常见的附属物，根据结构组成可分为单细胞表皮毛和多细胞表皮毛。单细胞表皮毛仅由 1 个细胞组成，多细胞表皮毛由多个细胞组成。根据表皮毛的形态和质地，又可将其分为皮刺、腺毛、柔毛、茸毛、绢毛和星状毛等。鳞片是指位于叶片表皮上扁平的附属物，常由多细胞组成。腺体是指位于表皮之上或表皮之中的具有分泌功能的附属物。

② 叶肉

叶肉组织是植物进行光合作用的具体部位，其细胞中含有大量的叶绿体，同时存在明显的胞间隙。基于叶肉组织是否存在栅栏组织和海绵组织的分化，叶片可以被划分为等面叶和异面叶两种类型。

栅栏组织：在异面叶上表皮一侧的叶肉细胞呈长柱型，并与上表皮垂直相交排列，类似栅栏状。栅栏组织的细胞内叶绿体相对小而多，细胞的层数和形态随植物种类而异。栅栏组织中的叶绿体数量和分布常随外界环境的变化而变化。

海绵组织：海绵组织位于异面叶栅栏组织与下表皮之间，其细胞形态和大小随植物种类各不相同。海绵组织细胞内叶绿体相对较少而大，细胞间隙较大，通气能力强。海绵组织也能进行光合作用，但强度弱于栅栏组织，其主要作用是适应叶片的气体交换和水分蒸腾。

③ 叶脉

叶脉是分布在叶片叶肉组织内的维管束总称，其形状呈网状，主要发挥支持和输导的功能。主脉和较大的侧脉维管束的周围有机械组织。机械组织在叶片的背面较发达，因此叶片背面有叶脉的地方形成了显著的突起。

3.4.1.2 植物生殖器官的形态和结构

（1）花

花是被子植物所特有的有性生殖器官，是形成雌、雄性生殖细胞和进行有性生殖的场所。一朵典型的花包括花梗、花托、花萼、花冠、雄蕊（群）、雌蕊（群）等部分。同时具有花萼、花冠、雄蕊和雌蕊的花称为完全花，缺少一个或多个部分的花称为不完全花。

1）花柄与花托

花柄是着生花的长轴状结构，支撑花朵位于一定的空间位置。花柄的结构与茎相同，表皮内有维管系统，呈圆柱形或筒状分布于基本组织之中，并与茎相连。因此，花柄又是茎向花输送养料、水分的通道。

花托位于花柄顶端，在多数植物（如油菜）中，花托稍微膨大。

2）花萼

花萼位于花的最外轮，由若干萼片组成。萼片各自分离的称离萼，萼片彼此连合的称合萼，合萼下端的连合部分为萼筒，上端的分离部分为萼裂片。花萼多为绿色，萼片的结构与叶片相似，但栅栏组织和海绵组织的分化不明显。花萼一般具有保护幼花、幼果，并兼行光合作用的功能。

3）花冠

花冠位于花萼内侧，由若干花瓣组成，排列为一轮或几轮。花瓣也有分离或连合之分，前者称为离瓣花，后者称为合瓣花。花瓣细胞中含有花青素或有色体，颜色绚烂多彩，有些植物的花瓣中含有挥发油，能释放出芳香气味。花冠的颜色和芳香适应于昆虫传粉，此外，花冠还有保护内部的幼小雄蕊和雌蕊的作用。

4）雄蕊群

雄蕊群是一朵花内所有雄蕊的总称，位于花冠的内方。雄蕊是由花药和花丝组成的结构。花药是花丝顶部的囊状部分，通常由 4 个花粉囊组成，这些囊内部会产生大量的花粉粒，是雄蕊最主要的组成部分。

花丝细长，支持花药伸展至花被外，使之伸展于一定的空间以利于散发花粉。

5）雌蕊群

雌蕊群位于花的中央，是一朵花中所有雌蕊的总称。雌蕊一般可分为柱头、花柱和子房 3 部分。柱头位于雌蕊的顶端，是识别和接受花粉的地方；花柱是连接柱头和子房的颈状结构；子房位于雌蕊基部，比较膨大，内生胚珠，子房基部常着生一些蜜腺以吸引昆虫、鸟类或其他动物为其传粉。

（2）种子和果实

被子植物进入生殖生长、经过双受精作用后，珠心胚囊中的卵细胞与 1 个精子结合形成合子（受精卵），合子经过休眠，即进行分裂和分化，经过胚发育的各个阶段，最终形成成熟胚即新个体的雏形。另 1 个精子与极核或次生核融合，形成的受精极核，发育为胚乳，是胚发育的养料。珠被发育为种皮，包在胚和胚乳之外，起着保护作用。受精后的胚珠发育形成种子，子房或与其相接部分一起发育成果实。包被在胚珠之外的子房壁，则发育为果皮，主要起着保护种子的作用。

3.4.2　哺乳动物的器官系统

动物体由一些器官构成，这些器官共同完成一定的生理功能，由这些器官构成的担当一定生理功能的综合体，称为器官系统。根据生理机能分为九大系统：皮肤系统、运动系统、消化系统、循环系统、呼吸系统、排泄系统、生殖系统、神经系统、内分泌系统。

3.4.2.1　皮肤系统

（1）表皮

表皮为复层上皮组织，位于皮肤的表层，来源于外胚层，最浅层的表皮细胞角质化，不断死亡脱落。表皮一般厚 0.007～0.12 mm。表皮由角质形成细胞和树突状细胞构成。角质形成细胞数量多，排列成层，可以不断分裂、生长、分化，同时向体表逐渐角质化，是构成表皮的主要细胞。表皮由外向内可以分为：角质层、透明层、颗粒层、棘细胞层、基底层。

（2）真皮

真皮位于表皮下面，内与皮下组织相连，起源于中胚层，由致密结缔组织组成，富有胶原纤维和弹性纤维，使皮肤具有弹性和韧性，是制成皮革的主要部分。真皮内含有较多的血管、神经、色素细胞及各种皮肤腺，分为乳头层和网状层。

（3）皮下组织

皮下组织由疏松结缔组织和脂肪组织组成。皮下组织中还有神经、汗腺、毛囊、皮脂腺等。皮下组织以胶原纤维和弹性纤维与肌肉组织相连，具有保持体温和缓冲机械压力的作用。

（4）皮肤附属器

在进化过程中，高等动物的皮肤发展出了各种坚硬的结构及各种不同形态的腺体。前者包括毛、爪、蹄、指甲等，后者包括汗腺、皮脂腺、乳腺等。

3.4.2.2 运动系统

（1）骨

哺乳动物的骨骼分软骨和硬骨两种。硬骨是构成身体骨骼的主要成分，由致密结缔组织构成，哺乳动物全身共有 200 余块骨。根据骨的形态可以分为长骨、短骨和扁骨三类。

每一块骨都是由骨膜、骨质和骨髓三部分构成，并有神经和血管分布。骨膜是盖在骨的表面，由致密结缔组织构成，富有神经和血管。骨膜内层含有成骨细胞，有造血功能。骨质是构成骨的主要部分，由骨组织构成。骨髓是柔软而富有血液的组织，存在于髓腔。

（2）骨连接

骨连接就是骨与骨之间的连接，有两种方式：直接连接和间接连结。直接连接中，两骨之间借结缔组织或软骨直接连接，骨与骨中间无腔隙，骨的活动范围小或不活动。间接连接是借膜性囊连接，连接间有腔隙，活动性较大，也称为关节，由关节面、关节囊和关节腔构成。

（3）骨骼肌

骨骼肌是构成机体的主要肌肉，哺乳动物全身约有 500 余块骨骼肌。骨骼肌有血管和神经通入，受刺激后能进行有规律的收缩。骨骼肌按其形状可以分为长肌、短肌，阔肌和轮匝肌四种。

3.4.2.3 消化系统

（1）消化管

消化管是一条起自口腔而终于肛门的长管，依其位置、形态和功能的不同，分为口腔、咽、食道、胃、小肠和大肠。小肠又分为十二指肠、空肠和回肠三段。大肠又分为盲肠、结肠和直肠。消化管各段管壁的构造有许多共同之处。除口腔外，其他各段的管壁从内向外可分为四层：即粘膜、粘膜下层、肌层和外膜。

（2）消化腺

消化腺是分泌消化液的腺体，分壁内腺和壁外腺。壁内腺多为小型腺体，分布在消化管各段的管壁内，直接开口于消化管腔内，如唇腺、舌腺、食管腺、肠腺等。壁外腺是大型腺体，位于消化管壁外，以导管开口于消化管内，如唾液腺、胰腺、肝脏等。

3.4.2.4　循环系统

（1）心血管系

心血管系由心脏、血管和血液三部分组成。

心脏是心血管的核心，它位于胸腔内，处于两肺之间并偏左侧。心脏是一个壁厚且内部中空的肌性器官。

心脏内分四个腔，即左心房、右心房、左心室和右心室。左、右心房和左、右心室分别被隔开，互不相通。

血管是运送血液的管道系统。根据管壁的构造特点，血管可以分为动脉、静脉和毛细血管三种。动脉是从心脏发出的血管，它将血液由心脏运送至全身各部。静脉起自毛细血管，是由身体各部运送血液返回心脏的血管。毛细血管遍布于全身各部组织器官中，沟通于小动脉和小静脉之间，互相吻合成网状。

血液是存在于心脏和血管腔内的一种液态结缔组织，由血浆、血细胞、血小板构成。血浆的组成成分主要为水，占 92%，其余为固体物质，包括血清蛋白、纤维蛋白原、酶、营养物质、激素和无机盐等。血细胞包括红细胞和白细胞，其中红细胞是数量最多的一种血细胞，白细胞为无色有核的血细胞，包括有粒细胞和无粒细胞两类。血小板是由红骨髓中的巨核细胞胞质碎片形成的圆形或椭圆形小体，其并非完整的细胞结构。血小板的主要功能是参与血液凝固。

（2）淋巴系

淋巴器官主要由淋巴组织构成，淋巴组织是含有大量淋巴细胞的网状结缔组织。淋巴器官包括胸腺、淋巴结、脾、扁桃体等。胸腺位于胸腔上部，心脏的上方，其实质主要由淋巴组织构成，它与免疫机能有密切关系。淋巴结为一些扁圆形结构，常群集于身体的一定部位。脾是人体内最大的淋巴器官，位于腹腔左上部，血循环的通路上，是血液循环中重要的过滤器官。扁桃体是在舌根和咽部周围上皮中的淋巴组织。淋巴器官主要功能是产生淋巴细胞、过滤淋巴液、参与免疫反应，是免疫功能的重要结构基础。

3.4.2.5　呼吸系统

呼吸系统是一个复杂的管道系统，由鼻、咽、喉、气管、支气管和肺所组成。呼吸器官在结构上的共同特点是：① 具有骨或软骨作为支架，保证气流通畅；② 官腔黏膜含有较多的腺体，黏膜上皮具有纤毛，可帮助尘埃或异物的排出。鼻、咽、喉、气管和支气管在呼吸过程中仅为气体进出肺的通道，称为呼吸道。

肺为气体交换气管，是呼吸系统中最重要的部分。肺位于胸腔内，为一对海绵状构造，肺表面包被一层光滑而湿润的胸膜脏层。肺的实质是反复分支的支气管树及大量肺泡构成。肺泡是肺气体交换的结构与功能单位。支气管入肺后反复分支形成支气管树。由呼吸性细支气管再分支称为肺泡管，肺泡管是肺泡和肺泡囊开口的管道。肺泡囊为数个肺泡的共同通道。

3.4.2.6 排泄系统

排泄是指机体在新陈代谢过程中所产生的一些终产物如尿素、尿酸、二氧化碳、肌酐、氨等；一些摄入量超过机体需要的物质，如水和无机盐类，以及进入机体的各种异物向体外排出的过程。

排泄系统由肾、输尿管、膀胱和尿道组成。肾是生成尿的器官，输尿管为输送尿液入膀胱的管道。膀胱是一个薄壁的空囊，是贮存尿液的器官。尿道是尿排出体外的管道。肾是一对实质性器官，位于腹腔的背壁，腰椎两侧，形似蚕豆，外缘隆凸，内缘中部凹陷处，称为肾门，是血管、神经和输尿管等出入的部位。肾实质是由许多肾单位构成。每个肾脏约含有 100 万个肾单位，这些肾单位是尿液生成的机构基础。每个肾单位由肾小体和肾小管两部分组成。肾小体位于肾皮质内，作为肾单位的起始部分，由肾小球和肾球囊构成。肾小体位于肾脏皮质内，是肾单位的起始部分，由肾小球和肾球囊组成。肾小球是由一条粗而短的入球小动脉进入肾球囊后，分成许多毛细血管并弯曲盘绕成球状结构。这些毛细血管最终汇成一条出球小动脉离开肾小球。这种结构使肾小球的血压较高，是肾小球过滤作用的关键因素。肾球囊由单层扁平上皮构成，呈杯形，具有双层壁。其内层紧贴于肾小球，外层构成一个完整的壁。内、外两层之间的间隙为球囊腔，与肾小管相同。

3.4.2.7 生殖系统

哺乳动物都是雌雄异体。雄生殖系统和雌性生殖系统都是由生殖腺、输送管道、附属腺体和外生殖器四部分组成。主要功能是产生生殖细胞，其中有些器官还具有内分泌功能。

（1）雄性生殖系统

雄性生殖系统包括睾丸、付睾、输精管、射精管、精囊腺、前列腺、尿道球腺和阴茎。睾丸位于阴囊内，表面包有一层致密结缔组织膜，叫做睾丸白膜，内部为睾丸实质。白膜在睾丸后缘增厚形成许多小隔，深入睾丸实质内，将睾丸实质分割成许多小叶。附属腺分布在尿道周围或附近，它们的分泌物均排入尿道，与精子共同组成精液。附睾位于紧贴睾丸的后上缘，形似逗号，主要作用是帮助精子运动。前列腺位于膀胱下方，包绕着膀胱口与尿道结合部位。

（2）雌性生殖系统

雌性生殖系统包括卵巢、输卵管、子宫、阴道、外生殖器。

卵巢是一对偏椭圆形的实质性器官。卵巢表面被覆单层立方或扁平上皮，称为生殖上皮。上皮深面有一层致密结缔组织膜，称为白膜。白膜以内为卵巢实质，其中含有不同发育阶段的卵泡和黄体。卵泡由中央一个较大的卵细胞和周围许多小的卵细胞共同构成。成熟卵泡排卵后，残留的卵泡细胞在腺垂体分泌的促黄体生成素的作用下，体积逐渐增大，胞质内出现黄色的类脂颗粒和脂色素，逐渐变成为黄体细胞。黄体细胞呈索、团状排列，其间有侵入的结缔组织和血管，周围也有结缔组织包裹，整个组织呈黄色，故称为黄体。黄体是一种内分泌腺，能分泌孕酮和部分雌激素。

3.4.2.8 神经系统

神经系统是动物和人体主要的器官功能调控系统，以保证机体内部的完整统一。神经系统使机体的活动能随时适应外界环境的变化，以保证机体与不断变化的外界环境之间维持相对平衡。神经系统依照所在位置和功能的不同，分为中枢神经系统和周围神经系统。

（1）中枢神经系统

中枢神经系统位于身体的中轴，在功能上具有调节整个机体活动的作用，包括脊髓和脑两部分。

脊髓位于椎管内，上端在枕骨大孔处与延髓相连，包括灰质和白质两部分。灰质在内部，横切面呈“H”字形，为神经细胞体集中的部位。灰质中央有一极细的宫腔，称中央管，上通脑室，内含脑脊液。白质在灰质的周围，由神经纤维构成，分别组成粗细不等的传导束。脊髓是躯体、脏器与脑相联系的通路，同时也是中枢神经系统的低级部位，可以完成某些基本的反射活动。

脑室中枢神经系统前端膨大的部分，位于颅骨围成的颅腔内，分为：延髓、桥脑、中脑、小脑、间脑和大脑六部分。大脑分左右两半球，借由神经纤维构成的胼胝体相连。大脑表面凹凸不平，有很多深浅不等的沟裂，沟裂之间的隆起称脑回。大脑的灰质特别发达，位于表层，称大脑皮质，是中枢神经系统最高级的部分。身体各部分的感觉和运动等机能均由大脑皮质的一定部位管理，并且这种管理是对侧性的。因此，当右侧半脑发生病变时，会引起左侧肢体瘫痪或感觉障碍。

（2）周围神经系统

周围神经系统是由于其分布位置在中枢神经系统的外围而得名。包括脑神经、脊神经和植物性神经。

脑神经发自脑部腹面的不同部位，从颅骨的一些孔道穿出，分布于面部的器官和胸、腹腔中的脏器。脊神经发自脊髓两侧，数目因动物而异。每条脊神经借前根和后根与脊髓相连。副根由运动神经组成，背根由感觉神经组成，支配背部和四肢的皮肤和肌肉。植物性神经在中枢神经系统的控制下，调控内脏器官的活动和腺体的分泌。植物性神经不同于躯体运动神经，它不受意志的支配，所以又称自主神经。基于其形态和功能的不同，植物性神经可进一步分为交感神经和副交感神经。在大脑皮质的调控下，交感神经和副交感神经始终处于对立统一之中，相辅相成。

3.4.2.9 内分泌系统

内分泌系统是机体内另一重要的机能调节系统。内分泌系统是由全身不同部位的内分泌腺所组成。这些内分泌腺没有导管，其能将分泌的激素直接渗透入血液或淋巴液中，然后通过血液循环系统将激素输送至全身各处，从而发挥其功能。

人和高等动物体内的主要内分泌腺包括：垂体、甲状腺、甲状旁腺、肾上腺、胰岛、性腺等。

垂体位于脑的基底部，由一短柄（垂体柄）和丘脑下部相连。成年人垂体大小约等于一颗大豌豆，重约 0.6 g。垂体从形态上可分为前叶和后叶，但从胚胎发生、组织结构和功能上则可分腺垂体和神经垂体两部分。腺垂体是一种腺体组织，位于垂体前部，由前叶和后叶的中间部构成。神经垂体是神经组织，位于垂体后部，主要由大量无髓鞘神经纤维、神经胶质和由神经胶质演变而来的垂体细胞组成。

甲状腺是人体最大的内分泌腺，位于喉的下部和气管两侧，分左、右两叶，中间以峡部相连。主要由大、小不等而呈囊状的腺泡组成。甲状旁腺位于甲状腺背面，通常有 2 对，由主细胞和嗜酸性细胞组成，分泌甲状旁腺素。

肾上腺位于肾的上方，左右各一，为三角形的扁平体。肾上腺分内、外两层，外层叫皮质，内层叫髓质。皮质来自中胚层，占腺体的大部分。髓质和交感神经一样起源于外胚层，直接受交感神经节前纤维支配，因此在机能上相当于交感神经节后神经元。

胰岛是分散在胰腺腺泡之间的一些小细胞群，胰岛里有 a 和 b 两种细胞。a 细胞分泌胰高血糖素，b 细胞分泌胰岛素。

3.5 思考题

（1）列出 DNA 与 RNA 结构的三个区别。

（2）细胞中有哪些主要的生物大分子？举例说明它们在生命活动中的重要作用。

（3）原核细胞和真核细胞主要结构区别是什么？植物细胞和动物细胞的主要区别是什么？

（4）举例说明细胞的形状、大小与其生物学功能之间的关系。

3.6 阅读材料

［1］吴家睿. 系统生物学面面观［J］. 科学，2002，54（6）：3.

［2］陈阅增. 普通生物学：生命科学通论［M］. 北京：高等教育出版社，2002.

［3］药立波，冯作化，周春燕. 医学分子生物学［M］. 北京：人民卫生出版社，2004.

参考文献

[1] 黎群武. 论生命本质的多样性——一种信息主义哲学的视阈 [J]. 湖北科技学院学报，2022，42（4）：1-8.

[2] 陈阅增，张宗炳，冯午，等. 普通生物学 [M]. 北京：高等教育出版社，1997.

[3] 于自然，黄熙泰. 现代生物化学 [M]. 北京：化学工业出版社，2001.

[4] 王镜岩，朱圣庚，徐长法. 生物化学 [M]. 北京：高等教育出版社，2002.

[5] 吴相钰，陈守良，葛明德. 陈阅增普通生物学 [M]. 北京：高等教育出版社，2014.

[6] 翟中和，王喜忠，丁明孝. 细胞生物学 [M]. 北京：高等教育出版社，2011.

[7] 林程. 锌铁螯合物引发对杂交水稻种子活力和低温、淹水及其复合逆境抗性调控的研究 [D]. 杭州：浙江大学，2021.

[8] 杨贵群. 虾青素对活性氧所致线粒体损伤的保护作用研究 [D]. 哈尔滨：哈尔滨商业大学，2011.

[9] 李擒龙. 纺锤体组装关卡基因 hsMAD2 在 HCC 中的表达及其对 HepG2 作用的研究 [D]. 北京：中国人民解放军第四军医大学，2003.

[10] 金银根. 植物学 [M]. 北京：科学出版社，2006.

第4章　辐射生物效应基础

19 世纪 90 年代，伦琴使用阴极射线管生成的 X 射线，拍摄了其妻子的手部骨骼影像，此举宣告了辐射生物学研究的开始。同期，贝可勒尔发现了铀化合物的放射性。在 19 世纪 70 年代，居里夫妇成功分离出放射性物质镭和钚，由此开启了人类历史的原子时代。之后不久，镭还被应用于肿瘤治疗。然而，在辐射研究的早期阶段，人们并未意识到放射性物质释放的射线可能引发严重的生物学后果。由于居里夫妇从事放射性研究时没有适当的防护措施，导致他们的皮肤因接触镭射线而受伤，进而患上了再生障碍性贫血症。

电离辐射生物学效应（IRBE）描述了生物体在受到电离辐射后产生的各种变化。这一过程复杂多样，当生物体吸收辐射能量时，将引发诸多变化，包括物质分子的改变、细胞功能和结构的变化，以及组织间相互关系的改变。三个主要的步骤是物理步骤、化学步骤及生物步骤。在这个过程中，当辐射的能量被吸取并转移时，会引起生物分子的触发与电离，从而触发自由基的形成，以及化学键的破裂。各种变化发生的速度各异，有些瞬时完成，而有些变化可能在多年后才逐渐显现。值得注意的是，所有的改变均出现在拥有丰富的组织构造的生命体中。电离辐射伤害通常会以分布的路径影响目标区域，因此，需要从特定目标物质遭受损害的视角来进行分析。染色体位于细胞核内，其中的 DNA 是遗传信息的载体。辐射主要攻击 DNA，其作用机制是诱发 DNA 损伤。这种损伤引发一系列生物化学反应，如电子传递和自由基连锁反应等，导致细胞结构和功能的破坏。这些化学反应干扰酶的释放并影响代谢过程的方向性和协调性，最终导致机体发生一系列生理生化变化，甚至可能导致疾病的发生。

4.1　辐射生物学效应分类

当机体受到辐射作用时，根据辐射的照射方式不同，生物效应可以分为外部照射和内部照射，同时还可进一步细分为局部照射和全身照射。

4.1.1　按照射方式分

（1）外照射与内照射

外照射指辐射源从体外照射到人体，通常包括强穿透力的射线如γ射线、中子和 X 射线。外照射主要导致外部照射生物效应。根据受到的剂量和临床表现，急性放射病可以分为骨髓型、肠型和脑型。

内照射是指放射性物质通过吸入、摄入或通过皮肤伤口进入体内，从而对体内组织器官产生生物效应，其作用可能发生在放射性物质沉积的部位，同时也可能影响全身。

内照射效应主要由短射程、强电离的α、β射线引起。因此，核电厂等反应堆事故对人员的内照射主要来源包括吸入的放射性物质、摄入的放射性物质及通过皮肤伤口进入体内的放射性物质。

（2）局部照射和全身照射

在局部照射情况下，只有身体的特定部位受到外部辐射，而引起的细胞反应仅限于被照射的区域。各个身体部位对辐射的敏感性从高到低依次为腹部、胸部、头部和四肢。

全身照射是整个身体均匀或不均匀照射，导致全身效应。小剂量照射产生小剂量效应，大剂量（＞1 Gy）可能引发急性放射病。胸腹部大面积局部照射也可能引起全身效应，诱发急性放射病。

4.1.2　按照射剂量率分

（1）急性效应

急性效应指人体受高剂量率照射后数分钟至数月内出现的迅速表现效应，产生辐射急性效应的主要途径有强放射性物质引起的照射和核反应释放的大量γ射线和中子辐射。主要症状包括呕吐、皮肤红斑、脱发、白内障、造血功能降低、暂时或永久不育等，其严重程度和发生概率与剂量的大小有关。

照射剂量低于 0.35 Gy 时，可引起某些人恶心、虚弱和食欲减退，但均能在数小时内消失；照射剂量在 0.70～1.25 Gy 时，可使 5%～30%受照人员出现暂时性恶心，若无其他并发症，一般不会造成死亡；照射剂量在 1.25～3 Gy 时，可使大部分受照人员发生恶心、呕吐和虚弱，同时伴有感染、出血和发热等症状，如有创伤或烧伤，发病人数和死亡人数将明显增加；照射剂量在 3 Gy 左右时，如不及时救治，60 天内死亡率将达 50%。在更高剂量情况下，上述症状和体征将持续并且后果更加严重；当照射剂量超过 5 Gy，且未进行医学救治时，死亡率将会达到 100%。

（2）慢性效应

在低剂量率长期照射下，随着剂量的增加，效应逐渐积累，并在较大剂量和剂量率范围内出现。这种效应可能需要长时间才能显现，甚至在受照后数月到数年甚至数代后才表现出来，并可能影响所有器官。群体效应体现为发生率或死亡率的增加。如果损害效应出现在受照者本身身上，则称为躯体性损害效应；如果出现在受照者的后代身上，则称为遗传性损害效应。辐射损伤的慢性效应可以表现为随机性效应（如致癌和遗传效应）和确定性效应（如放射性白内障、慢性放射性皮炎、生殖能力下降、寿命缩短等）。辐射引发的癌症潜伏期可延长至几年甚至更长时间。

4.1.3 按效应出现时间分

（1）早期效应

早期效应指辐射照射后立即或数小时内出现的生物学变化。根据剂量的不同，早期效应可分为大剂量早期核辐射效应和小剂量核辐射的早期效应。主要体现为消化系统和植物神经系统的功能紊乱，以及血液中白细胞数目减少。这些效应的出现通常具有剂量依赖性，而且会按照一定的顺序依次发生。

① 血液系统（骨髓综合征）

② 胃肠综合征

③ 中枢神经系统综合征（骨髓综合征）

④ 局部组织损伤（皮肤、性腺、四肢）

⑤ 造血抑制

⑥ 细胞基因损伤

一般表现为人体的某些器官由于细胞死亡、障碍或延缓细胞分裂等原因使细胞群严重减少。其主要原因是骨髓、胃肠或神经肌的损伤，其损伤程度取决于接受剂量当量的大小。急性照射（在 1～2 h 内）1 Sv 以上的剂量会引起恶心和呕吐，发生于受照几小时后，这是肠道内膜细胞损伤的结果。有研究表明剂量当量小于 1.5 Sv 的照射，早期效应的死亡率很小，但至今尚没有死亡阈剂量值来表明高于该值必死；当急性照射剂量当量大于 8 Sv 时，存活的可能性很小。受照射后 30 天死亡 50%的“半致死剂量阈值”对于人类大约为 3 Sv。

（2）远期效应

远期效应指的是在接受辐射影响后，一段时间后才会逐渐显露出来的效应。这些效应可能会影响到从急性辐射损伤中逐渐康复的人，也可能影响到长期处于低剂量辐射环境中的个体。比如，原子弹爆炸受害者和头颈部放疗的甲状腺癌患者发病率明显偏高，与辐射剂量呈线性关系。通常，在辐射后的 13～26 年，甲状腺癌的发病率会显著上升。此外，受到辐射影响的生殖细胞可能会遗传给下一代，导致各种辐射效应的出现，包括胎儿死亡、发育畸形及流产等严重后果。

4.1.4　按效应表现的个体分

（1）躯体效应

躯体效应是指受照个体本身所出现的各种影响。在人体中，躯体细胞和生殖细胞对电离辐射的敏感性和损伤效应是不同的。躯体细胞构成了人体的所有组织和器官，而生殖细胞则与繁衍后代密切相关。当辐射作用于个体自身时，产生的影响即为躯体效应。

辐射会导致体细胞发生异常变化，主要表现在细胞结构和生理上。此外，辐射还会引起体细胞染色体的损伤和其他病态变化，例如皮肤红斑、毛细血管扩张，甚至在严重情况下，可能导致放射病或诱发皮肤癌。躯体效应的特点有两点：首先，其严重程度与剂量有关，随着剂量的增加而增加，并非随机发生。其关系呈现出一种 S 形曲线。其次，存在一个最小剂量的“阈值”，低于这个阈值的剂量不会产生生物学反应，即存在一个“安全剂量”。

（2）遗传效应

遗传效应是指因电离辐射或其他类型的辐射导致遗传物质发生变异，并在照射后代的个体中体现出来的影响。这种影响主要源于辐射引发的生殖细胞基因的改变。辐射损伤会对不同的物质产生差异性变化，其中与辐射损伤相关的物质具有可遗传性。临床上的生物突变可以分为显性和隐性，其中隐性突变的概率大于显性突变。因此，辐射损伤的遗传效应在后代中出现的概率是随机的，并与剂量的大小有关。

4.1.5　按效应的发生和照射剂量的关系分

（1）确定性效应

确定性效应是指辐射照射后，细胞受损数量或百分比达到一定阈值时，出现的白细胞减少、眼晶体混浊、非癌性皮肤损伤、生育障碍、造血功能减退、免疫功能低下和其他器官或组织功能障碍等效应。

（2）随机性效应

随机效应是效应与照射剂量相关的现象，出现在个别细胞损伤时，可能无阈值剂量，任何微小剂量都可能影响损害发生率，包括辐射导致的遗传性损伤和部分躯体性损伤，这些被称为随机性效应。如辐射致癌是最重要的随机损害效应之一。辐射可能导致单个、少量细胞因辐射而发生变异（突变、染色体畸变等），而无大量细胞死亡或组织破坏。在适当的条件下，受照个体或其后代可能表现出疾病和损害。

4.2 辐射生物学效应的影响因素

辐射对生物体的影响受物理参数如辐射剂量、方式、源类型和剂量率，以及生物体的遗传背景、性别和发育时期等多种因素影响。

4.2.1 辐射因素

（1）辐射类型

各种辐射类型对生物影响与传能线密度（LET）紧密相连。研究表明，高 LET 辐射在组织中能量分散程度更高，因此产生生物影响程度较大[1]。换句话说，在一定范围内，LET 越高，相对生物学效应（RBE）也越大。

（2）剂量和剂量率

辐射剂量大小影响生物效应强度，剂量越高，效应越强，但达到一定阈值后不再增强。在特定范围内，剂量率越高，效应也越强。

（3）照射方式

在相同辐射剂量下，一次照射比分次照射效果更佳，同时全身照射比局部照射产生更显著的生物效应。

4.2.2 机体因素

（1）种系差异

生物辐射敏感性与进化程度相关，通常进化程度越高，辐射敏感性越高。生物受电离辐射作用时，损伤程度因生物种类而异，不同种类的生物具有不同的辐射敏感性。即使同等剂量下，效应时间、速度、程度及后果也不同，总体趋势是高级生物种类辐射敏感性更高。

（2）性别

育龄雌性个体的辐射耐受性稍大于雄性，这与体内性激素含量差异有关。女性能忍受辐照剂量比男性多出 5%～10%。

（3）年龄

生物体的年龄会影响辐射的敏感度，人类辐射敏感度的反应与年龄是相关的，幼年和老年的辐射敏感性高于壮年。辐射对人体的影响，其实最主要是对正在有丝分裂的细胞的影响，所以人体有丝分裂最频繁，或者新陈代谢最频繁时，辐射对其的影响就稍大一些。而这个年龄阶段主要是胎儿和儿童时期，因为这两个阶段最需要生长发育。对于老年人而言，其机体免疫力、细胞修复能力下降，受到同样的辐照剂量其潜在的风险更大。总而言之，人类在出生前对辐射最敏感，随着年龄的增加敏感度会下降，成年人对辐射效应的抗性最强，到老年辐射敏感度又增加。

（4）生理状态和健康状况

在人生理状态和健康状况不良时辐射更易引起疾病，尤其是在人体处于过冷、过热、饥饿、虚弱或有合并外伤时，其辐射耐受性降低，更易受到辐射的危害。

4.2.3　介质因素

在细胞或生物体液中，添加辐射防护剂可减轻自由基反应，促进分子修复，降低辐射影响；而辐射增敏剂则增强自由基反应，阻碍修复，提高辐射效果。临床放射治疗中应用防护剂和增敏剂，以保护正常组织并增强疗效。

辐射防护剂应具备对人体安全、价格低廉、口服方便和吸收迅速的特点。其作用方式多样，如调节免疫、修复 DNA 和清除自由基等。常见的辐射防护剂包括氨基硫醇类、激素类，以及植物和中草药防护剂。

辐射增敏剂是肿瘤放射治疗中研究的热点之一，由于存在一些对低氧环境具有抵抗力的细胞，常规放疗无法彻底消灭所有癌细胞。为了提高乏氧细胞对辐射的敏感性，研究者尝试了增加放疗剂量、使用放射增敏剂、将放射治疗与化疗药物联合应用等多种方法。

辐射增敏剂可提高肿瘤中乏氧细胞对放射治疗的反应性，增强射线对肿瘤细胞的杀伤力，并优化放射治疗效果。这些药物发挥作用的机制包括：改善肿瘤微环境、消除活性氧簇与电子、使细胞周期同步化、抑制 DNA 损伤修复及促进细胞凋亡等。

常见辐射增敏剂包括硝基咪唑类化合物、COX-2 抑制剂、铂类药物（如顺铂、卡铂和奥沙利铂）和姜黄素等。此外，金属纳米粒子、核仁素特异性核酸适配体 AS1411、STAT3 反义寡核苷酸、组蛋白去乙酰化酶抑制剂及血管内皮抑素等新型增敏剂。

4.3　电离辐射对生物大分子的作用

辐射对生物组织的损害主要涉及细胞膜、DNA 和蛋白质的结构和功能。辐射进入生物体后，会触发脂质过氧化反应，导致细胞膜结构和透性的改变。DNA 作为辐射的主要靶分子，参与了细胞的辐射损伤过程。不可修复的 DNA 双链断裂与细胞死亡有着密切的联系。自由基对 DNA 结构的攻击可导致氧化碱基、核糖、DNA 单链断裂及蛋白质交联等多种类型的损伤。辐射对蛋白质和酶的影响包括结构受损、合成受阻，以及促进分解代谢。辐射会破坏蛋白质和酶的结构，如通过电离、断裂肽键、氧化巯基、还原二硫键、羟基氧化等方式。辐射对蛋白质合成的影响复杂多样，包括抑制、激活和双相效应。此外，辐照显著增加蛋白质分解代谢，提高蛋白质水解酶活性。同时，电离辐射会改变细胞周期，包括 G2/M 期阻滞和 S 期阻滞，促进细胞凋亡过程。

电离辐射每次电离事件的能量损失约为 33 eV，可破坏化学键。因此，电离辐射对生物体中许多活性物质，尤其是生物大分子造成损伤。生物大分子受到辐射损伤，包括直接作用和间接效应。直接作用指辐射直接电离或激发生物大分子。间接效应指辐射与周围原子、分子相互作用，产生高活性自由基，破坏生物分子。直接和间接效应同时发生，取决于辐射特性、含水量、靶大小和状态、辐照温度、氧含量，以及保护剂或敏化剂的存在。

4.3.1 自由基及其生物损伤

4.3.1.1 自由基的种类

自由基是包含一个或多个未配对电子的原子、分子、基团或离子，具有不稳定性和高反应活性，导致其存在时间短暂[2]。例如，氢氧自由基（OH）的平均寿命为 10^{-9}～10^{-8} s，而生物分子自由基的寿命通常在 10^{-6}～10^{-4} s 之间[5]。

活性氧是指氧的某些代谢产物及由其衍生的一系列含氧物质。其中主要包括：

（1）氧的单电子还原物，如 O^{2-}和 O^-，以及 $HO_2\cdot$和$\cdot OH$；

（2）氧的双电子还原物 H_2O_2；

（3）烷烃过氧化物 ROOH 及其均裂产物 RO·，ROO·；

（4）处于激发态的氧、单线态氧及羟基化合物。

直接作用：电离辐射直接使靶分子发生电离和激发，从而引起物理化学变化，并产生生物分子自由基[5]。

$$T \xrightarrow{\text{电离}} T^- + e^- \longrightarrow T \cdot H^- + e$$

$$T \xrightarrow{\text{激发}} T^- + H$$

间接作用：电离辐射导致水辐解自由基生成，这些自由基与生物分子反应生成次级生物分子自由基。

水分子在电离辐射作用下分解为·OH 和·H 自由基；水分子自发性电离成 OH^-和 H^+离子；·OH 及水合电子（e_{aq}^-）是最主要的。如图 4-1 所示。

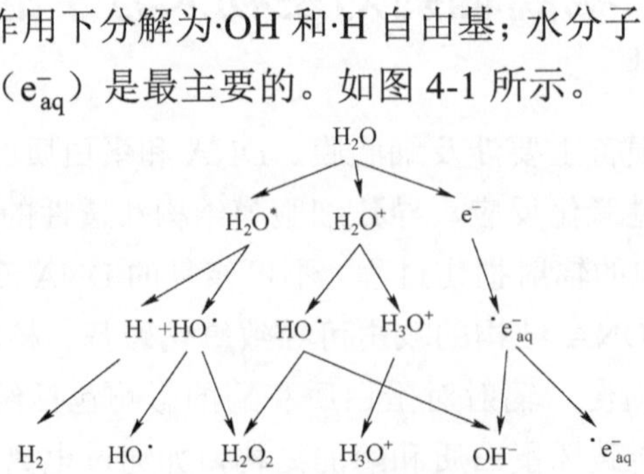

图 4-1 水的电离辐解

4.3.1.2　水电离分解生成的自由基与生物分子的作用

（1）抽氢反应：自由基将有机分子中的 H 转移至自身形成有机自由基。

$$HO\bullet + RH \rightarrow R\bullet + H_2O$$

$$H\bullet + RH \rightarrow R\bullet + H_2$$

（2）加成反应：自由基加入至不饱和有机分子中双键部位的反应[6]。

$$R + \bullet OH \rightarrow R^- + OH$$

（3）电子俘获反应：水合电子被有机分子俘获引起后者的损伤[6]。

$$e_{aq}^- + RS\times SR \rightarrow RSSR^- \rightarrow RS\bullet + RS^-$$

e_{aq}^- →氨基酸核酸碱基俘获脱氨基→脱巯基反应和碱基损伤

4.3.2　电离辐射的 DNA 损伤

DNA 是遗传信息的携带者，指导蛋白质和酶的合成并控制细胞功能。由于 DNA 的基本结构可变动，因此容易发生错误，尤其在 DNA 复制和结合时，环境和内部因素可导致 DNA 损伤或变异[3]。作为辐射对活细胞影响的主要目标分子，研究 DNA 的辐射损伤是分子放射生物学的核心课题。

电离辐射会导致 DNA 损伤，其机制主要有两种形式（见图 4-2）。一种是带电粒子直接与 DNA 分子发生交互作用，另一种则是自由基的间接作用。接近 DNA 的自由基在与之接触的其他分子（特别是水分子）被电离后产生，并逐渐向 DNA 扩散，将能量转移给 DNA，从而引起化学变化，这些变化都会对 DNA 造成损害[4]。

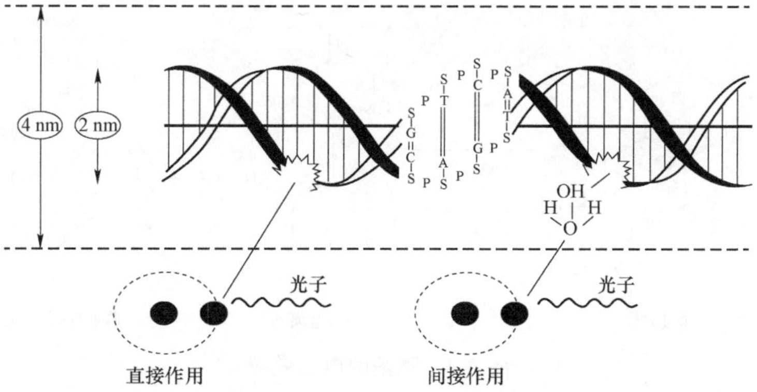

图 4-2　辐射对 DNA 分子的直接作用和间接作用

电离辐射会导致生物体内 DNA 发生不同的损伤，这些损伤如图 4-3 所示。主要包括碱基损伤、DNA 链断裂（包括单链断裂、双链断裂、长范围双链断裂）、DNA－DNA 交联及 DNA－蛋白质交联等。这些损伤最终可能会改变 DNA 的高级结构——DNA 超螺旋结构状态，从而引起 DNA 复制、表达等方面的一系列变化。

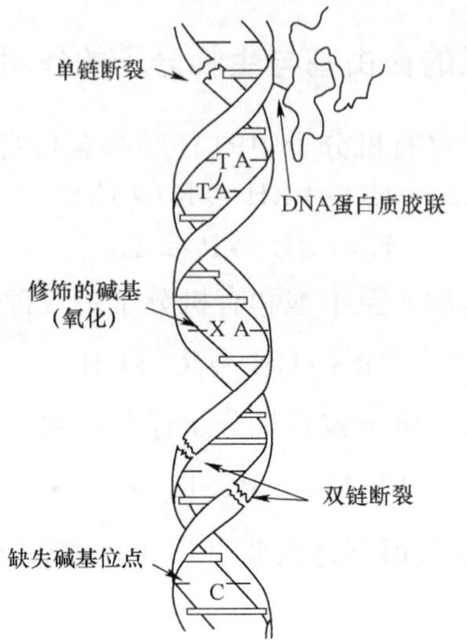

图 4-3　DNA 分子的各种损伤

（1）碱基变化

① 碱基环破坏；

② 碱基脱落丢失；

③ 碱基替代，即嘌呤碱被另一嘌呤碱替代，或嘌呤碱被嘧啶碱替代；

④ 形成嘧啶二聚体等。

（2）碱基异构化

电离辐射导致碱基直接撞击并产生质子，导致碱基电离。自由基和氢原子相互作用，进行加成反应和去氢反应，导致质子转移，将氨基－酮型氢键转化为亚氨基－烯醇型，破坏碱基结构，导致 DNA 复制过程中配对错误[5]。碱基的电离效应如图 4-4 所示。

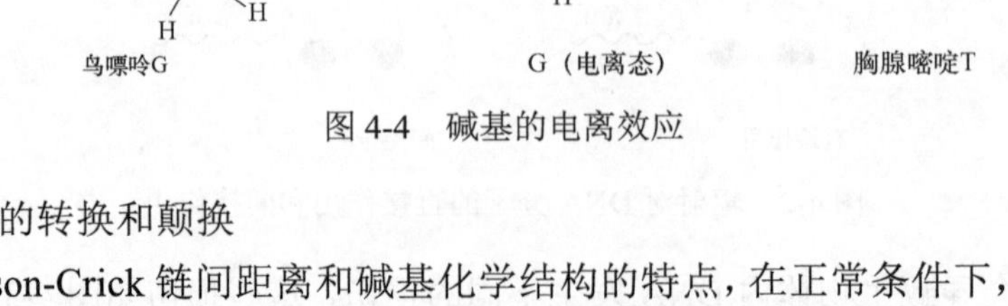

图 4-4　碱基的电离效应

（3）碱基的转换和颠换

根据 Watson-Crick 链间距离和碱基化学结构的特点，在正常条件下，A－T 和 G－C 互补配对保证了遗传性状的稳定性。但核辐射可能导致碱基结构变化和不正常配对，如未修复，将引发分子水平突变。

这种不正常的配对一般可分为转换和颠换两种方式。转换是指 DNA 分子上的一种嘧啶（或嘌呤）被另一种嘧啶（或嘌呤）所替代。例如，本应与胞嘧啶配对的鸟嘌呤可以被处于烯醇态的胸腺嘧啶所替代，从而导致 G－C 转换为 G－T。在复制过程中，这种替换会产生 G－C→A－T 的替代，具体见图 4-5。

图 4-6 是胸腺嘧啶与亚氨基态的胞嘧啶可能发生的错配。

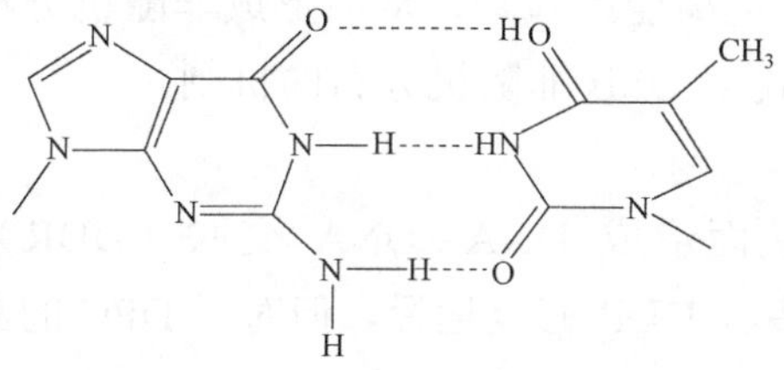

图 4-5　胸腺嘧啶与鸟嘌呤配对

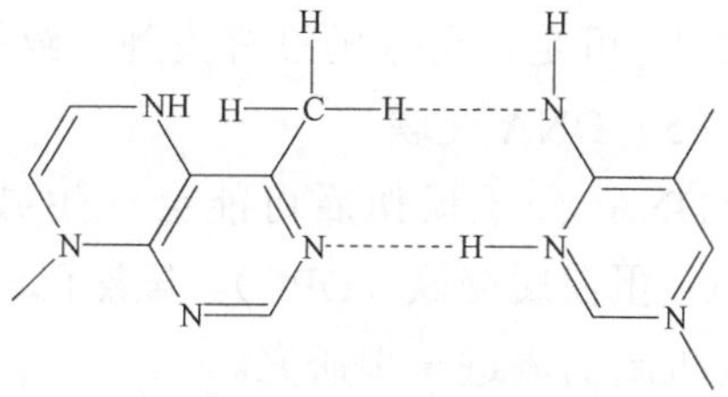

图 4-6　胸腺嘧啶与亚氨基的嘧啶配对

颠换是指 DNA 上的一种嘌呤（或嘧啶）被一种嘧啶（或嘌呤）所替代。以顺式鸟嘌呤和亚氨或腺嘌呤为例，A－T 可能颠换为 A－G，经过复制产生 A－T→G－C 的替换。A－G 颠换的可能结构式见图 4-7。

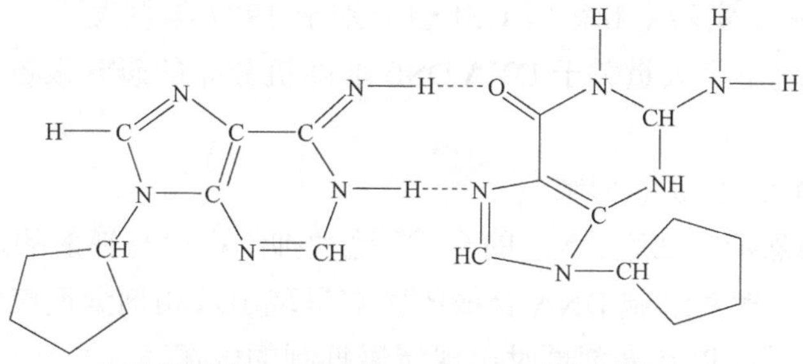

图 4-7　亚氨式腺嘌呤与顺式鸟嘌呤的颠换

（4）DNA 链断裂

辐射损伤可导致磷酸二酯键、脱氧核糖分子和碱基破坏，引发核苷酸链断裂，分为单链断裂（SSB）和双链断裂（DSB），后者伴随氢键断裂。

DNA 双链断裂是各类损伤中最为严重的。同源重组（HR）需要以同源 DNA 序列作为模板，主要发生在细胞周期的 S/G2 阶段；而非同源末端连接（NHEJ）则无需以同源序列作为模板，可以直接连接 DNA 断端，因此可以在细胞周期的任何阶段发生，并且需要多种特定成分参与进行修复[6]。

此外，DNA 错配修复（MMR）在 DNA 双链断裂修复中发挥关键作用，作为基因组监测系统，MMR 高度保守且在生物进化中保持稳定。MMR 能够检测和纠正复制过程中插入错误的核苷酸，确保 DNA 复制的准确性。在同源重组修复过程中，MMR 能够识别并去除非同源末端，确保 DSB 修复的准确性，并且强化了有性生殖的种间屏障。在非同源末端连接修复过程中，MMR 能够抑制不互补碱基对的配对，促进微同源序列的连接，参与 NHEJ 过程。

电离辐射引发的 DSB 的非随机分布已经引发了各种假设。一些研讨指出，染色体构造及入射离子的特征在 DSB 分布上发挥关键效用，其他研讨则以为，DNA 序列中的敏感区域也许与 DSB 的分布存在联络。此外，研讨还发现，辐射能量在 DNA 链上产生热扩散或沿链迁移，优先攻击高亲电性或低电离能的碱基，从而形成非随机分布的 DSB[7]。可是，至今仍没有找到一致的解说来说明 DSB 非随机分布的机制。

（5）DNA 交联

DNA 分子损伤后可能会产生共价键，从而形成 DNA－DNA 交联（DDR）或 DNA－蛋白质交联（DPC）。虽然已经发现了多种 DDR 修复途径，但对于 DPC 的具体修复机制仍需进一步研究。

辐射生物学效应的研究始于 19 世纪末，科学家发现 DNA 是电离辐射攻击的主要目标。辐射对细胞中的 DNA 造成不同类型的损伤，通过直接或间接作用。长期以来，人们认为 DNA 分子是均匀的，其损伤和修复是随机进行的，而辐射诱导的 DSB 片段也被认为是随机分布的。虽然 1996 年以前，人们尚未发现 DNA DSB 非随机分布的现象，但是 1996 年，美国劳伦斯伯克利国家实验室的 Cooper 实验室首次报道了这一现象。此后，英国 Gray 实验室和德国 GSI 也分别于 1997 年发表了类似的研究结果。自此以后，国内外涌现出了大量关于 DNA DSB 非随机分布的研究报告，进一步揭示了这一现象的存在。

（6）辐射对 DNA 合成的抑制

电离辐射会强烈抑制细胞 DNA 的合成，这种抑制程度与辐射的剂量和照射的时间有很大关系。电离辐射对细胞 DNA 合成的影响呈现出双相剂量反应关系，即低剂量时出现迅速抑制的区域，以及高剂量时出现缓慢抑制的区域。

DNA 合成需要 dATP、dGTP、dCTP 和 dTTP 四种脱氧核苷三磷酸作为原料，正常合成过程需要 DNA 聚合酶在镁离子存在下催化。电离辐射会抑制 DNA 合成过程中各种酶的活性并影响能量供应，特别是 DNA 聚合酶 α 最为敏感。此外，DNA 合成需要 ATP 提供能量，而核和线粒体的氧化磷酸化过程易受电离辐射影响。大剂量照射后，DNA 模板本身可能损伤，从而抑制 DNA 合成。

辐射生物学效应中的敏感指标是 DNA 合成抑制，0.01 Gy 剂量即可观察。小鼠接受 0.25～1.25 Gy 的 γ 射线照射后，脾脏细胞中的 ^{3}H-TdR 显著下降，与辐射剂量成正比。原因包括阻碍脱氧核苷酸形成、抑制酶活力、损伤 DNA 模板、减少 DNA 复制子的启动和调控，以及能量供应障碍等。

（7）电离辐射引起 DNA 的分解增强

电离辐射会导致 DNA 分解增加，破坏细胞结构和释放 DNase，从而加速 DNA 降解。在一定辐射剂量范围内，DNA 降解的程度与辐射剂量有关。电离辐射还能增强 DNA 酶的活性，促进 DNA 分解和组织中 DNA 降解，并可能改变 RNA 代谢过程。

4.3.3　电离辐射对蛋白质和酶的作用

（1）分子破坏

辐射会导致蛋白质和酶分子结构破坏，包括肽键电离解离、巯基氧化和二硫键还原。此外，受损的蛋白质分子还可能发生自组装，形成有序且均匀的聚集，进而导致蛋白质的功能变化。

（2）对合成的影响

辐射对蛋白质合成的影响相当复杂，一些蛋白质合成可能被激活，一些可能受到抑制，还有一些可能呈现出先抑制后增强的双相交互反应。辐射后，血清白蛋白和γ球蛋白含量下降，而α和β球蛋白含量增加。蛋白质成分有升有降，总体蛋白质净合成量下降。

（3）分解代谢增强

辐射后，蛋白质分解代谢增强，主要是由于蛋白水解酶活性增高，如溶酶体破裂引发组织蛋白酶活性提高，分解蛋白质效率更高。同时，辐射导致食物摄入减少，进一步推动蛋白质分解代谢，释放大量游离氨基酸，部分氨基酸通过糖异生作用转化为葡萄糖，其余则被代谢为尿素或其他非蛋白氮化合物，机体处于负氮平衡状态。在尿液内，可以检测到氨基酸及其代谢产物如牛磺酸、肌酸、尿素等排出量增加。

4.3.4　电离辐射对糖和维生素 C 的影响

有学者研究了电离辐射对葡萄糖、果糖、蔗糖、抗坏血酸（H2A）和脱氢抗坏血酸（DHAA）的辐射分解。辐照后在糖和维生素 C 的溶液中鉴定出羧酸、2-呋喃甲醛、5-羟甲基-2-呋喃甲醛、糠醇、2-呋喃甲酸和 2（5H）-呋喃酮。电子顺磁共振研究显示，果糖的自由基含量高于其他糖类，DHAA 的自由基含量高于 H2A。此外，光谱测定显示，在辐照溶液储存期间，呋喃具有典型的紫外 – 可见吸收。研究结果证实果糖和抗坏血酸比蔗糖、葡萄糖或脱氢抗坏血酸对电离辐射更不稳定。呋喃及其衍生物，它们是由糖和维生素 C 通过辐射分解或非辐射分解途径产生的。

4.4　电离辐射对染色体的作用

染色体由核小体组成，核小体由核心组蛋白和缠绕在核心组蛋白外围的 DNA 链组成。电离辐射（IR）诱导的损伤赋予与 DNA 单链和双链断裂相关的核染色质功能和构象变化，染色体的三维结构在基因表达调控中起着重要作用，也影响辐射诱导的 DNA 损伤的修复。在受到辐照时，G1 和早期 S 期的细胞中染色体尚未复制，因此辐照会导致染色体畸变。而 M 期、G2 期和晚期 S 期的细胞中染色体已完成复制，受损表现为染色单体的畸变，可能出现染色体粘连、崩解和破裂等现象。

4.4.1 染色体畸变

染色体畸变是指染色体在数量或结构上发生的异常改变，包括染色体组倍数的增加或减少、成对染色体数目变化、单个染色体特定区段增加或减少，以及染色体特定区段位置的改变等[8]。辐射损伤可能导致生物出现染色体畸变特征，这些畸变在有丝分裂和减数分裂的细胞中可以被观察到。辐射可以导致染色体数量和结构上的异常变化，这些变化通常会导致单倍体或非整倍体的形成，从而引起染色体疾病。这些畸变可以通过显微镜观察和识别，并且可以分为数量畸变和结构畸变两类。

4.4.1.1 染色体数目畸变

染色体组是指一个正常精子或卵子所携带的全部染色体，表示为 n，也称为单倍体。正常人体细胞的一半染色体来自父亲，一半来自母亲，总共有 46 条染色体，即 23 对，即含有两个染色体组，被称为二倍体。因此，染色体畸变指的是二倍体的倍性增减或染色体数目的改变。根据变化的类型，可以出现多倍体或非整倍体的畸变。

（1）多倍体

多倍体是指细胞中染色体数目为单倍体细胞染色体数目的三倍或四倍的细胞状态。如果一个细胞的染色体数目是单倍体的三倍，那么它被称为三倍体；如果染色体数目是单倍体的四倍，则被称为四倍。以此类推，超过三倍体的称为多倍体。在人类中，多倍体的现象相对较少见，偶尔会在自然流产和一些葡萄胎儿中出现。

（2）非整倍体

非整倍体是指细胞中的染色体数目与正常二倍体出现不规则的增加或减少的现象。当染色体数目增加时，称为多体，特别情况下，增加一个染色体即 $2n+1$ 则被称为三体；当同一对染色体数目增加两个时即 $2n+2$，被称为四体。类似地，如果减少一个染色体的情况（$2n-1$）则被称为单体。

大多数常染色体三体胎儿在子宫内无法存活，而最常见的活产儿异常是 21-三体，也称为唐氏综合症。性染色体的三体可能包括 XXX、XXY 或 XYY，而单体 Y0 会导致致死，但 X0 可以生存。除了 Y0 之外，其他性染色体变异都有可能存活，但可能会出现性发育异常和其他畸形。

1）单体性

单体性是指二倍体细胞中只有一对同源染色体而不是两个的现象，也称为 $2n-1$。大多数动植物的单体性个体难以存活，最早在小麦中发现了存活的单体。普通小麦和普通烟草中都含有多种不同的单体，这些单体是细胞遗传学研究的重要工具之一。在人类中，除了特纳氏综合征的性染色体单体外，常染色体单体性的胚胎通常都无法在子宫中存活。

2）缺体性

缺体性是指二倍体生物体细胞中丢失一对同源染色体的现象，也被称为 $2n-2$。燕麦是首个发现缺体性的例子。某些物种，如普通小麦，已被人工保留整套缺体性个体。恶性肿瘤细胞中也会存在缺体性细胞系。

3）三体性

三体性是指细胞核染色体数目为 $2n+1$ 的形式，最早在茄科曼陀罗植物中被发现。人类唐氏综合症患者多了一条第 21 染色体，克雅氏综合症患者多了一条 X 染色体。三体性个体一般能够正常生存。

4.4.1.2　染色体结构畸变

指染色体发生断裂，并以异常的组合方式重新连接。结构畸变染色体包括缺失、易位、倒位、插入、重复和环状染色体等。

（1）缺失

染色体断裂会导致遗传物质丢失，形成带有染色单体极点的片段和一个没有染色单体极点的片段，后者会消失，因为其方向无法确定。带有断裂的片段被称为末端缺失染色体。如果染色体发生两次断裂并丢失中间无染色单体极点的部分，剩下的两个部分会重新连接形成中间缺失染色体。当同一染色体的双臂同时断裂时，会形成环状染色体。染色体缺失的危害程度取决于缺失范围，大范围缺失导致个体死亡，小范围缺失可能无表型效应。若缺失部分包含显性基因，则相对位置的隐性基因会表现假显性。在玉米中，染色体缺失控制颜色的基因部分会导致特定表型效果，如白色幼苗和褐色中脉。同样，人类染色体异常也会导致染色体病，例如猫叫综合征是由第五对染色体的短臂部分异常引起的。

（2）重复

指染色体上的某一部分出现两个或两个以上的重复现象。重复可以是首尾相接的衔接重复或串接重复，也可以是首尾反方向连接的颠倒衔接重复或倒重复。重复部分可邻近或染色体其他位置，甚至其他染色体。重复杂合体在缺失杂合体细胞中具有特征性减数分裂图像，可观察到类似缺失环图像。相比之下，重复的遗传效应更温和，但过大也会影响个体生存能力。重复是指染色体上某部分出现两次或以上，可首尾相连或串接，也可首尾反向连接。重复可出现在同一或不同染色体上，具有减数分裂特征。染色体联会时，重复片段无法找到相应结构，形成环状突起。重复遗传效应温和但过大也会影响个体生存能力，可能导致个体死亡。

（3）倒位

染色体断裂重新连接导致基因顺序颠倒，分为臂间和臂内倒位。倒位杂合体在减数分裂时形成倒位环，臂内倒位杂合体交换形成两个着丝粒染色单体和无着丝粒片段，导致染色体桥和片段缺失，配子死亡。

（4）易位

相互易位是染色体结构异常，指两个非同源染色体之间交换不等长或等长的染色体片段。当染色体易位形成双着丝粒体或多着丝粒体时，具有正常功能的双着丝粒体在细胞分裂后期各自移动到两个极端，形成后期桥。若桥被拉断，通常导致细胞死亡。断裂染色体桥的两端着丝粒可进入细胞两极端并参与子细胞形成，且断裂末端保持开放并可重新连接。这种“断裂–融合–桥”循环可维持多个细胞世代的染色体稳定性。

（5）环状染色体

染色体长臂和短臂断裂，形成着丝粒节段环状染色体。染色体环遗传上不稳定，复制时需打开一次。

（6）等臂染色体

染色体的着丝粒在分裂时发生横向分裂，导致一个子细胞得到两条长臂，另一个子细胞得到两条短臂，形成等臂染色体，这是常见的染色体结构异常之一。

（7）染色体复制

染色体复制会导致染色体的重复，这些重复片段可能位于同一条染色体，也可能连接到另一条染色体或成为独立的片段。染色体复制事件经常发生，但因为遗传物质没有丢失，所以容易被忽视。

Nurmans 等对 5 种基因型不同的蚕豆进行了两种剂量的γ射线（25 Gy 和 50 Gy）的暴露。为了确定γ辐射引起的染色体畸变类型，他们分别从根尖和花粉母细胞中分离了有丝分裂细胞和减数分裂细胞。结果发现，在有丝分裂细胞中，最常见的染色体畸变类型是黏性、落后和染色体断裂；而在减数分裂细胞中，最常见的类型是黏性和极性紊乱（见图 4-8 和图 4-9）。不论基因型如何，50 Gy 的γ射线诱导出的染色体畸变数量比 25 Gy 的剂量更多[9]。

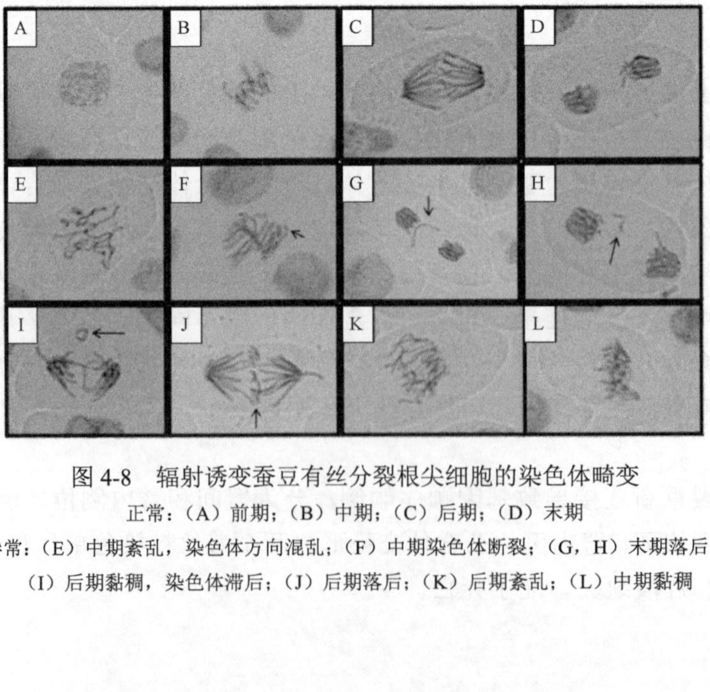

图 4-8　辐射诱变蚕豆有丝分裂根尖细胞的染色体畸变

正常：（A）前期；（B）中期；（C）后期；（D）末期

异常：（E）中期紊乱，染色体方向混乱；（F）中期染色体断裂；（G，H）末期落后；（I）后期黏稠，染色体滞后；（J）后期落后；（K）后期紊乱；（L）中期黏稠

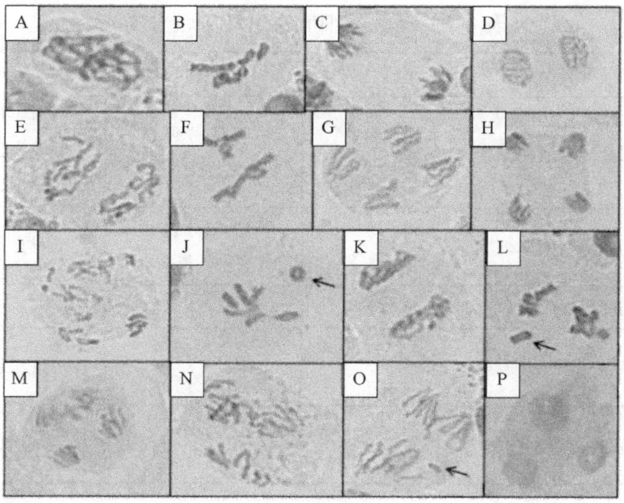

图 4-9　辐射诱变蚕豆减数分裂花粉母细胞的染色体畸变

正常：（A）前期–Ⅰ；（B）中期–Ⅰ；（C）后期–Ⅰ；（D）末期–Ⅰ；（E）前期–Ⅱ；（F）中期–Ⅱ；（G）后期–Ⅱ；（H）末期–Ⅱ
异常：（I）前期不规则；（J）中期游离二价环–Ⅰ；（K）黏性中期–Ⅱ；（L）黏性中期–Ⅱ染色体滞后；（M）三极后期–Ⅱ；（N）扰动后期–Ⅱ；（O）三极后期–Ⅱ染色体滞后；（P）三核细胞

4.5　细胞水平的辐射效应

电离辐射对生物体造成损伤，主要影响细胞，损伤程度与细胞周期有关，辐射会延长细胞周期。持续增殖的细胞，分裂速度较快、细胞周期较短，也更容易受到辐射损伤。但稳定状态的细胞和正常条件下，分裂很少发生或仅在特殊刺激下恢复增殖，这些细胞对放射线具有抵抗力，即使超过致死量，也不会明显损伤或死亡。细胞对放射线的敏感性与其所处的细胞周期有关，分裂期细胞通常比中间细胞敏感，而休眠期细胞对放射线的抵抗力明显。放射线对不同增殖阶段的细胞具有不同的敏感性，可导致细胞染色体异常和周期变化，具有特异性。M 阶段细胞对放射线非常敏感，可能导致立即死亡或染色体破裂、黏合或雕刻等异常。

4.5.1　细胞的辐射敏感性

不同细胞类型对电离辐射的敏感度不同。Bergonie 和 Tribondeau 提出，细胞的分化程度越高，对放射性的敏感度越低，而增殖能力与敏感度成正比。Casaret 将它们分为 4 种类型（见表 4-1）。总的来说，生长、增殖、自我更新的细胞群对辐射敏感度较高，而稳定状态的细胞有更高的抗辐射能力。部分细胞类型如连接组织、血管内皮细胞、皮肤细胞、纤维细胞及多种胚胎期肝脏细胞等处于相对中等的位置（见表 4-1，Ⅱ型和Ⅲ型）。

表 4-1 哺乳类细胞辐射敏感性分类

细胞类型	特性	举例	辐射敏感性
Ⅰ增殖的分裂间期细胞	受控分裂 分化程度最低	造血干细胞 肠隐窝细胞 表皮生长细胞	高
Ⅱ分化的分裂间期细胞	受控分裂 分裂中不断分化	幼稚血细胞	
结缔组织细胞			
Ⅲ可逆性分裂后细胞	无受控分裂 可变分化	肝细胞	
Ⅳ稳定性分裂后细胞	不分裂 高度分化	神经细胞肌肉细胞	低

4.5.2 细胞周期的变化

辐射可延长细胞周期，不同阶段的敏感性不同。处于 M 期的细胞极易死亡或引起染色体畸变。辐射也会延迟下一周期开始，或导致下次分裂时子代细胞死亡。G1 期早期对辐射不太敏感，但后期则更加敏感。辐射会抑制 RNA、蛋白质和酶的合成，并延迟进入 S 期。S 前期也相对较敏感，直接阻止 DNA 的合成。

辐射对细胞周期有延长作用，不同阶段敏感性不同。M 期细胞对辐射敏感，易导致死亡或染色体畸变。辐射也可能导致下一周期延迟或子代细胞死亡。G1 期早期对辐射不太敏感，后期则更敏感。辐射会抑制 RNA、蛋白质和酶的合成，并延迟进入 S 期。S 前期对辐射相对较敏感，直接阻止 DNA 合成。

在 S 期后期，细胞对辐射的敏感性降低，DNA 已完成合成，可修复损伤。G2 期对辐射极为敏感，辐射会阻碍特定蛋白质和 RNA 的合成，导致细胞停留在 G2 期，形成“G2 阻断”，是照射后细胞分裂延迟的主要原因之一。

4.5.3 细胞形态结构的损伤

电离辐射会对细胞的形态结构造成不同类型的损伤。

（1）形成多倍体或巨柱细胞

受照射后，细胞可以形成多倍体或巨柱细胞。在一定剂量的辐射下，有些细胞的 DNA、RNA 和蛋白质合成未受影响，但其 DNA 量可增至四倍体或更高水平。这些细胞的细胞核进行分裂，但细胞质不分裂，最终形成双核或多核细胞。此外，一些细胞的染色体黏滞性增加，相互黏连而不能分离，形成巨柱细胞。

（2）细胞器改变

细胞器受辐射损伤，内膜肿胀破裂，形态大小改变。线粒体为最敏感细胞器，辐射后形状大小变化，如肿胀、内膜脊减少或破裂，严重时甚至出现纵裂。溶酶体对辐射亦较敏感。

（3）细胞核损伤

细胞核为电离辐射主要靶标，受辐射效应包括肿胀、溶解、固缩及破碎。核膜相应变化，如肿胀折叠、深内凹性裂隙及破碎。

细胞对电离辐射反应通过两条生化途径：DNA 损伤的细胞周期检查点修复途径和 DNA 修复途径。DNA 损伤核查点途径直接受 DNA 损伤激活并调控修复途径。研究发现，ATM 基因在细胞 DNA 双链损伤修复中具有启动效应，与受损细胞修复、凋亡及细胞周期调控密切相关。ATM 突变或失活导致基因不稳定性增加和 DNA 双链断裂修复障碍，使细胞对放射治疗更敏感，并提高肿瘤发生风险。

4.6　电离辐射对组织器官的作用

电离辐射对组织器官的影响是广泛的，它可以作用于全身的各个组织系统。然而，在一定剂量范围内，由于不同组织细胞对辐射的敏感性不同，不同器官对辐射的反应程度也有所差异。

4.6.1　造血器官的损伤

造血器官是一种电离辐射敏感组织，主要受到辐射对造血细胞增殖能力的破坏或抑制，其损伤主要发生在有增殖能力的幼稚血细胞、祖细胞和造血干细胞等细胞类型。与此相比，成熟的血细胞受到辐射的直接杀伤效应较小。

（1）造血干细胞损伤

造血干细胞（HSC）对放射线的敏感度较强。通常将脾结节生成单位（CFU-S）作为造血干细胞的代名词。

造血干细胞对放射线的敏感度较强，通常采用脾结节生成单位（CFU-S）来代表造血干细胞数量。可以从 CFU-S 的 D0 值中推测出造血母细胞的数量。例如，在小家鼠身上，有 1.5×10^{6}～2×10^{6} 个造血干细胞，经过 2 Gy 的照射后，残留下的造血干细胞只有 10^{-1} 左右；而经过 4 Gy 的照射，则只剩下约 10^{-2} 的造血干细胞；而经过 6 Gy 的照射，则只剩下约 10^{-3} 的造血干细胞。一般来说，当小鼠体内残留的 CFU-S 只有 10^{-3} 时，需要约两周的时间才能够恢复到原先的造血水平。然而，在此期间，动物可能死于感染或其他并发症。因此，认为 6 Gy 是小鼠死亡的临界值。当受到超过 8 Gy 的辐射照射后，则需要输入外源性造血干细胞以重建造血。造血干细胞具有自我更新并分化成各系统细胞的潜力，而造血母细胞是指分化成不成熟血细胞之前的细胞阶段。

同时，造血干细胞在造血组织内增殖和分化的微观部分称为造血微环境，由微血管系统、基质细胞、基质因子和神经等成分组成。

（2）造血祖细胞损伤

为了了解人类造血细胞损伤情况，需要测定造血干细胞的后代造血母细胞（HPC）。造血干细胞是分化成不成熟血细胞之前的中间阶段。调查后发现，造血细胞指数随着调查量的增加而下降。小鼠实验表明，CFU-S 和 CFU-GM 的生存曲线呈良好的一致性。因此，通过骨髓细胞体外培养法可以推测其他动物的造血干细胞损伤程度。例如，对于人、狗和小鼠的 CFU-GM（单粒群落形成单位），它们的 D_0 值分别为 1.27～1.37、0.59 和 1.9 Gy，这与放射能引起的死亡敏感度是一致的。

（3）对造血调控的影响

造血微环境（HME）是由微血管系统、基质细胞、神经成分等构成的复杂网络，调控血细胞生成。但辐射对微血管系统敏感，造成显著损伤。辐射引起的造血微环境损伤主要表现为血管通透性增加、血流减慢甚至中断。这些变化影响了物质的运输和代谢产物的清除，进一步加剧了造血损伤的程度。此外，血管系统的变化与造血细胞的退化和坏死几乎同时发生，而且与辐射剂量密切相关。

4.6.2 神经系统的损伤

神经细胞对辐射并不敏感，需要较高剂量才能引起细胞死亡。然而，即使在相对较低的剂量下（0.01 Gy），也可能出现神经功能的改变。在亚致死或致死剂量的照射后，神经活动会出现时相性的变化，先是兴奋反应，随后是抑制反应，最终恢复正常。不同时相的持续时间取决于辐射剂量，较低剂量下，兴奋相持续时间较长，抑制相可能不出现。而剂量较高（＞50 Gy）时，兴奋相持续时间较短，很快转为抑制相。此时，神经组织出现循环障碍和神经细胞的变性坏死，小脑颗粒层细胞核出现固缩或肿胀。植物神经系统也呈现类似的变化，照射后初期下丘脑生物电活动增强，兴奋性提高，神经内分泌核的分泌也增多。

4.6.3 胃肠道的损伤

胃肠道也是对辐射敏感的器官，其中小肠最为敏感，其次是胃和结肠。辐射对胃肠道的影响是多方面的，其中最明显的是早期出现恶心、呕吐和腹泻症状，同时导致小肠黏膜上皮受损。此外，辐射还会对胃肠道的运动、吸收和分泌功能产生影响，如胃排空延迟和胃酸分泌减少。在早期阶段，小肠会出现收缩增加、张力增高、分泌增多及肠激酶活性增强的现象，但同时吸收功能下降。而在后期，胃肠道的运动和分泌功能都会降低。

4.6.4　内分泌系统的损伤

除了生殖腺外，内分泌腺在形态上对辐射不太敏感。在致死剂量照射后，垂体、肾上腺、甲状腺等功能会出现时相性变化。它们的功能会增强并分泌增多，然后逐渐降低。损伤的肾上腺功能可能会再次升高。低剂量率慢性照射时，肾上腺皮质功能通常会降低，血浆皮质醇含量和尿中 17-羟类固醇排出量会减少。

4.6.5　生殖系统的损伤

生殖腺是对电离辐射敏感的器官，其中睾丸的敏感性高于卵巢。当睾丸受到 0.15 Gy 的照射时，就可能导致精子数量减少；而在 2～5 Gy 的照射范围内，可能会暂时导致不育；而在 5～6 Gy 以上的照射剂量下，可能会永久导致不育。此外，电离辐射还会对胚胎的发育产生毒性效应，包括致死效应、先天性畸形、生长迟缓、各种机体结构和功能的影响等。

4.6.6　电离辐射诱导皮肤脂质重塑

皮肤代表身体最大的器官。表皮系统是辐射敏感器官系统之一，因为皮肤是一个不断更新的器官，包含快速增殖和成熟的细胞。辐射诱导的皮肤损伤是皮肤意外暴露于辐射的决定性效应。例如，在切尔诺贝利核事故中，许多人的皮肤和衣服表面覆盖着放射性物质，导致大多数患者病情复杂甚至死亡。此外，约 95%接受放射治疗的癌症患者会出现某种形式的放射性皮炎，包括红斑、干燥脱屑和潮湿脱屑。辐射引起的皮肤损伤会对放射治疗过程和患者的生活质量产生负面影响。

电离辐射会引发皮肤脂质的重塑，而皮肤脂肪细胞可以提供对辐射引起的皮肤损伤的保护作用。辐射通过多种途径调节皮肤脂质代谢，从而对其产生影响。此外，辐射还会减少皮肤中的脂肪量，并改变脂质代谢物的分布情况。

4.6.7　免疫系统

4.6.7.1　非特异性免疫的变化

（1）皮肤黏膜屏障功能减弱

经过照射后，皮肤和黏膜的通透性增加，导致皮肤和黏膜失去了部分分泌酶和抑菌、杀菌能力的能力。

（2）细胞吞噬功能减弱

由于造血系统受到损伤，嗜中性粒细胞和单核细胞数量急剧减少，因此残留细胞的吞噬和消化异物的能力都下降了。

（3）非特异性体液因子杀菌活力降低

在照射后，血清和体液中溶菌酶、溶解素及补体系统的含量会减少，从而降低了它们的杀菌效力。这种降低的幅度会随着照射剂量的增加而加剧，并且恢复速度较慢。

4.6.7.2 特异性免疫的变化

无论是中枢免疫器官（如骨髓、胸腺、类囊器官）还是外周免疫器官（如淋巴结、脾脏等），都对辐射非常敏感，因此在照射后会对体液免疫和细胞免疫产生影响。然而，相对于细胞免疫而言，体液免疫对辐射的敏感性更高。浆细胞具有很高的辐射抵抗能力，据有人认为，即使受到几十戈瑞的照射，它们的抗体分泌功能也不会受到影响。

细胞免疫对电离辐射的敏感性要低于体液免疫。根据文献资料，当机体接受低于 LD_{50}/LD_{30} 剂量的辐射时，细胞免疫变化不明显。而当照射剂量大于 LD_{50}/LD_{30} 时，细胞免疫和体液免疫都会同时受到抑制。

在免疫细胞中，B 细胞的辐射敏感性高于 T 细胞，B 细胞的 D_0 值为 0.5 Gy，T 细胞的 D_0 值为 0.55 Gy。此外，存在对射线不敏感的 NK 细胞，其 D_0 值为 7.5～8.5 Gy，能杀伤肿瘤细胞。

4.6.7.3 调节免疫功能的某些细胞因子的变化

小鼠经过全身照射后，脾脏产生白细胞介素 2（IL-2）和干扰素（IFN）的功能被抑制，这种抑制程度会随着照射剂量的增加而进一步加深。其中，IL-2 的抑制 D_0 值为 2.53 Gy，IFN 的抑制 D_0 值为 1.91 Gy。

不同组织对辐射损伤的阈值各不相同，主要取决于组织本身的辐射敏感性。表 4-2 展示了不同组织和器官对辐射的敏感性及损伤阈值的情况。

表 4-2 不同组织器官对辐射的敏感性及损伤阈值

组织器官	受辐射后状态	损伤阈值/Gy
睾丸（高敏感）	暂时不育	0.15
	绝育	3.5～6.0
卵巢（高敏感）	不育	2.5～6.0
骨髓（高敏感）	造血低下	0.5
	造血不能再生	＞8.0
晶体	浑浊	0.5～2.0
	白内障	5.0
皮肤	受损伤	6～8

4.7　低剂量辐射生物效应和旁效应

4.7.1　兴奋效应和适应性反应

近年来，放射医学界对微小剂量辐射、极低剂量率辐射的影响进行了广泛调查和实验，并积累了大量数据。研究显示，累积剂量低于 0.5 Gy 的单次或持续低剂量率 X 射线、γ射线辐射引起的效应与大剂量辐射不同，可刺激动物生长、延长寿命并提高生育能力，增强人体和动物的免疫功能，降低肿瘤发生率等，此现象被称为兴奋效应。同时，最新研究发现，微小剂量辐射预处理的细胞、脏器或动物对较大剂量辐射产生抗性，称为适应性反应，可增强 DNA 修复能力和减轻染色体损伤。其分子机制包括激活细胞损伤修复途径、调控细胞周期、激活辐射抗性基因的表达和激活细胞抗氧化系统。

4.7.2　辐射旁效应

辐射旁效应（RIBE）指细胞在受到辐射影响后，通过细胞间接触或通讯方式，将响应传递给未受辐射的周围细胞，导致类似辐射的生物学效应，包括细胞凋亡、基因不稳定性、基因突变和细胞生长异常。这一发现使人们更加关注低剂量环境辐射对健康的影响。研究显示，局部电离辐射后，非照射区域的骨髓细胞也可能出现 DNA 改变。^{60}Co-γ射线照射人角质细胞后，剂量在 0.05～0.5 Gy 时，克隆存活率显著降低，这可能是由于 RIBE 效应。细胞杀伤程度在 0.03～0.05 Gy 范围内似乎达到饱和。在 0.5 Gy 以上，细胞杀伤既由直接辐射效应引起，也由 RIBE 引起。目前尚不清楚 RIBE 大小与辐射剂量或 LET 的关系。只要存在能接受该信号的细胞群或辐射剂量，就足以引发响应。细胞未响应可能与特定信号的距离或本身不具有响应能力有关。

4.8　辐射与致癌

环境致癌主要包括物理、化学、生物三大因素，其中电离辐射是常见的物理致癌因素之一。辐射致癌是电离辐射的远后效应，其发生机理非常复杂，是辐射因素与机体交互作用的结果。DNA 是电离辐射作用的主要靶分子，可引发多种类型的 DNA 分子损伤，其中双链断裂是导致各种生物效应的关键基因毒性损伤。

碱基损伤和 DNA 双链断裂的错误修复是细胞基因突变和染色体畸变的原因。研究指出，电离辐射，尤其是高 LET 辐射，能够引发 DNA 分子的集聚性损伤，并透过自由基或二级电子的效应，导致继发性 DNA 损伤。此类损伤难以修复且错误修复比例较高，对生物产生深远的影响。辐射透过损害 DNA 分子来触发癌变过程，并非源于单一基因或特定辐射基因的作用，而是借由多种途径并具随机性。辐射所导致的基因突变，并非全部发生在受照射细胞中，有些突变甚至能在受照射细胞的后代细胞，甚至是数十代之后出现。这类突变并非直接源自电离辐射的作用，而是由于基因组不稳定所引起的。根据文献检索显示，国外核辐射致病事件中的病患，常出现疲劳、头晕、失眠、皮肤泛红、溃疡、出血、脱发、白血病、呕吐、腹泻等症状。重度核辐射增加癌症、畸变和遗传病变风险。身体接受的辐射能量越多，放射病症状越严重，致癌和致畸风险越大。核辐射最易导致白血病、淋巴癌、皮肤癌和甲状腺癌等癌症。具体来说，核辐射可能导致干细胞 DNA 序列改变或突变，引发白血病；淋巴细胞染色体的变化可能增加淋巴癌的风险；皮肤是人体最先接触放射性物质的部位，白种人皮肤更易受损；大量放射性物质释放到大气中可能引发甲状腺癌。

4.9 思考题

（1）基本概念：确定性效应、随机性效应、外照射与内照射、急性效应、慢性效应、早期效应、远期效应。

（2）进一步了解微小剂量辐射的兴奋效应和适应性反应，并举例说明。

（3）掌握电离辐射对生物大分子作用的基本原理。

（4）影响辐射生物学效应的主要因素。

（5）电离辐射对 DNA 的直接作用和间接作用。

4.10 阅读材料

[1] 马水英，石莎，银爱君. 电离辐射生物学效应研究综述［J］. 环境与发展，2012（6）：5.

[2] 邵春林，何明远. 电离辐射旁效应对辐射防护的影响［J］. 辐射防护通讯，2009，29（5）：5.

[3] 郭鲜花，王仲文. 电离辐射旁效应的研究进展及其潜在意义［J］. 辐射防护，2009（1）：9.

[4] 肖国青，张红，李强，等. 中国科学院近代物理研究所重离子束治癌进展［J］. 原子核物理评论，2007，24（2）：4.

参考文献

［1］丁帮裕. 高 LET 辐射导致大量非再结合的 DNA 断裂［J］. 国际放射医学核医学杂志，1978（4）：33-34.
［2］楚瑞雪，张阳东. 电离辐射和一氧化氮相关性研究进展［J］. 中国辐射卫生，2005，14（2）：2.
［3］原亚萍，朴铁夫. DNA 损伤、修复与突变的研究进展［J］. 吉林农业大学学报，1995（3）：017.
［4］胡大林，廖建坤. 自由基与 DNA 的氧化损伤［J］. 国外医学：卫生学分册，2002，29（5）：3.
［5］王强. DNA 碱基异构化及烷基化损伤的理论研究［D］. 济南：山东大学，2008.
［6］李蔚蔚，孔金昕，漆永梅，等. 非同源末端连接修复相关因子对 DNA 损伤修复调控及肿瘤治疗作用的研究进展［J］. 中国药理学与毒理学杂志，2015，29（4）：607-613.
［7］王蕴楠. 质子辐射致 DNA 链断裂损伤的模拟研究［D］. 哈尔滨：哈尔滨工程大学，2024.
［8］郭宝江. 辐射诱发染色体畸变的机理［J］. 原子能农业应用，1981（4）：32-36.
［9］Yah N，Alghamdi S S，Migdadi H M，et al. Morphological and chromosomal abnormalities in gamma radiation-induced mutagenized faba bean genotypes［J］. International Journal of Radiation Biology，2018，94（2）：174-185.

第 5 章　核辐射技术在生物领域的应用

辐射在对人类生产、生活产生负面影响如诱发疾病、癌症，影响人类健康的同时，也可利用辐射造福人类，如辐射诱变育种、辐射灭菌、材料辐射改性、低剂量辐射刺激生物生长、辐射昆虫不育、辐照检疫、放射治疗、辐照处理废水、废气和固体废物等。这些核辐照技术在与生物相关的农业、农产品加工业、中药制造业、环保产业、检验检疫、医疗健康产业等方面都发挥了重要的作用。本章将对核辐照技术在与生物相关领域中的应用技术作简要介绍和分析。

5.1　核辐射技术在农业领域中的应用

5.1.1　辐射诱变育种

5.1.1.1　辐射诱变育种概念

诱变育种是在人为的条件下，利用物理、化学方法处理生物，使生物体的遗传特性改变，进而选择人们所需要的某个单株/个体，最后形成新的生物品种。它是一项新的现代育种技术，包括辐射诱变育种和化学诱变育种二类。

辐射诱变育种是利用辐射射线处理生物，使生物体的基因或染色体发生改变，使生物体相关性状发生改变，最后通过人工选择和培育将有利的变异遗传下去，使生物品种得以改良并培育出新品种[1]。常见辐射诱变源有 X 射线、γ 射线、电子束、中子、离子束、紫外线等。辐射诱变育种能够产生稳定的变异性状、能打破性状连锁、高的突变频率、宽突变谱、使基因重组得以实现、育种年限短和方法简便等特点[2]。

5.1.1.2　辐射诱变育种的意义

生物常规育种主要包括杂交育种、引种和选种，具有操作简单、能够利用杂种优势、易操作的仪器设备、亲本选配好后便可以产生多种多样的变异等多种优点。但是它也存在分离广泛、杂种后代遗传组成繁琐、新基因型的出现依赖于亲本基因型、无法利用染色体倍性变化、育种年限较长、连锁基因的连锁关系很难打破等缺点。

（1）丰富植物基因库，创造新的基因型。人工诱发突变有的是罕见的，有的是已经存在的，还有自然界中未曾存在的全新变异，因此可以获得自然界和应用杂交育种方法不可能产生的稀有变异类型，从而使人们在不完全依靠原有基因库的基础上产生出新的基因类型[3]。例如奥格兰等用 γ 射线和其他诱变因素结合，产生了一种新的大豆类型，能够改变酶系的“非光呼吸”。诱变育种可以使形状产生某些新、奇、特的变异，这对观赏植物诱变育种具有重要作用。

（2）提高突变频率，扩大变异谱。突变是自然界广泛存在的遗传性变异，突变频率是指突变体占生物总群体的百分比。但各种生物的自然突变频率很低，一般在十万分之一到几百万分之一，人工诱发突变可以较大程度地使突变频率提高，比自然突变频率要高几百倍到上千倍，达到几十分之一。同时人工诱发变异的类型多、范围广，这是传统育种方法达不到的。用 γ 射线照射苹果，矮化突变频率高达 5.2%；用中子辐射苹果枝条，果实红色突变频率高达 7.0%～11.8%。对于花卉容易发生杂色等变异性状。

（3）辐射诱变育种中辐照目标物多样化。辐照具体素材（目标物）多样化，可以是植物体的种子、器官（枝条、叶片、球根、鳞茎、块茎等）、花粉、组织、细胞等，为实现营养系育种提供了基础和条件。

（4）适于品种修缮，即用于改良品种的个别性状。现有优良品种往往存在个别不良性状，应该选择合适的亲本和辐射方法进行诱变处理，使已有良种产生某种“点突变”，从而只改变品种的个别缺点，而不会改变品种的其他优良性状，也能避免杂交育种中因基因重组而造成的原有优良性状解体。在抗病育种中，可利用诱变育种方法获得保持品种原有优良性状基础上的抗性突变体，从而避免杂交育种中获得野生种抗性基因的同时，为消除野生亲本带来的不良性状所需进行的多次回交。在进行早花、矮化和品质育种中也能够将这些新的性状引入原有品种中，并且又不会使品种原有的优良性状发生明显改变。

（5）诱发的变异稳定快，可使育种年限减短。由于诱发的变异的结果大多导致一个或少数几个主基因的变异，因此很快稳定下来，大多数在第三代就可稳定，在较短时间内可选育出符合生产需要的新品种[5]。特别是多年生营养系品种，诱变育种对营养器官进行诱变时，可以避免杂种实生苗的较长童期，获得的优良突变体经分离繁殖，省去杂交育种的杂交、播种等程序，使优良性状较快地稳定下来并且成为新的品种，进而大程度地减短育种年限。

（6）能克服远缘杂交造成的不结实性。正确的选取合适的辐射花粉，可使某些远缘杂交不亲和成为可能，克服杂种不育性的困难，促进受精结实。例如，在山楂 × 梨、苹果 × 榅桲杂交育种过程中花粉辐照后授粉，得到了幼苗和种子，而用未经辐照的花粉授粉则没有得到种子。与此同时，辐射还使正常能育的植株产生雄性不育，对开展雄性不育的利用有很高价值，特别是获得少籽或无籽果实类型。此外，辐射也能促使原来不育的品种恢复可育性，从而为雄性不育系寻找恢复性提供了新途径。

5.1.1.3 辐射诱变育种特点

（1）辐射诱变效果受到一系列复杂的内因和外因的制约，由于对其内在规律的掌握较少，辐射诱发突变方向不确定，很难实现定向诱变。

（2）诱变效果常限于个别基因的表型效应，一般难以在同一处理中、同一突变体中有多种性状出现理想变异，而且基因型对诱变因素的敏感性差异很大[6]。因此要精选只有个别性状需要改进、综合性状优良的基因型作为诱变育种的材料。

（3）在诱变条件下，尽管能使突变频率较大程度地提高，但是优良突变的频率很低，容易产生逆突变，因此必须要使诱变处理后代具有相当大的群体，也就要有大量的财力、物力和人力，或者扩大诱变第二代群体以便增加选择机会。

5.1.1.4 辐射诱发变异的机理

（1）突变的定义

突变是生物变异的源泉。诱发突变使生物性状发生有效改变，例如植物的植株高度、抗性（抗病性、抗虫性、对胁迫因素的抗性）、品质、生育期、育性等突变[7]。突变不仅由基因突变引起也可由染色体畸变以及基因重组引起。一般将突变分为基因突变、染色体变异和细胞质突变（或称核外突变）类。根据条件又可将突变分为自发突变和诱发突变。由外界环境条件的自然作用或由生物体遗传因素而发生的突变称为自发突变。人为地利用各种理化诱变因素等诱发产生的突变称为诱发突变[8]。

基因突变是指基因发生的突然的、可遗传的改变，即一个基因内部发生分子的改变。基因突变在自然界广泛存在，无性繁殖植物上发生的芽变，就是基因突变的例证。突变是一个重复出现的现象，为便于植物诱变育种研究利用，需要区别下列几个概念。

突变率：是指重复发生事件的测定，基因在单位时间内（每个世代）每个染色体组发生突变的概率。

突变频率：是指在一个群体中一定时间内实际发生突变的次数，亦即指突变体占观察植物总株数的比例。基因突变肉眼难以看到，在诱变育种中可观察到的往往是突变个体，因此一般用突变频率来示突变的多少。

突变谱：是指产生各种突变的类型。以类型多少表示突变谱的宽窄。

（2）辐射诱发植物变异类型、特点

辐射诱发生物变异一般在分子水平、细胞水平（染色体水平）、个体水平几个层次上有不同的表现。

在分子水平上，辐射能损伤生物的 DNA，但是生物体内的修复系统有较强的修复能力，因此可以使 DNA 损伤得到修复，但是如果 DNA 损伤修复不完全或错误，就会在 DNA 复制时出现错误，进而使细胞内一系列大分子和细胞结构发生异常而诱发变异，导致突变[9]。其中绝大多数是不利变异，有利变异极低，有时仅千分之一二，其后代的分离现象基本上与杂交后代相同，由于受到辐射的影响，导致生物发生多种多样的变异，有的变异能够遗传给后代，即产生遗传性变异，有的变异则不能够遗传给后代，即产生生理性变异。辐射能诱发生物基因组当代可遗传的变异，同时具有较高的变异频率，因此可以使育种进程加快，并且使育种效率提高。生物突变率的高低与辐射剂量密切相关，一般剂量越低，突变程度越低。辐射引起 DNA 变异在翻译水平上的变化，从而导致起蛋白质组的差异，最终可能导致生物生长发育的变化而诱发变异[10]。

在细胞水平上，生物可遗传的变异包括染色体变异，即染色体的结构、数量和行为的畸变。由于辐射能引起染色体上沉积的核酸衬质从非黏着性的聚合状态转变为黏着性的非聚合状态，染色体的这种生理学变化可能会导致细胞分裂延迟、分离的子细胞核无法生成、细胞内染色体数量发生改变。染色体数量的变化通常会产生单倍体及非整倍体类型。辐射也会使染色体发生断裂，断裂后的断裂点是随机分布的。以下是染色体断裂后会产生的三种情况：第一种情况是是染色体的断点发生重新愈合，因此不产生染色体畸变；第二种情况是断点不能重新愈合，当下一次的细胞发生分裂时就会出现染色体断片和微核，若片段不存在着丝点，则会发生丢失；第三种情况是染色体结构重排，即在结构上发生易位、重复、倒位、缺失等畸变。同时，辐射还会使染色体行为的发生变异，如产生出现染色体桥、染色体不联会、联会消失、提前分离、出现落后染色体、游离染色体等情况。使用细胞学方法可以观察到辐照引起植物细胞染色体的变异包括染色体缺失、染色体断裂、落后染色体、染色体易位、插入，出现微核、断片、染色体桥等。染色体畸变类型和畸变率与剂量、细胞分裂期、细胞类型、辐射敏感性有关。染色体数量的变异对选育非整倍体育种材料具有重要作用，但是辐照诱发染色体数量变异的频率较小。辐射诱发染色体的结构和数量的改变均可使生物性状发生变化，进而为生物育种供给必要的基础材料[11]。

辐射对生物分子、细胞水平的微观作用是通过生物的生长发育，最终产生个体生物学效应。辐照对生物生命活动的影响具有双重效应，低剂量的辐照表现为刺激效应，而高剂量的辐照则表现为抑制效应，甚至致死。例如，辐照引起植物发光光谱和荧光特性等物理学特性的改变，引起植物自由基代谢、膜脂过氧化和光合系统等生理生化的变化；引起植物种子胚活力、根生长、幼苗生长、育性等的改变。辐照后生物的某些改变仅是生物对辐照损伤的应答和适应，但不一定表现为遗传；但是某些变化则会发生遗传，通过若干代分离后则可形成稳定的生物学性状。而已分化的分生组织辐照后，一般会发育形成正常细胞组织和突变细胞组织共同构成的嵌合体。

1）生物辐射敏感性的定义

生物辐射敏感性是指在一定剂量的射线影响下细胞、组织、生物体、细胞内含物或生物分子在机能和形态上发生相应变化的大小[12]。生物系统辐射敏感性与 DNA 的含量有一定关系。生物进化的程度越高，有机体组织结构越复杂，其辐射敏感性越高。辐射敏感性是以细胞、组织和器官作为一个整体对于一定辐射剂量的相对形态上和机能上或二者之一的反应。植物辐射敏感性的研究对辐射生物学效应、辐射对植物遗传改进，以及辐射农业应用有重要意义。

2）影响生物辐照敏感性的内因

① 生物科、属、种、品种间辐射敏感性差异

植物不同科属种间辐射敏感性差异明显，不同科的生物辐射敏感性相差可达30倍，同一科不同种间的敏感性也可达20倍，同一种生物不同类型或品种间也存在敏感型和迟钝型之分。

② 细胞、组织、器官的辐射敏感性差异

同一植物不同细胞、组织和器官的辐射敏感性也不同，具有旺盛分裂能力的分生组织和性细胞如根尖、生长点和性细胞等最具敏感性，染色体有丝分裂和减数分裂前期较其他时期敏感，其次是已经长成的茎叶组织，而处于休眠状态的种子较耐辐射，未成熟种子较成熟种子敏感，发芽种子较休眠种子敏感。休眠种子不进行分裂和分化，含水量极低，能耐受较高的射线剂量。

生物辐射敏感性与生物组织分化程度成反比，在各种组织中，最敏感的是分生组织，性细胞比体细胞敏感，细胞核较细胞质敏感。植株的雌、雄配子、合子的辐射敏感性比种子高得多，合子期的辐射敏感性又高于配子。不带壳种子比带壳种子敏感，湿种子比干种子敏感，含油量低比含油量高敏感，二倍体较多倍体敏感，幼年植株较成年植株敏感。

③ 植物不同发育时期和生理状态的辐射敏感性差异

禾谷类作物幼穗分化期，双子叶植物花芽分化期，开花期、幼胚形成期植株的辐射敏感性较种子强；多年生植物处于休眠状态的芽比处于旺盛生长期的芽耐辐射性强。

④ 培养的组织和细胞辐射敏感性强

离体培养组织物的辐射敏感性与培养时间有关，新生培养物的辐射敏感性比老年培养物强得多。

⑤ 生物因素影响辐射敏感性

影响辐射敏感性的因素如下。

细胞核体积（NV）：细胞核小、染色体多的植物（如水稻、油菜、甘薯等）比细胞核大染色体小的植物（如大麦、玉米、豌豆等）耐辐射，染色体越大对辐射越敏感；研究还发现，间期细胞染色体体积（ICV）与辐射敏感性关系更密切。

染色体倍数性：植物染色体倍数性与植物辐射敏感性密切相关。有研究发现，多倍体对辐射的抗性比二倍体强，二倍体生物受辐照造成死亡所需的剂量低，随着倍数性的增加，辐射敏感性降低。

细胞组分：细胞组分与植物辐射敏感性也有关，细胞核对辐射最敏感，细胞质较耐辐射。

生物生长发育时期：生物生长发育时期对辐射敏感性也有影响，其辐射敏感性有赖于持续损伤时间的长短，已为大量研究所证实。

3）影响生物辐照敏感性的外因

辐射时的温度、湿度（水分）、氧气、某些化学物质或物理因素等外界环境条件也对生物辐射敏感性有较大的影响。

① 氧效应：在有氧条件下能显著增加生物的辐射敏感性，在完全无氧的空气中辐照，幼体及染色体畸变损伤相对减少，而突变率相对增加。在影响辐射敏感性的诸因素中，氧是最重要的。氧效应因射线种类而异，低 LET 辐照处理时氧增效比较大，而高 LET 辐照时氧增效比较小。

② 水分效应：一般生物体的含水量较为恒定。植物种子含水量与辐射敏感性的研究很多，较一致的结论是：在中等水分条件下，对辐照的抵抗力最高，大于或小于此值的种子对辐射的敏感性均增高。不同水分条件下的光敏度与自由基、氧效应和种子的代谢活性的关系密切相关。当种子的含水量增加到足够大时，种子就会萌动，代谢活动达到旺盛的程度，对辐射的敏感性急剧地增高，辐照萌动种子的剂量要大大低于休眠种子。

③ 温度效应：生物系统的辐射敏感性随辐照时温度的升高而加强。温度主要影响自由基的产生、扩散和重结合。低温下照射干种子（含水量 12%～14%），可降低辐射诱发的自由基活力，减少辐射损伤。

④ 贮存效应：种子辐照后贮存期间产生的生物学效应称贮存效应。贮存时间的长短和贮存条件对辐射敏感性也有影响。休眠种子经辐照后辐射生物学效应可以持续一段较长的时间。

⑤ 化学因素的影响：化学因素能对植物的辐射敏感性有增强或减弱的作用，能够起增强作用的化学物质称辐射敏化剂，起减弱作用的称辐射保护剂。研究较多的辐射敏化剂主要有咖啡因（1,3,5 三乙基黄嘌呤）和 EDTA（乙二胺四乙酸），其敏化作用主要是抑制辐射损伤的修复。辐射保护剂是指有利于损伤恢复、降低植物辐射敏感性、减轻辐射损伤的化学物质。

⑥ 物理因素的影响：射线的种类性质对辐射生物学效应有明显景响，不同射线的生物学效应与射线的传能线密度（LET）有密切关系。高 LET 射线（如中子）的辐射效应比较低 LET 射线（如 X 射线、 γ 射线）高[13]。通常采用相对生物学效应（RBE）表示这种差异。RBE 值的计算方法是在产生相同生物学效应时，两种射线所需剂量之比。通常用 250 kVp 的 X 射线和 γ 射线作标准，RBE 值的计算公式为：

$$\mathrm{RBE}=\frac{D_{\mathrm{x}}(\text{为引起同一生物效应的某一射线的剂量})}{D(\text{为引起某一生物效应的X射线的剂量})}$$

较低 LET 的 X 射线和 γ 射线引起的生物学效应易受环境因素的影响。中子具有较高的电离密度，它的辐射效应比 γ 射线强，照射受外界环境因素的影响小。植物的辐射敏感性受剂量率、辐照方法、急性照射与慢性照射的影响亦较大，一般慢照射植物能忍受的剂量要高于急性照射，在这种差别上木本植物大于草本植物。

5.1.1.5 辐射诱变育种技术

（1）辐射源的选择

辐射诱变属于物理诱变，包括电离辐射和非电离辐射。主要使用的辐射诱变源包括γ射线、X射线、β射线、中子、重离子、质子、激光、紫外线等[14]。近年来，旨在大幅度提高诱变频率和育种效率的诱变新技术开发成为诱发突变技术研究的重要发展趋势，除应用最广泛的γ射线辐射外，快中子、重离子、质子及空间诱变等诱变源由于其具有极高的传能线性密度（LET），并能引起高密度的电离，造成细胞核中 DNA 分子的密集损伤，相对生物学效应（RBE）较高，可以引起点突变、DNA 片段缺失或碱基替换等，与传统γ射线辐射等在性质上有很大的不同，为人工诱发更丰富的遗传变异提供了可能，有望与现代分子生物学、植物组织培养、信息技术等结合成为新一代诱变源及诱变新技术，满足现代农作物诱变育种要求。

空间诱变育种又称太空育种、航天诱变育种和空间诱变育种，是指利用返回式航天器将生物材料带到太空，利用太空特殊的环境诱发生物变异，再返回地面，通过人工选育出新材料、新种质，新品种的选育方法与方法[15]。航天育种是集航天技术、农业育种技术和生物技术于一体的跨学科的高新技术。也是目前研究较多的诱变育种手段[16]。

（2）辐射剂量的选择

1）辐射生物效应的检测

幼苗生长状况检测：种子经辐照后的危害影响指数包括发芽率、发芽势、出苗率、存活率、幼苗高度、根长等，可作为损伤效应检测的指标。

不育性检测：不育性指标如不育株率和不育程度都可以作为损伤效应指标，通常以不育株植株所占百分比和植株结实率高低来表示损伤大小，可采取田间随机调查或室内试验获得[17]。

染色体畸变检测：对放射生物的损害，还可作为一种重要的细胞学指标。通过光学显微镜观察和统计辐照后的幼苗根尖细胞和花粉母细胞，根据染色体的变异频率来判定辐射生物学效应微核是一种染色体畸变谱，在间期细胞中很常见，易于观察，微核细胞率与照射剂量成线性关系，与染色畸变率有明显的相关性。所以很多学者都把微核细胞的比值当作一种检测方法。

嵌合体和突变扇形体的检测：种子胚是多细胞组织，经射线辐照后，发生突变的仅为个别细胞，由这种种子长成的植株有突变和非突变细胞组成，称为嵌合体，其中突变部分称突变扇形体。嵌合体形式、突变扇形体大小和分布及检测对辐射进行植物遗传改进十分重要。

2）适宜辐射剂量的选择

选择合适的剂量和药量是影响诱变效果的重要因素。在特定的剂量下，可以加大药物的变异速率和变异频谱，但超过一定剂量后就会降低成活率及增加不利突变率甚至造成死亡。选用适宜诱变剂量的原则如下。

① 活：指诱变后代有一定的成活率。

② 变：指在成活后代中有较多的变异效应。

③ 优：指产生的变异中有较多的有利突变。

在实践中常用致死剂量、半致死剂量和临界剂量来衡量植物辐射后的损伤效应。

① 致死剂量：辐射后因生物材料全部死亡的剂量（LD_{100}）。

② 半致死剂量：辐射后生物材料成活率为 50%的剂量（LD_{50}）。

③ 临界剂量：辐射后生物体成活率为 40%的剂量（LD_{40}）。

在以成活率作为适宜辐照剂量衡量标准的同时，也有部分植物可以根据植物生长状况相关指标进行衡量，如发芽率、植株高度、叶片数、生长势等作为适宜剂量计算的标准，也就有半致矮剂量、致矮临界剂量等表述方法。

采用适宜的诱变剂量对提高诱变育种效率至关重要。目前人们对诱变适宜剂量多数认为应该在半致死剂量到临界剂量范围。选择合适的诱变剂量应依据对亲本的辐照敏感度、目标性状、诱变因子及处理条件等因素来决定。

无性繁殖植物一般采用营养器官辐照处理，它们比有性繁殖的种子有更强的辐射敏感性。故处理无性器官采用的剂量，通常比处理种子要低得多，约相当于处理种子的 1/10。在无性繁殖植物诱变育种实践中，常采用的适宜诱变剂量是 $LD_{60\sim75}$（使植株存活 60%～75%的剂量）。

另外根据拟诱发的目标性状的不同特点和突变频率，采用的具体剂量可在适宜剂量范围内，作适当调整。若以诱发早熟性为目标，则应适当降低剂量；若以诱发矮秆为目标，则应提高剂量；若使花的大小发生变异，应采用较高的剂量；如要取得花色突变，则应采用低的剂量。

在育种实践中，常因品种或处理对象的变化，剂量也必须随时作适当调整。想以一个剂量用于同类植物的遗传改进是不切实际的。因此可采用 2～3 个剂量同时进行处理。

针对每种生物的诱变育种适宜剂量可通过查阅文献及参考相关种类选择应用适宜的辐照源及辐射剂量。

3）辐射处理方法的选择

射线处理方法有外照射和内照射。

① 外照射

外照射分为急性照射、慢性照射、连续多次照射等，一般在辐射室中进行。急性照射是指在较短的时间内（几分钟、几小时）完成所需的总辐射量。慢性照射是指在较长时间内（甚至整个生育期）将所要求的辐照剂量照射完毕，通常在照射圃场内进行，适合于对活体植株的照射。在同一剂量条件下，急性和慢性照射除了照射时间的长短，放射剂量比也有一定的差别。反复辐射意味着在植物的数代内（包括有性和有营养的后代）中连续照射。

许多研究表明，采用上述不同方式辐照，其生物学效应和突变率都存在一定程度的差异。应用最广泛的仍为急性照射，我国育成的绝大多数突变品种，均为急性外照射育成的。活体慢照射国外应用较多。世界上已建成20余个规模不等的γ圃、γ温室等慢照射设施，进行了大量的活体慢照射生物学效应研究。重复照射对积累和扩大突变效应有一定作用。

各种材料处理的方法：不同辐照对象的外照射方法不同。

种子：风干种子是目前理化诱变因素最常用的处理对象，因为其操作较简便，处理的种子数量大，携带方便，耐长途运输，能提供适当大小的选择群体，受环境因素影响小，一般所需辐照剂量较大。因此在目前辐射源有限的状况下，利于扩大诱变育种用户；种子还可以在其他活体所不能忍受的条件下，如干燥、短期较高温度或极低温度，以及半真空或充以氮的环境下进行处理。

采用干种子作为诱变对象时，应该注意种子的纯度、成熟度及含水量等影响辐射效应的各种因素。种子处理前，须精选大小均匀、外形整齐、正常的种子进行诱变处理。种子含水量的调节，对采用电离密度小的辐射源如X射线、γ射线尤为重要。在辐射处理前，事先将处理种子的含水量调整到13%～14%。

除辐照干种子外也可辐照浸泡过的种子或萌动种子。它们对辐射敏感性要高20～30倍，变异类型广泛，后代变异频率高，但死亡率也较高。萌动种子较干种子有较强的辐射敏感性，可提高诱变效率。但某些植物的萌动种子的播种与保留比较困难，加上种子萌动受温度、空气等诸多因素影响，难于掌握萌动种子的一致性和控制诱变结果的重演性。因此采用风干种子还是萌动种子作处理对象，可视具体情况灵活应用。

花粉：照射花粉的特点是一旦照射花粉发生变异，用于授粉形成异质合子，其后代可分离出许多变异类型。处理时可将活的植株上的花序剪下或取出成熟的花粉后进行照射，辐照后授粉。

营养器官：对于需要营养繁殖的植物，可照射植物的块根、块茎、鳞茎、枝条、幼芽等，照射处于活跃生长状态的新生组织效果更加明显。如照射块茎可以照射芽眼，照射鳞茎可以照射其生长点，或破坏芽眼或生长点以使其萌发新的不确定芽，不定芽的早期处理能降低嵌合体的形成，促使其产生新的芽变。

接穗或插条是多年生木本植物或适于扦插繁殖的某些观赏植物采用的诱变处理对象。其中最常用的是休眠芽枝。休眠芽中芽原基细胞数越少，诱变效果越好，这样可减少突变嵌合的干扰。

许多无性繁殖植物的球茎、鳞茎、块根等地下根茎均可作为辐照试材。地下根茎上有很多潜伏芽，经辐照可诱发产生芽变。但值得注意的是，为获得较高突变频率，应尽可能在芽处于发育早期阶段进行辐照。

离体组织：近年来，随着组织培养技术的不断发展，辐射诱变技术已被广泛地用于体外培养，并已取得了一些有意义的研究成果。对辐照后以组织培养方式获得诱变后代的植物也可以选择各类植物外植体如幼穗、幼胚、花药、花瓣、幼叶、茎尖、茎片及愈伤组织、单细胞、原生质体及单倍体材料等作为照射对象，辐照后接种于组织培养的培养基中进行培养。通过辐射诱变和离体生物技术的联合，使诱导发生的突变可以在细胞层面上进行直接的表达，通过化学方法从大量细胞群中筛选出来，从而大大提高育种效果，为植物突变育种展现出广阔的前景。现已在不少植物的组织培养中，研究应用辐射诱变技术。我国在水稻、小麦、大麦、玉米、甘蔗、花卉等多种植物上进行离体诱变的研究。这种方式有利于组织培养与辐射诱变育种方式的结合开展。辐射单倍体诱导的变异，不管是隐性的，还是显性的，都能在细胞和个体层面显示，经过双倍培养可以得到二倍体的纯株。

植株：活体植株处于生理代谢和生长旺盛阶段，有较高的辐射敏感性，以它为处理对象，可提高诱变效率。活体植株可行整株照射，或以局部照射；可以在整个发育过程中进行照射，也可以在不同发育阶段的某一特定发育时期进行照射。活体植株照射，可在 γ 圃、γ 种植房进行，也可用盆栽在照射室进行。大的木本植物一般在 γ 圃中进行长期慢照射，幼小的植株则可以在室内进行急性照射，也可以照射局部器官，在进行局部照射时不需照射的部位要用铅板进行防护。活体植株受照后常常表现生长延迟，发育迟缓，植株矮化，结实率降低等生物学效应不同发育阶段的活体植株，敏感性有差异，其诱变效果亦不同。

② 内照射

内照射是指将辐射源引进有机体内部而起作用的方法，该方法具有剂量低，持续时间长，多数植物可以在生育期内进行治疗的优点。目前常用的放射性同位素有 ^{32}P、^{35}S、^{14}C、^{45}Ca、^{60}Co、^{59}Fe 等，内照射也要具备一定的防护条件，加工后的材料和废弃的废水中含有放射性物质，必须进行适当处理以避免污染。内照射的处理方法有浸泡法、注射法、涂抹法、饲入法等。

浸泡法：配制一定比强的放射性同位素溶液浸泡种子或者枝条等。

注射法、涂抹法：将放射性同位素溶液注入植物的茎干、枝条、叶、花等部位，或涂抹于叶片上。

饲入法：将放射性同位素施于土壤中，使植物根系吸收，或将放射性 $^{14}CO_2$ 供给植物，借助光合作用所形成的产物进行内照射。

（3）诱变材料的培育与选择

经诱变处理的生物遗传性发生改变。其诱变后代与常规杂交后代相比，在早期世代有不同的遗传特点，因此它的处置应适应其自身遗传特点，有别于常规育种的相应选育程序。诱变后代的处置与选育，是获得突变新种质、选育优良新品种的重要环节，也是提高育种效率的重要方面。因此须根据具体育种目标、诱变各世代的遗传特点及育种的实际条件确定。

（4）诱变因素处理方法与诱变效率

采用诱变效率高的诱变因素，合适的诱变处理方法，持续的开拓创新，是改善辐射遗传改良效果的关键。应用于植物辐射诱变遗传改进的诱变因素，随着科学技术的发展而有了新的发展。据统计，目前应用于诱变改良作物的诸多诱变因素中，各种射线等物理因素的使用频率占3/5，但世界各国利用辐射育成的植物品种数，却占突变品种总数的55%。利用辐射育成植物品种数占95%以上。其中应用最多的仍然为γ射线，其次是中子。由于各种辐射源能量不同、穿透力不同及其带电性与物质相互作用方式的不同，因此诱变效果亦有差异。有研究表明，中子的诱变效应明显高于γ射线，更高于X射线，诱发有益突变的频率也较高。但中子辐照成本较高，能谱测量和重演性较差，在实际遗传应用中受到一定限制。γ射线诱变效率比较稳定，效果好，处理方便经济，有一套比较成熟的辐照方法和适宜剂量。因此，目前应用最为广泛的诱变因素仍然是γ射线。

近年来，新诱变因素如电子束、离子束和激光等不断发掘并应用于植物遗传改良。但新诱变因素应用的方法技术、诱变效率和诱变机理，以及开拓利用前景值得深入研究。

诱变处理方法技术包括：诱变因素适宜诱变剂量的确定、辐照处理方法，及处理时环境条件的影响等。合适的突变剂量是诱变处理技术中的关键问题，它还是提高诱变效率的重要因素。国内外多年的研究实践，已确定了100多种植物的适宜诱变剂量，为辐射诱变改良作物打下了良好的基础。

辐射与化学诱变剂配合使用，能够发挥各自的特异性，辐照可以使植物细胞的生物膜的完整性和渗透性发生变化，增加化学物质的渗入，使其发生累积或超累积变异，增加变异频率。

植物本身具有DNA损伤修复系统，可以修复理化诱变因素诱发的DNA损伤减少变异。利用修复抑制剂咖啡因、EDTA等作γ射线辐照后处理能够加剧M1的生理损伤，增加染色体畸变率提高M2的性状突变频率，另外一些理化因素如无线电微波、半胱氨酸和脱落酸、赤霉素、6-苄基氨基嘌呤等生理活性物质对辐射具有一定保护效应减轻辐射损伤。在较高剂量的射线辐照后利用辐射保护剂处理，有效地减轻辐射损伤，获得较多的群体，间接提高了M1突变频率。

辐照处理时的外界环境条件，如温度、湿度（包括种子含水量）、氧气、光照、亲本材料辐照的条件和时间，对诱发突变频率的高低均有影响。此外，在利用射线辐照时，在总剂量和剂量率相同的情况下，不同植物常因辐照次数、方式（如一次照衬、分次照射、重复照射及间歇照射等）的不同，诱发突变的效果亦不尽相同。

提高鉴定筛选突变体的效率是提高植物遗传改进效果的重要环节。采用精确、高效、快速、经济、易行的方法对突变体进行鉴定和筛选，是诱变育种者十分关注的问题之一。为了提高选择效率，近年来，在采用并不断改进常规方法的同时，随着科学技术的发展不断引入现代化的鉴定筛选手段和技术。例如，新兴的生物离体培养技术与辐射诱变结合，能够有效地、较大幅度地提高作物抗性（包括抗病性、对各种胁迫因素的抗性等）的筛选鉴定。同时也可利用生理生化和生物物理方法应用于抗逆性突变、优良品质突变的筛选鉴定。此外，中子活化分析法、X射线光电子能谱法等，可在不破坏籽粒的情况下，鉴定筛选蛋白质含量高的突变，核磁共振波谱法测定植物籽粒油分含量突变等。

5.1.2　低剂量辐射刺激生物生长

5.1.2.1　低剂量辐射刺激效应的概念及其特点

直接或间接的电离辐射（例如中子、质子、α 射线、β 射线、γ 射线、X 射线、微波、激光等），用低剂量对生物细胞、组织、器官或组织进行一次或多次照射，这样不仅不会改变基因，也不会影响到下一代，这一物理因子还会像激素那样促进生物的生长，从而对生物的生理化学、形态和生命力产生积极的作用[18]。这个效应叫做低剂量的辐照刺激效应。这种效应为核技术应用于促进生物生长发育奠定了基础，为农业生产开辟了一条稳产、高产和提高产品质量的新途径，也被应用于医学治疗和研究中。具有应用安全、无残留、效果明显等特点。

低剂量是一个相对概念，是与辐射诱变育种与辐照食品加工所需剂量较低而言。低剂量辐射刺激效应的主要特点如下。

具有双相性：即生物在低剂量刺激下对事物有促进作用，在高剂量下则具有抑制作用。这是因为生物在低剂量辐照下，刺激了生物的主动反应及其拥有的生物防御和修复机制的作用，使毒物的伤害作用被大大降低，甚至导致对生物有益的结果；但较高剂量则表现对生物的抑制作用。因此低剂量辐射刺激效应技术应用的核心是掌握生物适宜的辐照剂量。

具有与环境条件的相关性：低剂量辐射刺激效应的表现与生物生长发育的外界环境条件密切相关，要充分发挥其作用必须注重协调二者的关系。

5.1.2.2　低剂量辐射刺激效应的作用机理

对生物造成伤害性刺激的因素很多，包括化学毒物、机械伤害、电离辐射、重金属、抗生素、抗病毒药及不利环境因素等，这些外源性和内源性的各种伤害性因素（统称为毒物）攻击生物后，生物对这些毒物的攻击有两种反应，即毒物的单相剂量效应（LNT）和双相剂量效应。前者是指毒害作用超出生物应对能力的情况下，伤害程度与毒物的剂量成正比。后者则是指在低剂量下，由于刺激了生物的主动反应及其拥有的生物防御和修复机制的作用，不仅毒物的伤害作用被大大降低，而且还导致了对生物有益的结果。反之在高剂量条件下则表现为对生物有害的结果。毒物的双相剂量效应在生物界中是一种非常普遍的现象，在微生物、植物、动物和人类中都有发现。

在自然界中，植物的种子每年受到 0.2～0.3 rad 的天然辐射，生物体在长期的进化过程中，已经适应这种低剂量的辐射。

核辐射的生物效应是多种多样的，可归纳为两类：一类是有害的，如生长受抑制、免疫功能降低、发病率增加、生殖力减弱、不育、畸形和死亡等。这种效应表现在高剂量范围的辐照，其危害程度随剂量的增加而迅速增加。另一种则为低剂量刺激效应。

事实上，两种效应是同时存在的，在生物效应的剂量响应方面常表现为单驼峰状，如图 5-1 所示。

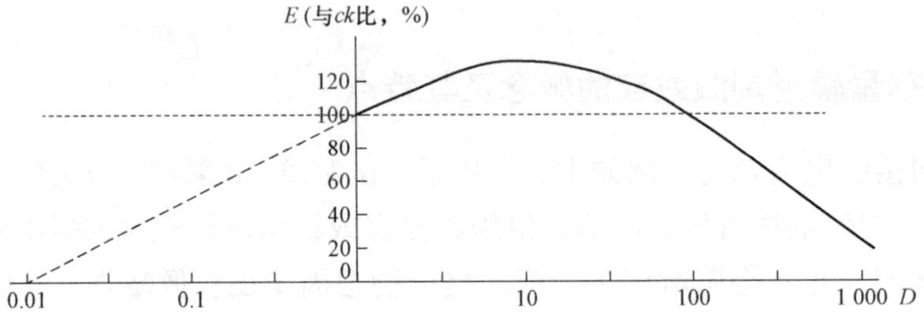

图 5-1　辐照效应示意图

图中效应 E 是泛指的，代表增产 E（与 ck 比，%）效果、抗病能力、种子发芽率或动物幼体成活率等，其值是经过辐照的生物体与未辐照的对照体比的百分数。剂量 D 也是相对值，$D=1$ 为环境本底辐照，$D>1$ 代表生物体受到了照射，$D<1$ 为生物接受的剂量低于正常环境本低。效应值大于 100%的曲线部分为低剂量刺激效应的范围。

目前在辐射刺激作物生长方面有如下几个假设。

① 毒性物质假设：认为在低剂量辐射下，被照射的器官会发生轻微的中毒反应，从而促进机体整体的新陈代谢，同时可能会促进细胞的分裂。

② 对电离辐射的保护反应假设：认为刺激性是指植物在受到各种刺激时产生的保护性反应，其中包括电离辐射。在辐射的一刹那，植物的基本改变会导致一系列的次要改变，也就是在植物中产生了一种复杂的生理反应。在生长期间，是否具有抑制或刺激效应，视辐射剂量而定[19]。

③ 异质性假设：由于电离辐射所致的一些生理过程和其他相关的代谢活动的增强和抑制，正如各种组织、器官对电离辐射的敏感程度不同，其生理改变的程度也不尽相同，从而导致了生物在生理上的异质性。由于外部环境的交互作用，这种异质性可以促进或抑制植株的生长。

④ 遗传效应假设：已有学者发现，在种植受到辐照刺激的黑麦时，其产量与对照相比有较大的提高，在小麦、大麦、豇豆等作物中也有类似的现象产生，马铃薯块茎到 2～3 代以后仍然保持着较高的产量。这些结果表明遗传因子调节刺激作用。

⑤“诱发变异”——辐射的长远效应假设：放射生物学的影响不限于辐射过程和辐射后的异常过程。从发芽到成熟，有很多种不同的变化，比如细胞的分裂、生长的加快、器官的变化、产量的增长及质量的变化，这就是一种非常复杂的诱发变异类型——辐射的“长远效应”。

⑥ 非特异和特异基因活化假说：这是从分子生物学的角度来解释辅射的刺激效应。苏联的一些学者认为，小剂量的作用正像生理学和生物化学的变化一样，在不同

的“三联体触发器效应”作用下，基因的某一段压抑被解除，会导致非特异的和特异的基因被活化。比如，经种子照射后，出现低分子量的多酚和醌，这些物质可以加速合成某些必需的酶，以使它们能够快速地进行休眠和发芽。这些物质的存在即说明基因压抑作用被解除。

在刺激动物生长方面的主要观点是酶激活学说。射线与生物组织的原子或分子作用，首先经历物理过程，即射线能量在生物物质中沉积，产生激发和电离的过程，此过程持续时间约 10^{-13} s，此后，激发的原子和分子退激，进一步产生电离。原初产物自发的或通过与它们邻近的分子相碰撞，产生反应活跃的次级产物——自由原子或扩散自由基。这是辐射作用的物理化学过程，可在 10^{-10} s 量级内完成。接着便发生复杂的生物变化，在 10^{-10} s 量级内，生成生物自由基并引起生物大分子和同工酶活性变化。由于辐照条件的不同，导致不同的显性、亚显性或隐性的结果。这个生物过程可持续很长时间，有的达几年。

低剂量辐照生物体之后，引发的生物自由基提高了细胞内的酶活性，如乳酸脱氢酶（LDH）、苹果酸脱氢酶（MDH）、异柠檬酸脱氢酶（IDH）、糖化淀粉酶和去氧核糖核酸（DNA）等的活性。因而，能催化丙酮酸还原成乳酸，加快三羧酸循环，促进细胞合成，提高机体新陈代谢水平，加速生长发育。

低剂量刺激效应表现出的免疫功能增强的现象，多认为是蛋白水解酶活力增加和淋巴 T 细胞及 E 细胞功能增强的结果。也有人根据“神经—内分泌—免疫网络理论”，认为是辐照使神经兴奋性增强，提高了内分泌的调节功能，增加了体内吞噬细胞杀菌的作用和吞噬细胞的活性。

5.1.2.3　低剂量辐射刺激效应的应用

低剂量辐射刺激效应应用技术已成为农业生产中的增产新技术，它与辐射剂量、剂量率、生物生理状态（发育时期）及外部环境条件（温度、湿度等）密切相关，必须掌握辐射时期和准确的辐射剂量，并特别注意辐照后生物新陈代谢旺盛的特点，采取相应的配套栽培技术措施，以保证更好的增产和提高品质的效果。低剂量照射后的刺激作用（如增产），不可能超出该品种在该地区农业气候、土壤条件下所能表现的产量潜力范围，即低剂量刺激仅仅是一种在基因型控制范围内所起的促进作用。未经照射的作物因各种不良条件的限制而不能表现其应有的潜力时，给予低剂量照射可以促进这部分潜力得以发挥出来。因此，低剂量刺激的增产百分率与当地的产量水平之间呈负相关关系，即当地产量水平越高，刺激增产率越小反之亦然。由此可见，在生产上应用低剂量刺激有一定的适宜地区范围。在种子形成和成熟期经常出现不良天气的地区和在土壤条件较差而不能使作物品种发挥增产潜力的地区，应用低剂量照射技术可能取得较为明显的增产效果。

生物对辐射剂量的敏感性因不同品种而异，同一品种的不同阶段也不同，一般幼年敏感，晚期迟钝。刺激生长技术一般采取生物生长的早期阶段进行一次性辐照，农作物一般在播种前以适当的剂量辐照种子，也有把种子播种在田间进行长时间的慢照射，后者受辐照设备和场地限制，应用较少。

养殖业中多选用照射幼（仔）体、受精卵或亲体的方法，如辐照仔鱼、仔虾和幼贝等，及在育苗完成之后、放养前进行一次性辐照。这时生物体的各种器官已经形成，辐照产生自由基，可激活酶的活性，使新陈代谢旺盛，加速生长发育，增产效果明显。

低剂量辐照刺激技术的应用关键是辐照剂量的选择，如剂量过低刺激效应不显著，剂量过高又使其生长受到抑制。一般来说植物需要的辐照剂量远大于动物。种子照射前一般不需作特别处理，只需保证辐照时机恰当，辐照剂量合适、准确、均匀。作物和蔬菜种子辐照多选用 ^{60}Co 或 ^{137}Cs 产生的 γ 射线，其剂量范围多在 1～10 Gy 之间，剂量率多用 0.5 Gy/min 左右。辐照后尽快播种，以免长时间存放影响效果。因辐照后发芽率提高，可适当减少播种量；因幼苗长势好，生长旺，应加强肥水管理。

养殖业中多用快中子作辐照源，如用镭－铍中子源（中子能量 4.3～4.5 MeV），也有用 γ 射线和 β 射线的。辐照后动物生长发育旺盛，应投喂足够饵料，并加强管理。

低剂量辐射刺激效应的应用较多，但主要是在农业生产上和医疗健康领域的应用。

（1）低剂量辐射刺激效应在农业生产上应用

1）农作物

用低剂量核辐射刺激农作物有以下几方面的作用。

① 促进种子萌发和发芽：对于萌发困难、发芽率较低的品种，采用辐照处理，可解除休眠状态，提高其发芽率，加速出苗，使出苗的整合性得到改善。

② 刺激生长，提高产量：辐照不但可以促进作物的生长，还可以增加籽粒及绿色体、果实和块茎的产量。

③ 加速发育，提早成熟：对于蔬菜作物和无霜期短的地区的农作物，加速发育，提早成熟有重要意义，可使蔬菜早日供应市场，使作物免受霜害，增加收益。

④ 改善作物产品品质：辐射能提高作物蛋白质、脂肪、糖类、碳水化合物、维生素和其他营养物质，因而可导致产品品质改善。

⑤ 改变农作物形态结构：在低剂量辐照下，农作物或果树常表现辅助性分枝或多果类型，有利于提高产量。

⑥ 增强抗病性：低剂量辐照后，由于生长力提高，从而增强了农作物对病虫害的抗性。

⑦ 在不良条件下发挥品种的增产潜力：在不良的气候或土壤条件下，低剂量刺激作用能在一定程度上发挥品种的增产潜力，达到或接近该品种的最高产量，增产的幅度一般在百分之几，高的可达 20%左右。

2）柞蚕和桑蚕

低剂量核辐射刺激效应技术在柞蚕和桑蚕上的应用能达到增产、抗病和提高蚕丝质量的效果。具体表现为蚕卵孵化率提高、孵化整齐、出蚕快、食桑旺、健康、蚕用桑叶量降低、结茧率提高；茧丝质量也提高，全茧量、茧层量、茧丝长度、解舒率、干茧出丝率、蚕纤维量等均有所提高。

3）水产类

低剂量核辐射刺激效应技术在水产类也得到成功应用，主要集中在鱼虾养殖。低剂量中子辐照后可提高孵化率、成活率和出苗率，增强仔鱼活力和抗逆能力，生长快，抗病力强，一般可增产 8%～16%。

（2）低剂量辐射刺激效应在医学上的应用

低剂量核辐射刺激效应应用也是医学研究的热点。已有研究结果表明，低剂量辐射可刺激某些细胞的功能，它可以促进细胞的生长、提高免疫能力、调节激素平衡，从而增强机体的自然防御能力[20]。动物试验表明，低剂量的辐照可以提高机体的生长、记忆力、免疫功能、生殖机能、平均寿命，还可以降低癌症、心血管、呼吸系统疾病、新生儿死亡率和不孕率。这是由于低剂量的辐射能够促进细胞的修复，从而提高人体的免疫力，从而增强身体的其他生理机能[21]。相关的实验也显示，低剂量的辐照也能防止大剂量的辐射伤害，即低剂量的辐照不仅能产生刺激效应，而且能显著降低后续高剂量的辐照所造成的伤害。这是由于低剂量照射对高剂量辐射致 DNA 损伤、致突变和致染色体畸形产生了适应性反应。如日本的医学家在用高剂量放疗恶性淋巴瘤时，先用低剂量照射一个星期后再进行高剂量照射，在获得良好的治疗效果的同时可明显减轻放疗时的副反应。

联合国原子辐射效应科学委员会（NSCEAR）规定人体照射的低水平辐射是指剂量在 0.2 Gy 以内的低 LET 辐射或 0.05 Gy 以内的高 LET 辐射，同时剂量率在 0.05 mGy/min 以内[22]。实际研究中把照射剂量和剂量率符合上述条件的辐射称为低剂量辐射[23]。在低剂量区，电离辐射可引起某些高剂量试验无法预见或无法用常规放射生物学原理解释的效果。主要在三个方面表现出来：cGy 剂量诱导发生的适应性反应（AR）；低剂量辐射超敏性（HRS）；临近未受照射细胞中诱导产生的旁效应（BE）[24]。低水平辐射对健康的影响是学术界和公众十分关心的问题。随着核电和核技术应用的推广，辐射致癌是人们关注的中心。根据“线性无阈”量效模型外推，环境电离辐射任何小量的增加都被认为会使人群癌症发生率增高。但已有一些辐射流行病学调查资料不支持这种假说。例如，对我国广东阳江天然放射性高本底地区的人群调查，累积约 100 万人年的资料，发现约为对照地区 3 倍的天然放射性本底并未使居民癌症发生率增高，而且还有使之降低的趋势；印度的辐射流行病学调查结论甚至认为癌症发生率与天然放射性水平呈负相关[25]。其他的研究数据也与“线性无阈”理论背道而驰。低剂量放射流行病学研究表明，肿瘤死亡率有所下降，这也为低剂量放射能产生刺激性作用提供了有力的佐证[26]。

5.1.3　辐射昆虫不育防治害虫

利用高能射线（γ射线、X 射线、电子束等）对昆虫进行辐照处理，使其生殖细胞的染色体发生断裂、异位，造成精子与卵结合后细胞核分裂异常，最终导致昆虫后代死亡的技术[27]。通俗地讲，就是通过辐照方法使昆虫不能产生可育的后代。昆虫辐照不育技术是一种在大面积范围内以压倒性的释放比例释放不育虫来减少田间相同种类害虫种群繁殖的害虫治理手段。

5.1.3.1 辐射昆虫不育防治害虫概念

辐射昆虫不育防治害虫技术是利用辐射昆虫生殖细胞导致其不育，从而使其后代死亡的方法。它的优势在于害虫不易发生抗药性，防治效果快，不会对环境造成污染，甚至可以在数代之内使害虫数量减少或基本灭绝。其做法是利用 X 射线、γ 射线、β 射线、中子或加速器产生的电子束等，用适当的电离辐射使昆虫的一种（蛹或成虫）受到辐射，使其繁殖细胞中的基因物质受到损伤，使性细胞的染色体断裂或易位，形成带显性致死突变的配子，但又不损伤体细胞，其仍保持正常的生命活动和交尾能力，从而创制出不育昆虫，将人工创制的不育昆虫释放到害虫的野生种群中，使不育昆虫与野生昆虫交配后形成的合子致死或者产生不育卵，经过连续的多次释放达到使害虫野生种群数量降低、基本消灭或被完全取代，从而有效地控制害虫[28]。通过大量人工饲养、辐射处理、运输、释放等手段，可以实现对特定的目标种群进行有效的控制，如图 5-2 所示。

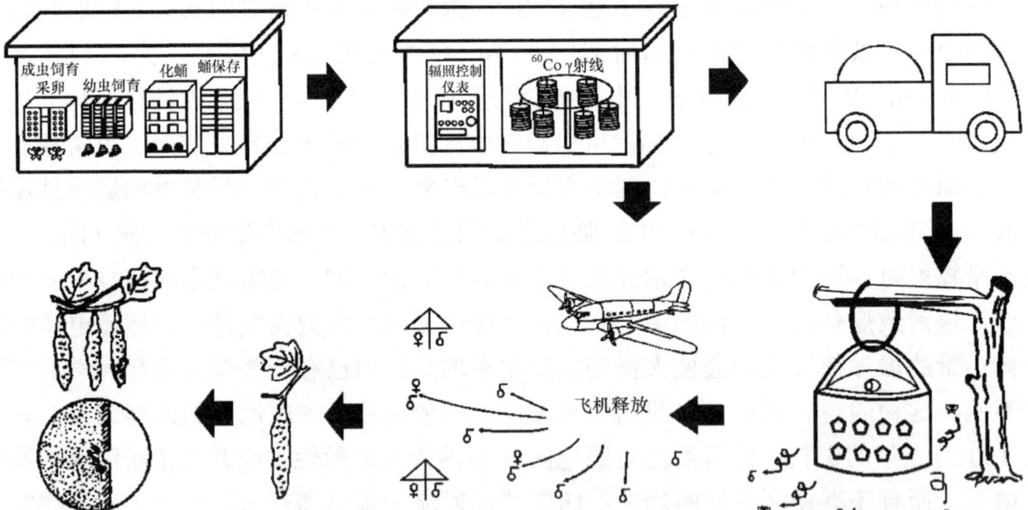

图 5-2　辐射昆虫不育防治害虫示意图

昆虫辐射不育技术是一种“以虫治虫”的生物防治方法，它可以有效控制一些昆虫的发生和危害，对人类的生态环境不产生消极影响，是一项无公害生物防治的新技术；是目前害虫防治手段中对环境影响最小的方法之一，也是现代生物防治方法中唯一有可能灭绝害虫的有效手段。但它与传统的生物防治法不同，它是利用害虫具有延续种族的特性来达到消灭害虫的目的而不是借助于天敌或抑制物（如细菌微生物、病毒、抗生素等）等其他生物防治。

5.1.3.2　辐射昆虫不育防治害虫特点

利用昆虫辐射不育技术防治害虫的突出特点是可以大面积彻底消灭害虫，而使其不再复发。这就避免了害虫防治发展过程中占重要地位的一般化学防治带来的害虫对化学杀虫剂产生抗性，残毒对生态平衡的影响，对天敌的杀害导致害虫的再增猖獗、次要害虫上升为主要害虫等一系列弊端。在未来的若干年内，环境污染是全球的关键难题，化学杀虫剂则是重要的污染源，尽量合理、少用化学杀虫剂，以保护生态环境，这是人类保护自己生存条件的重要举措。所以利用昆虫辐射不育技术消灭重要害虫，可使年复一年防治重要害虫不得不施用的化学杀虫剂大为减少，具有很大的社会效益和生态效益。

利用一般的生物防治法防治害虫，能够发挥很大的调节作用，但在变化很大的自然环境条件之下，它常常不能保证安全防治。所以在一般情况之下，生物防治只能作为辅助措施。培育抗虫品种，故然能减轻这种害虫对这种作物的危害，实际上似乎不可能培育出各种被害作物的合适的抗虫品种。而利用昆虫辐射不育技术则可彻底消灭害虫种群，不存在上述防治方法的局限性。

从经济收益来看，一般认为利用昆虫辐射不育技术费钱、费事，其投入比一般喷施杀虫剂不知要大多少倍。因为大量饲养虫需要许多人力、设备与物资，包括饲料、辐照源等。释放不育虫时需要飞机、驾驶员、地面工作人员等，所有这些缺一不可。总之，开始的花费是很大的。但实际上彻底消灭害虫的经济收益是无法估计的。例如在库拉索岛和佛罗里达州两处消灭了螺旋蝇，用了上千万美元，但这比畜牧业的收益还是小得多，全部费用就只等于 3～5 年所遭受的损失。由于以后不用再进行防治，随着时间的推移，收益会越来越大，因此是很值得的。1967 年以来，地中海果蝇几次入侵美国加州，都被结合使用释放不育蝇的方法消灭了。假如有害生物在加州大量繁殖，并向其他州扩散，美国的水果生产成本将会非常昂贵，每年的直接和间接损失都会高达数亿美元。因此，利用辐射不育来消除有害生物所带来的巨大经济效益是毋庸置疑的。美国在 20 世纪 50 和 70 年代曾有过两次成功根除螺旋蝇的经历，20 世纪 80 年代初期在墨西哥的地中海苍蝇被彻底铲除，从而使其每年的经济损失减少 15 亿美元，收益和投资比率高达 10 倍，甚至 30 倍。目前，全球 2/3 的国家对 200 余种有害生物进行了辐射不育的调查，30 余种已进入中期和实用期，并取得了明显成效。

日本在西南诸岛利用释放辐射不育虫技术全部消灭瓜实蝇，这些岛屿的主要产品——瓜果因此可运销到本土和出口，获得巨大的经济收益。因此日本认为建造核电厂克服了本国能源缺乏和使用昆虫辐射不育技术消灭了瓜实蝇是该国在和平利用原子能方面的两个重大成就。

辐射昆虫不育防治害虫特点如下。

① 有利于生态平衡，无环境污染。辐射昆虫不育技术无化学残毒，不危害人畜、

野生动物、害虫天敌和有益昆虫，对农作物与生态环境完全没有影响，是一种安全的防治方法。

② 专一性强，目标明确。辐射虫不育技术控制一种特定的害虫，而不会对其他害虫产生危害。

③ 防治持久而彻底。辐射虫不育技术可以在很大的范围内消灭一种有害生物。在该范围没有条件再迁入目标害虫的条件下，就可以长期保持杀虫效果。

④ 特殊效果。应用辐射昆虫不育技术对已产生抗药性的害虫、有钻蛀习性而自然隐蔽性强的害虫或一般防治有困难的害虫可以取得特殊效果。

⑤ 经济效益显著。利用辐射虫不育技术能实现害虫的消灭，且效果持久，因而经济效益显著，受益持久。例如采用辐射昆虫不育技术防治与根绝螺旋蝇的效益与成本之比可达到 50:1。

⑥ 一次性投资高。在采用辐射不育技术时，必须进行大量的昆虫人工饲养，并将不育的昆虫投放到田间或野外，因此需要花费大量的人力、物力和财力，前期一次性投资高。

同时昆虫辐射不育技术的应用还必须由国家和政府组织实施，只能在“大面积防治区”中运行。必须靠自己生产不育昆虫：大批量的不育虫不可长期保存，必须根据释放需要随数量和时间来安排生产。必须进行灭虫后的监测。

5.1.3.3 辐射昆虫不育防治害虫原理

α 射线、β 射线、γ 射线、X 线及中子束等辐照都能造成昆虫不育，但实际应用最常用的是以 ^{60}Co 和 ^{137}Cs 同位素源为基础的 γ 射线。

适宜辐照剂量是昆虫辐照不育技术的关键，既要保证被处理的昆虫不育，又要保证不育昆虫的生活力，因此，昆虫辐照不育成功的关键就是适宜辐照剂量的确定。昆虫辐射不育技术中的辐射效应与辐射剂量大小有关，根据辐照使昆虫不育的程度将辐照剂量分为以下几种。

① 不育剂量：辐照后使昆虫当代完全不育的剂量。

② 半不育剂量：辐照后使当代 50%昆虫不育的剂量。现代昆虫受到辐射后，会导致基因不育，并且可以传递给下一代，使得后代的生育能力低于同龄昆虫。

③ 致死剂量：辐照可在短时间内直接杀死害虫的剂量。

一般以造成 95%以上的昆虫不育的辐射剂量为宜。

从 20 世纪 50 年代以来，科学家先后研究了 300 多种节肢动物，从完全不育剂量到亚不育剂量，发现不同种类昆虫所需的不育剂量差异巨大，如蜚蠊所需的不育剂量为 5 Gy，而某些灯蛾和螟蛾的不育剂量可达 300 Gy 甚至更高。早期的研究实践中，靶标害虫均被施以完全不育剂量的辐照处理，造成害虫当代不育，但生活力和交配力明显下降，从而限制了昆虫辐照不育进一步的应用。后来发展了亚不育剂量的辐照策略，辐照后当代不育、半不育和子代不育，为辐照防治害虫开辟了新途径。

害虫的适照虫态和适照时期、照射剂量和照射的条件等都是建立在昆虫对辐照敏感性的基础上。深入了解昆虫对电离辐射的敏感性，对成功地应用辐射不育技术防治害虫极为重要。敏感性的测定可根据一项或多项指标来判定，其表现为多个方面，如孵化率的大小，幼虫期存活率、化蛹率、羽化率及成虫寿命等。

5.1.3.4　辐射昆虫不育防治害虫技术应用

在辐射昆虫不育防治害虫技术应用过程中除应根据该技术特点选择应用合适的供试虫种类，从生命周期、虫口密度、种群大小、消长规律、扩散范围、飞行距离等方面进行了相关分析，得到了辐射后的虫体释放数量、释放比例、释放次数、释放方式、最佳释放时机等。因为在野外捕捉同类昆虫非常困难，所以一般都是通过人工养殖来培养。人工养殖是我国辐射不育技术应用的一个关键技术，而人工昆虫饲料的研制和性别识别技术尤为重要。当前的放射技术应按其雄性和雌性的生物学特点对它们进行处理，要求对饲养好的昆虫进行性别分类，掌握昆虫雌雄分别技术及雄虫的运输与释放技术，并对辐照后的蛹利用荧光素混匀，以标记成虫，便于进行后续的不育昆虫种群动态监测和了解防治效果。

辐射昆虫不育防治害虫技术在国内外均有应用。如柑橘大实蝇属双翅目、实蝇科，柑桔受害蛆果损失一般在 10%～20%，严重时高达 60%～90%，在贵州省为害严重的地区为害率达 40%，中等为害地区为 20%～30%，轻度为害地区也在 10%左右。“七五”期间中国农科院原子能利用研究所和浙江省农科院原子能利用研究所在贵州省惠水县的一个面积为 35 ha 有 4 800 株温州蜜桔的桔园进行的辐射不育柑桔大实蝇释放试验，将为害率由 7.5%降低到 0.005%，野生虫口濒于灭绝[29]。

5.1.4　同位素示踪技术的应用

5.1.4.1　同位素示踪法的概念

在自然界中普遍存在着一种元素由多种同位素组成的现象。这些同位素或者具有不同的核质量数或者具有放射性现象，因此它们都被标上了记号，使人们借此能在普通的原子中辨认和寻找它们的踪迹。这些同位素就被称为示踪原子。利用同位素或示踪剂研究被追踪物质运动、转化规律的方法称为同位素示踪法或称示踪原子法[30]。

放射性同位素示踪法即以放射性核素或其标记化合物作为示踪剂，应用射线探测仪器探测示踪剂中放射性原子核发生核衰变过程中放出的射线或粒子，显示被标记的化学分子在生物体及其环境介质中迁移、转化、积累及其变化规律的方法[31]。该方法具有灵敏度高、操作简单、可探测性强等特点，在物理、化学、生物、环境和农业等领域应用十分广泛。放射性同位素示踪法一般选用射线能量低、物理半衰期短、易探测的同位素。常用的农用放射性核素包括 ^{14}C、^{35}S、^{137}Cs、^{32}P、^{3}H、^{125}I、^{123}I、^{59}Fe、

^{65}Zn、^{54}Mn、^{45}Ca、^{86}Rb、^{51}Cr、^{35}S、^{75}Se、^{109}Cd、^{60}Co 等，它们在动植物的营养与代谢、栽培和养殖技术的改进、农业生态环境保护、土壤改良、生物固氮、防治病虫害、农产品溯源等方面应用广泛，并发挥了很重要的作用，对农业和生命科学的发展起到了巨大的促进作用，现已成为相关学科的重要方法。

5.1.4.2 放射性同位素示踪法的基本原理和特点

放射性同位素示踪法包括以下几种。

① 标记方法。生物化学、同位素交换、化学合成是目前普遍采用的标记技术。通常是按化合物的组成、结构和应用需求，选用适当的放射性同位素，并结合应用需求，设计相应的标记路径。

② 标记化合物。含有示踪原子的化合物，称为标记化合物，也称为示踪化合物[32]。

放射性同位素示踪法的主要依据如下。

① 同一元素的各种同位素间的化学性质是相同的。因此认为作为示踪剂的核素或其标记化合物与被追踪的物质将遵循相同的化学和生物学转化途径[33]。在农业生物学中，示踪核素所参与的各种化学变化及在生物有机体内的运输、转移和代谢过程等与被追踪的物质是一致的。

② 在自然界中每个元素的各种同位素丰度是一个常数。因此在稳定性示踪试验中，用经过富集的核素或其标记化合物作为示踪剂，通过对样本中示踪核素含量的变化进行分析，以了解被跟踪物质的运动规律。

③ 同一种元素不同的同位素在物理上的差别是可以发现的。可以根据它们所放射出来的射线或者它们所固有的核特征（即核质量数的不同），用各种探仪器来探测，从而显示他们所在的位置、数量和它在生物体内的行径。因此，示踪原子法已被广泛地应用于农业生物科学研究。如研究生物体内物质的合成、运输、分布、转移和代谢；研究生物遗传的规律；研究光能、水肥、土壤、植物之间的内在联系等理论问题和实践中迫切需要解决的一些关键问题。

放射性同位素示踪法的优点如下。

① 灵敏度高：目前准确的化学分析方法尚难以测定 10～12 g 水平。而用放射性物质，测定 10～12 g 是不困难的。随着电子学的进展、高灵敏度探测器的出现，使示踪原子法的灵敏度更加提高，目前已可测出 10^{-18}～10^{-14} g 水平，也就是说可以从 10^{15} 个非放射性原子中查出一个放射性原子，这要比最敏感的分析天平敏感 10 倍。这样高的灵敏度在生物科学研究中具有重要意义。因此，对于某些痕量元素或含量很低的生理活性物质，都能用示踪法进行测定。

② 方法简便：通过使用不同种类的射线探测器，可以轻松地检测到放射性原子核的数量和数量，并且不会受到其他非放射性杂质的影响，从而避免了很多烦琐的分离和纯化过程。所以制样特别方便，大大简化了实验手续，从而可以缩短实验周期，加

速研究过程。

③ 可以进行活体测量：在农业生物学研究中，许多植物体内的生理生化过程是动态连续过程，在常规测定中如要研究植物体的某一生理生化过程，必然要损伤植物或中断这一过程。用放射性示踪法就可避免这一缺点，不必损伤或杀死植株，而在完全正常生理条件下进行。如果不需要精确定量，往往在体外测定其放射性就可以知道物质运转和积累的情况。

④ 可以分辨出原有的分子和实验中新加入的分子：例如在研究植物磷素营养时，往往需要了解植株吸收的磷是来之于新施入的肥料还是土壤所固有的磷。用放射性核素 ^{32}P 标记的肥料就能方便地区别出来。

综上所述，示踪原子法具有快速、灵敏、测量方便等优点，但它仅是研究工具中的一种方法，它必须与其他研究方法结合起来应用，才能发挥它最大的作用。

5.1.4.3　放射性同位素示踪法试验方法

放射性同位素示踪法试验的基本程序如图 5-3 所示。

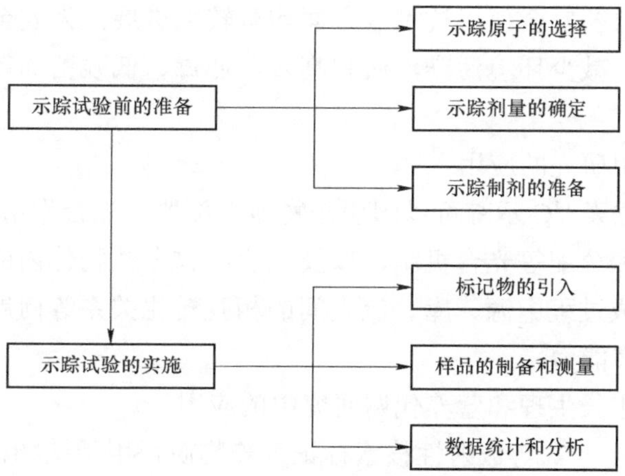

图 5-3　示踪试验的基本程序示意图

在农业科学研究中，常用的核素包括 ^{14}C、^{32}P、^{3}H、^{35}S 等。示踪核素的选择要综合考虑试验的目的和试验周期长短，以及实验测量条件、同位素生产供应等各种因素。

在进行示踪试验时，示踪剂数量的确定非常重要。如果引入剂量不足，会使试验无法进行，或不能充分可靠地进行。如果引入过量，则既不经济，又会因辐射效应而对生物机体产生有害影响，还会给从事工作的人员带来安全防护等问题。

以动、植物为对象的示踪试验，需遵循生物学试验的一般原则，应满足生物体正常生长发育对环境的要求，特别是生物体对氧气、温度、光照和水分的要求。有的试验对环境设施也有特殊的要求。

示踪剂引入生物体的途径是多样的。常用的引入方法有埋入法、盆栽法等根部引入植物体的方法和浸渍法、喷雾法、涂抹法、注射法、气体引入法等根外引入植物体的方法。示踪剂引入动物体的方法亦因试验目的、试剂形态和引入对象而异，常见的有注射法、口服法、灌胃法、涂抹法、吸入法等。

5.1.4.4 放射性同位素示踪法的应用

（1）在土壤肥料研究中的应用

农用放射性同位素示踪为研究植物营养代谢，肥料的吸收和利用，农药对土壤的污染、残留和代谢规律，土壤中的水分和盐碱动态提供了简便和有效的方法，为合理施肥、灌溉、耕作等农业栽培技术提供了科学依据。

（2）在农药代谢研究中的应用

放射性同位素示踪技术是迄今农药代谢研究中最常用、最灵敏和最有效的一种分析技术[34]。最常用的同位素是 ^{14}C、^{32}P、^{35}S，包括有机磷、有机硫、有机氯、有机氮、有机砷和有机汞等数十种农药（包括杀虫剂、杀菌剂、除草剂和植物生长调节剂等）[35]。在利用放射性同位素示踪手段研究动植物体内的农药降解和代谢、残留、在环境中的行为和归宿，以及农药安全使用技术等方面均有较大进展，为安全合理地使用化学农药，改进施药方法，减少环境污染，研制高效、低毒、低残留的新农药提供了科学依据[36]。

（3）在光合作用研究的应用

利用放射性同位素 ^{14}C 示踪可以阐明作物地上部器官光合作用的特征、光合利用效率、光合产物运转和分配等光合机制，以及光合产物在植物体内的积累和再分配，解析作物籽粒产量形成过程中源、库、流之间的相互转化关系等问题，从生理生化方面深入理解作物的生产能力。

（4）在植物根生长生理和营养代谢研究中的应用

常用 ^{32}P、^{86}Rb、^{14}C 等放射性核素标记营养物质，用于植物根系对磷和钾等营养物吸收功能和向地上部位的运转能力，以及根系生长发育状态的研究。

（5）在植物保护中的应用

通过标记植物的病原标记，研究病原与宿主的关系，病原侵染规律，标记昆虫研究昆虫的迁移规律，为害虫的防治提供了科学的依据。利用放射性同位素的高灵敏度和抗原和抗体免疫反应的特异特性形成的放射免疫分析方法，可以应用于植物病理学上的病原体污染的传播途径和规律，以及植物和种子的检疫并提供了一种灵敏、快速、简便的检测手段[37]。

（6）在环境生态研究中的应用

放射性同位素示踪法在地球环境研究中的应用也极为广泛。除了同位素定年外，环境放射性核素在大气和海洋研究、全球碳循环、土壤侵蚀、地下水及其污染物的海洋排放、环境核安全研究中也得到了应用。

5.2　食品、农产品及中药的辐照加工与保藏

5.2.1　食品辐照保藏的概念、作用和特点

5.2.1.1　食品辐照保藏的概念和作用

随着人口的增长，人们对食品的需求越来越多，对食品质量的要求也越来越高，这就要求除生产出更多、更好的食品外，更重要的是还需要把收获的食品保藏好，减少在运输和贮藏过程中的损失。根据联合国有关机构估计，全世界农产品因变质和虫害造成的损失占 20%～30%，在某些发展中国家甚至可高达 50%以上[38]。将食品的损失降低到最低水平，无疑是创造了一批巨大的财富，保藏食品的重要性并不亚于生产食品。

随着现代医学的发展，已证明许多严重疾病是由于食品保藏不当造成的肠道传染病而引起的，食物传播腹泻类疾病造成的经济损失每年达数亿美元。现代食品保藏也能解决食品周年均衡供应，丰富食品的花色品种，调剂不同地区间产品的流通，以及扩大产品出口，获取更大利润。目前对延长食品贮存期的要求将越来越迫切。

在食品国际贸易中，对产品的检疫是十分严格的，每年都有大量产品因质量和生欠佳而被进口国拒收，造成巨大损失。有效的食品保藏手段是保障产品质量和卫生水平，达到进口国检疫要求的方法。

食品主要来源于农产品、畜产品和水产品，它们的品质极不稳定，无论在收获后、贮藏期、加工中或加工后进入产品流通领域各阶段都可能发生腐烂、变质，失去其价值。目前使食品在较长时期内保持其稳定性，避免品质下降的方法分为三大类。

（1）物理法

低温保藏法：冷藏、冷冻、低温贮藏。

加热处理法：热烫、烹饪、中温加热杀菌（＜100 ℃）、高温加热杀菌（＞100 ℃）。

除去水分法：干燥、浓缩。

辐射处理法：Y 射线、X 射线、电子束。

其他方法：真空、微波、减压、磁场、隔离（包装）等。

（2）化学法

使用药物法：杀菌剂、防氧化剂、防腐剂、杀虫剂。

使用添加剂法：食盐、糖类、油类、水分活度（*Aw*）剂、酸、脱氧剂。

其他方法：熏蒸、气体代换（N_2、CO_2）、烟熏等。

（3）微生物法

酒精发酵、乳酸发酵、醋酸发酵。

长期以来，人们采用上述方法，取得了明显效果。但是也存在一定的问题，如药物残留、食品营养成分遭到破坏、食品风味改变和消耗能源大等。辐照法独特的优点可以弥补其他传统保藏技术的缺陷，解决一些特殊问题，在保持食品质量和卫生安全性方面是其他食品保藏方法的重要组成部分。与其他方法配合应用可以取得更为理想的保藏效果。在世界范围内几十年的研究表明辐照保藏食品是安全有效的新技术。

辐照保藏食品就是利用电离辐射对食品进行辐照，使食品保质期得以延长，质量得到提高。经过电离辐射的食物被称为辐照食物。其基本原理是通过射线或加速器产生的粒子束流照射食品后，使食品发生一系列的物理、化学或生物化学反应，抑制食品的新陈代谢和生理生化反应，降低食品腐烂和腐烂的各种因素，减少食品在贮存、运输中的损耗，达到杀虫、杀菌、抑制发芽、抑制成熟、延长货架期、提高食品卫生质量等作用。食物辐射的主要来源有 X 射线和电子射线等。

5.2.1.2 辐照保藏食品的特点

① 杀虫、灭菌彻底，延长食品的保藏时间（几个月至数年）：可对已包装好的食品进行杀菌处理，本发明能够有效地解决食品在食品生产、生产、运输、贮存过程中的交叉污染问题，同时还可以通过调整辐射剂量和辐射过程来实现食品的灭菌。其对于杀灭某些蛀入果实、粮食和食品内部的害虫效果特别突出[39]。

② 不改变食品的外观和风味，还能改善食品品质：γ 射线、X 射线及电子束射线具有很强的穿透能力，可以通过调整和控制剂量、剂量率及适当的辐射过程对食品进行均匀化处理。辐照工艺相对于热处理灭菌更易于控制。辐照是一种“冷加工”，产生的热量极少，它能在很短的时间内保持食物的新鲜、美味，并能改善食品的加工品质。

③ 操作简便，易实现机械化，耗能少：辐照食品加工能耗仅为冷冻的 1/10、热处理的 1/100。辐照灭菌具有工艺简单、易于控制、快速、可持续、经济、适用于批量生产的特点。与热处理、干燥、冷冻等方法相比，其能耗可减少数倍至数十倍。据国际原子能机构的报告，冷藏食品每吨每小时耗能 90 kW，巴斯德加热消毒为 230 kW，而辐照灭菌为 6.3 kW，辐照巴斯德消毒仅为 0.76 kW。

④ 无药物残留和污染：辐照食品保藏技术应用中不需加入任何添加剂，适宜辐照剂量的辐照也不会产生感生放射性，因此既没有非食品物质残留，也不污染环境，因而辐照后的食品是安全卫生的。

⑤ 可作特殊用途：辐照的食品可以用于特需病人、宇航员等的特殊需要，同时还可以作为一种检疫措施，防止害虫的传播等。

5.2.2 辐照保藏食品的发展历史、现状

德国物理学家伦琴于 1895 年发现 X 光，次年，人类首次发现 X 光可致病菌，并可通过辐射杀灭食物中的致病微生物及昆虫。这是最早辐照食物处理贮存的探索性研

究，1904 年英国公布了第一个射线灭菌专利；1941 年，美国麻省科技大学的罗克多尔利用射线处理汉堡，开创了核辐射保存技术的先河；美国则在军事装备储藏方面开展了系统的研究和应用，并进行了人体试验。20 世纪末，世界上很多发达国家都在开展辐射抑制发芽、杀菌、杀灭等方面的研究。第一个批准使用 ^{60}Co 射线抑制土豆萌发和消灭谷类害虫的苏联，于 1958—1959 年批准用于人类食用的辐照食品。自 1950 年代初期，日本、荷兰、英国、法国、加拿大、比利时、意大利和东欧一些国家，就已经开展了辐射抑制发芽、杀菌和杀灭的研究。荷兰在辐照食物中得到了最大的认可。20 世纪 60 年代末，世界上很多发展中国家也开展了对食物辐射的研究，比如东南亚鱼的保藏，印度的水果、土豆和洋葱的保鲜，伊拉克枣的辐照灭虫等[40]。1970 年，美、苏、英、荷、中、法、丹、德、加、日、意等共 24 个国家签署了食品辐照计划，该项目是由 FAO（联合国粮农组织）、IAEA（国际原子能机构）主持，WHO（世界卫生组织）参与制订，经过 IFIP 连续 6 年的国际协作，得出结论：食品、药品辐照，本质上是一种物理过程，就像加热和冷冻一样[41]。其结论是“任何食品、药品当其总体平均吸收剂量不超过 10 kGy 时，不需再做毒性试验，营养学和微生物学上也是安全的”，这一发现促进了全球辐照食品的研发，加快了辐照食品的审批与商品化[42]。食品法典委员会（CAC）于 1984 年向各成员国提出辐照食品 CAC 和辐照食品设备推荐规程，此后 50 多个国家对 200 多种食品进行了辐照，并在某些国家中开始实现了商品化。20 世纪八九十年代后期，尤其是 90 年代，大量食源性病原体引发的食物中毒，引发了世界范围内的高度关注，辐照食品技术在世界范围内的应用也越来越广泛，香辛料和脱水调味品的辐照在许多国家得到应用，因此辐照食品的辐照也越来越多。迄今为止，全球 53 个国家和地区已批准辐照食品 500 余种，其中 30 多个国家进行了商业化使用，共批准了 548 项辐照食品卫生标准，年市场销售辐照食品的总量达 30 多万吨，食品辐照加工已经被 FAO/IAEA/WHO 推荐为国际重点推广项目[43]。根据不完全的数据，经人体短期毒性实验的食物包括：① 腌肉、牛肉香肠、咸牛肉、碎火腿、火腿、牛排、碎猪肉、鸡肉、香肠、山鸡。② 鳕、虾、黑线鳕、金枪鱼、鲑 5 种。③ 9 个水果：杏脯、柑橘汁、樱桃、桃子、水果糖浆、干梨、甜瓜、草莓、橘子。④ 芦笋、花菜、绿豆、芹菜、利马豆、油菜、甜菜、蘑菇、汤菜、豌豆、卷心菜、甘薯、胡萝卜、土豆。⑤ 8 种谷类产品：面包、卷饼、饼干、面条、大米、面粉、玉米、通心面。⑥ 6 种混合食品：甜点心、菠萝果酱、全脂奶粉、杨梅果酱、花生酱、食糖[44]。

目前，全球 33 个国家均实现了辐照食品的商品化，为我国食品辐射行业的发展提供了一个有利的契机。就国内而言，根据中国放射工业协会的最新数据，到 2009 年末，全国共有 110 个辐照站（设计能力超过 300 kCi），140 台（超过 500 keV）的电子束消毒设备。据统计，目前我国辐照设备的辐射处理产值达 32 亿元。我国先后在辐射马铃薯、洋葱、大蒜、蘑菇、板栗、蔬菜、水果、鲜猪肉、牛羊肉、鸡鸭肉及其制品、水产、鲜蛋、酒、中成药、中药材等方面进行了大量的实验研究。目前，国内对辐照食品的加工剂量、辐照食品的质量保证、包装材料的评价、人体试验和经济可行性评价等问题进行了较为深入的探讨[45]。1984—1996 年，国家已批准 18 项辐照食品卫生标准。1996 年《辐照食品管理办法》出台，为进一步促进食品和原料辐照的发展，并于 1997 年卫生部通过了 6 个类别的食品辐射卫生标准。为了强化国家辐射产品的监管与监管，中国农业科学院于 2002 年 4 月设立了辐射产品质量监督与检测中心。目前，我国已制定 28 个有效的辐照食品国家标准，20 个进出口标准，以及农产品加工和鉴定行业标准 10 个。通过制定和实施，为我国辐射食品技术的推广提供了法律上的保证。

5.2.3 食品辐照保藏原理

辐射对食品的作用可分为初级作用和次级作用，其中初级作用也是直接作用，即指微生物细胞间质受射线照射后发生的电离作用和化学作用，次级作用也称间接作用，它是通过辐射和电离作用使食物中的水分生成各种游离的自由基和过氧化氢，然后与食物中的其他物质相互作用[46]。二者都能对微生物细胞的活性产生影响，使其死亡。食物辐照消毒的用途因其用途不同而不同，其目的在于消灭除芽孢杆菌外的一切微生物，一般辐照剂量为 25～50 kGy；消毒杀菌的目的是杀死食品中不产芽孢的病原体和减少微生物污染，延长保藏期，一般辐射剂量为 1～10 kGy。由于不同种类微生物的辐射敏感性不同，因此对于不同的微生物，必须对不同的辐射剂量和电子能进行控制，以达到辐照或消毒灭菌的目的。

5.2.3.1 辐照食品的不同目的及其技术特点

（1）辐射杀菌

引起食品腐败变质的原因中微生物是最主要的影响因素。使食品发生腐败变质的腐生微生物中又以非病原性细菌为主（腐生细菌），其次为霉菌和酵母菌等。在食品加工、储藏、流通过程中，各类微生物会通过不同的途径对食品造成污染，从而造成食品的腐败，引起肠道传染病和中毒。凡是有病的动、植物都可将病菌、病毒带到食品中去。在食品加工中如果灭菌、防菌不严，也可使环境中的微生物污染食品。根据杀菌的目的不同，可把辐射杀菌分为三类：选择性辐射杀菌、针对性辐射杀菌和辐射灭菌[47]。

1）选择性辐射杀菌

采用一定剂量的电离辐射使食品中腐生微生物的数量减少，以防止食品变质，从而延长货架期。大多数易造成新鲜农产品如鱼、肉、水果、蔬菜等损失的霉变微生物对辐射较敏感，采用 1～5 kGy 辐照就可使其减少。如用 1～2 kGy 辐照用聚乙烯膜包装的杨梅，由于降低了微生物数量，在 1～2 ℃冷库中使保鲜期延长 3 个半月左右，柑桔在贮存期易生绿霉菌和蓝霉菌而造成大量腐烂，日本用 2.5 kGy 电子束对其表面进行辐照，既可防止霉烂，又保持了良好外观和纯正风味。一些高蛋白产品如鲜肉，鲜鱼等在运输、贮藏期间极易腐败，辐射可有效地抑制腐生微生物的生长。我国在香肠、板鸭烧鸡、烤鸭、捆蹄等食制品的辐射防霉防腐的研究和应用上也取得了很好的效果。此项技术特别适宜于缺少“冷链”系统和能源的发展中国家采用。水果的防霉辐照还可起到推迟成熟、延长货架期的作用。

2）针对性辐射杀菌

针对性辐射杀菌是利用一定剂量的电离辐射，杀死食品内的无孢子病原细菌（除病毒以外）。特别适用于处理家禽、肉类，鱼及调味品为原料的食品中不含诸如沙门氏菌、弯曲杆菌、大肠杆菌、志贺氏菌、副溶血性弧菌等病原微生物的食品。虽然冷冻可以大大抑制其繁殖，但食品从生产到消费都进行冷冻，在许多国家或对某些食品是不可能的。彻底加热灭菌可杀灭细菌，但一些国家有食用生的或半熟状态食品的习惯。如西方习惯生食的牛肉蛋黄酱、生香肠和牡蛎等，在生产中经常受到沙门氏菌、弯曲杆菌的污染；泰国习惯食用一种经过发酵的猪肉腊肠（Nham），通常不经烹调即可“生食”，但常被门氏菌污染[48]。日本和东南亚沿海国家，海产品及其制品常被副溶血性弧菌污染，由于人们习惯生食或半生食这些食品，而常发生食物中毒。辐射是杀灭这些病原微生物的最理想的方法。辐射是种冷灭菌手段，它几乎不使被辐照的产品增加温度。泰国辐照的香肠，由于质量好、食用安全而倍受欢迎，辐照与未辐照的香肠，市场销售比率为 10:1。荷兰用 4 kGy 辐照被沙门氏菌感染的蛙腿，可以有效地消灭病原菌而不损害其感官质量。调味品通常含有大量的致病菌和腐生微生物，在适宜的条件下，迅速繁殖，污染加工产品。高温杀菌会破坏香料中的芳香成分，从而降低香料的品质。化学熏蒸方法容易产生有害的残渣，例如用环氧乙烷、环氧丙烷熏蒸时，会形成一种毒性的氧乙醇或多氧化醇盐。如今，很多国家都已经禁用了。通过试验，发现使用 X 射线消毒香料，不但不会对产品的品质产生影响，而且比环氧乙烷的杀菌效果更好。

3）辐射灭菌

辐射灭菌是利用电离辐射杀灭食品中的全部微生物，达到使食品在室温条件下长期贮藏不会腐败，也不会因微生物而引起食品中毒的目的。为达到这一目的，最低辐照剂量（MRD）应采用 12 D_{10} 剂量，即按照食品微生物学的安全性概念要求，采用此剂量辐照后，使抗辐射性最强的肉毒梭状芽孢杆菌的存活数减少 10～12 倍，因此所需辐照剂量较高，常温下高剂量辐照会使食品产生异味，但低温辐照可解决这一问题。高蛋白食品腐败的原，除微生物作用外，自溶酶也是十分重要的因子，在产品中它非常耐辐照，只有加热才可有效地钝化其活性。因此辐照灭菌一般先将食品加热至 65～70 ℃，以钝化自溶酶，然后真空包装，在–30 ℃条件下进行辐照。经这样处理，不会影响食品的色、香、味和营养成分，并可在室温下长期贮存。它可为长期野外工作人员、宇航员及要求无菌饮食的病人提供美味、营养卫生的优质食品。美国已在阿波罗-17 登月飞行、天空实验室飞行等宇航飞行中使用辐照灭菌食品。英国、法国和荷兰也都批准了供医院病人使用的辐射灭菌食品。

4）微生物存活曲线

辐射对食品中微生物的杀菌作用机制主要是辐射使食品中微生物的 DNA 或核糖

体受到损伤，导致其 DNA 分子主链断裂、碱基或氢键断裂，使 DNA 无法复制，从而使微生物停止增殖，或使微生物的酶系统遭到破坏而导致其细胞特性发生永久性改变[49]。

电离辐射剂量与微生物存活率的关系常用存活曲线表示[50]。存活曲线是根据辐照剂量对微生物存活率对数值的影响进行作图得到，如图 5-4 所示。

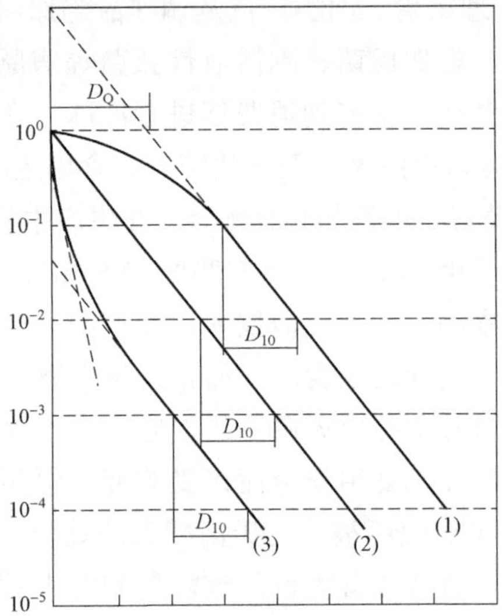

图 5-4　细菌辐照后的存活曲线

存活曲线可分三种类型：弯曲型、指数型和复合型（见图 5-4）。大多数细菌的存活曲线都是指数型，根据靶学说的原理，当存活曲线呈指数型时，表示微生物的“靶”只需被“击中”1 次，细胞即死亡。它可用下列公式表示。

$$\text{Log}\ N/No = -KD$$

式中，K 为直线部分的斜率，即 $1/D_{10}$。D_{10} 为使微生物存活 10%所需的剂量。D 为使微生物数量从 No 降至 N 所需的剂量。弯曲型存活曲线装示此种微生物只有在遭受到多次“击中”下才会致死，是某些耐辐照的微生物的特征曲线，它们有较强的修复能力，低剂量时，可通过修复而避免死亡[51]。因此在低剂量时微生物数量随剂量增加而下降的速度缓慢，可由两个参数表征这种曲线。直线部分的斜率由 D_{10} 表示，曲线弯曲部分用 D_0 表示。D_0 即 100%存活率时轴线上的截距，可由存活曲线中直线部分外推得到。复合型曲线由多条指数型存活曲线叠加而成，表示受照体系中具有辐射敏感性强和敏感性弱的混合微生物群体。同属、同种间乃至不同菌株间的微生物辐射敏感性差异很大。

（2）辐射杀虫

食品和农产品贮藏的关键是进行害虫防治。辐射杀虫按其目的可分为：杀灭危害粮食、干燥食品及烟草、中草药等的仓库害虫，减少贮藏过程中的损失；杀死检疫害虫，以利贸易交流；杀灭鲜肉、鲜活水产品中的寄生虫以保障人类健康。辐射杀虫的方法有二种：一种是直接辐照法，要求辐照使不同虫态的害虫全部致死；另一种是不育性杀虫技术，它是通过辐射致害虫不育，消灭害虫。

谷物、豆类、干果、干鱼、调味晶、烟草等产品，有些在田间或加工过程中就已侵染上了大量害虫。在仓库中贮藏期间大量繁殖，使产品大量损失。这些仓库害虫抗逆性强，适应性广，对温度、湿度、饥饿的适应能力极强。而且繁殖力强，生活周期短。一旦条件适宜，在短期内就可达到较大密度。由于虫体小，早期不易被发现，只有当种群密度激增造成危害时才进行管理。同时它们食性广，一旦虫害发生损失就会很大。通过大量的实验，证明了直接辐射能有效地杀死多种有害生物，降低产品的损耗，同时也能确保产品的品质。

辐照技术作为检疫处理方法，重要的是保持产品原有的质量。因此首先要考虑的是宿主耐受性，即“在不致引起任何可见的或可测出的外部和内部损伤的情况下，产品所能耐受的最高剂量[52]”。最低有效剂量，即“使产品中的昆虫数目达到规定控制水平所要求的最低剂量”。如对热带果蝇的控制有三个与控制水平有关的不同概念。① 不育：以 0.15 kGy 处理任何发育阶段的果蝇均可致其不育。可能有 70%～80%的果蝇卵可孵出幼虫而使水果受到损害。② 不羽化：0.26 kGy 可导致果蝇 99.996 8%死亡，该剂量可使 40%～50%卵孵化出幼虫，但不能羽化成虫。③ 死亡：0.4～0.6 kGy 可对多种水果上的虫卵造成 95%～99%的死亡。其差异是因宿主水果不同含水量质地和成熟度而不同。影响剂量选择的因子包括昆虫的种类、发育阶段、辐照前昆虫寄生的程度宿主的品种和成分、成熟度及辐照后的贮存条件。

辐射杀虫法是一种有效的农产品杀虫的手段，应用广泛。与化学法杀虫相比，其具有穿透力强、处理叠放、大量的产品时更加有效、彻底、安全、卫生、无残留；辐照处理过程中不会显著提高产品温度而影响产品质量；也可以克服某些害虫对化学药剂产生的抗药性；同时其能耗低，经济效益高。因此，辐照杀虫发展前景广阔。

（3）辐照抑制发芽

许多作物的地下根茎是人类食品的重要组成部分，如红薯、马铃薯、大蒜等，它们收获后都有长则 3～4 个月，短则 1～2 个月的休眠期。休眠期结束后极易发芽并引起腐烂或失水造成严重损失。马铃薯发芽后还会产生有毒的茄碱而失去商品价值。

化学方法抑制发芽的效果并不十分理想。如喷洒萘乙酸甲酯可抑制发芽，但为了保证芽眼能长期接触到药剂需经常喷洒，并且对生长点不在表面的产品使用效果不佳。马来酰肼（MH）抑制马铃薯发芽效果较好，但必须适时喷在植株叶面上，过早会降低产量，过迟效果又不显著。一些发达国家采用壬醇，每 15 天用一次，效果较好，但需专门的设备，而且壬醇价格较高。化学方法抑制发芽常常需要配合低温贮藏，但采用冷藏处理又能耗大、价格昂贵。

辐照抑制发芽与化学方法相比，射线辐射穿透力强，可抑制内芽生长而不会有残留；同时处理均匀、无需重复处理，减少了产品的机械损伤，经济有效。如采用 70 Gy 辐照后的大蒜，6 个月后仍无发芽，而未辐照的对照发芽率则高达 92%。因此批准辐照抑制发芽技术的应用国家越来越多。我国每年辐照大蒜几万吨，使其可保存至次年二月不发芽，提高了商品价值。

在应用辐照抑制发芽技术过程中，剂量的选择十分重要，最低剂量应足以抑制芽的萌动，而过高剂量会使地下根茎类物质表皮及其薄壁组织辐射损伤，从而降低其抵御外来病毒、微生物的侵染和对机械损伤修复的能力，反而加剧其霉变、病害及腐烂。另外，适宜剂量的选择还需要考虑辐照时期、作物的品种等因素。

辐照抑制发芽的机制有许多的解释。如辐射对生长激素合成的干扰；辐射干扰 ATP 的合成并进而影响核酸的合成；辐射造成细胞及其超微结构的损伤影响细胞分裂等。有人通过电镜观察到 γ 射线 0.02～3 kGy 辐照大蒜和洋葱，能造成生长点细胞及超微结构不同程度的损伤，如细胞外形畸变、细胞壁加厚、质壁分离、原生质破坏呈电子透明、核破碎、染色质变粗变短、微结构变形，甚至膜破裂[53]。也有人观察到 0.1 kGy 辐照的马铃薯芽眼的生长锥细胞不分裂而强烈地伸长和加宽，并形成大的液泡和变形的核。

辐照能延长产品贮藏期的原因除了抑制生长外，辐照还可杀死某些害虫。如用 0.1 kGy 就可消灭马铃薯块茎蛾的卵和早期幼虫。此外，辐射还可抑制贮藏时有毒物质——茄碱的合成。

（4）辐射延迟成熟、抑制生长

冷藏、气调贮藏等早就应用于延迟水果、蔬菜成熟，它们应用的原理是推迟植物内源激素乙烯的产生和呼吸跃变的出现，降低贮藏期的呼吸强度和提高乙烯的作用阈值，从而达到延长蔬菜、水果贮藏寿命的目的[54]。辐照同样可起到上述作用。如采用 500 Gy 辐照苹果，可延长贮藏期至次年 4 月，果实外观和口感也比未辐照的对照好。中美洲一些国家用采用 250 Gy 辐照芒果可推迟 16 天成熟，采用 250～350 Gy 辐照未成熟香蕉，可使成熟期推迟 16～26 天。有人用 4 kGy 辐照平菇，取得了显著抑制蘑菇开伞的效果。

（5）辐射改良食品品质

利用辐射延长食品贮藏期的同时，人们还发现辐射还可提高某些食品的质量，如酒的辐照催陈。酒是世界范围内有悠久历史的饮料之一，在制作过程中许多酒都需要多年的贮存以老熟陈化提高酒的品质。但长期贮存需占用大面积的酒窖，还有酒精蒸发的损耗。所以酿酒业十分重视酒的陈化老熟技术。研究发现用 0.6～1 kGy 辐照葡萄酒可以加速陈化，用 1～2 kGy 辐照蒸馏酒和白兰地后，醛类、酯类、乙缩醛增加，口味得到改进。用高剂量（200～1 000 kGy）辐照白兰地桶材或橡木屑后，木质成分可溶性增加，酒中浸取物及含 N 物质、游离氨基酸和糠醛含量也均有所增加。我国山东用 0.9～1.3 kGy 辐照新酿白兰地，刺口辣喉、粗糙感消失，其中新酒经人工老熟后（55 ℃下存放 10 天）辐照，口感比三年老酒还好。辐照还可以改进薯干、木薯等酿造的酒味杂，口感差的低档白酒的质量。

由于辐射能破坏细胞壁和细胞膜的结构，使水分更易通过，因此辐射还可用于提高葡萄等浆果的出汁率，用 4～5 kGy 辐照可使葡萄汁产量增加 10%～12%。辐射还可应用于脱水蔬菜，使其复原时间缩短，复水性提高，口感更鲜嫩；辐照牛肉肉质更鲜嫩可能是因为辐射使纤维素降解成更小的分子；也有人发现辐射能增加酱油的致香物质而致辐照后的酱油更鲜；适宜剂量辐照面粉还可提高其烘烤质量；照射过的洋葱易加工成片；辐射还可加速大豆、绿豆等豆制品的烹调时间，并可有效地减少引起胃肠气胀的低聚糖、胰蛋白酶和糜蛋白酶抑制剂；用 50～70 Gy 辐照的海藻制做琼脂，可大大缩短工序，少用甚至不用无机盐，可增强琼脂的凝固性[55]。总之，辐射在食品加工中的应用还有许多未知的领域有待开拓，其发展前景十分广阔。

5.2.3.2　食品辐照的影响因子

食品辐照后往往使食品中的化学成分在电离辐射下产生许多辐解产物，其中一些会影响食品品质，这是食品辐照的伴生效应，不是辐照目的所需要的。因此食品辐照要求在达到一定生物学效应的同时尽量降低伴生的化学效应。影响辐射生物效应的因素较多，如射线种类和辐照方法、辐照环境条件、生物体的状态等。控制好这些因素才可以达到理想的辐照效果。

（1）射线种类及辐照方法

1）射线种类

在食物辐射中允许使用的射线类型有 γ 射线、低于 5 MeV 的机械源和低于 10 MeV 的高能电子束。产生 γ 射线的同位素源，目前使用的是 Co 源和 Cs 源。它们的能量分别为 1.25 MeV 和 0.66 MeV。

射线的线性能量转移（IET）直接关系射线通过电离能把多少能量转移给被照射物。X 射线、γ 射线和电子束均属低 IET 辐射。它们在物质中的电离能力相似。因此辐射生物学效应差异不十分显著。

影响辐照效果的因素不仅是射线电离能力的强弱，还与射线的穿透能力密切相关。γ 射线的穿透能力与产品密度和射线能量密切相关。当产品密度为 1 时，^{60}Co γ 射线的半减弱厚度约为 11 cm，^{137}Cs 为 8.4 cm。当产品密度为 0.5 时，Co 射线的半减弱厚度值约为 22 cm。而电子束的穿透能力比 γ 射线要弱得多，即使 10 MeV 的高能电子束辐照，最大穿透深度仅 5 cm。因此电子束辐照不适于大容积包装的产品，要采用电子束辐照需对产品包装形式进行相应改变，尽可能降低其厚度，才能达到辐照灭菌效果。

2）剂量（D）与剂量率（I）

辐照食品的生物学效应与辐照剂量的高低呈正相关，辐照剂量越高，辐照作用越强，辐照剂量越低，辐照作用越弱，但在过低剂量的情况下，辐照甚至会产生低剂量辐射刺激效应。如在抑制马铃薯、洋葱和大蒜等的发芽时，低于 10 Gy 的辐照不但无法仰制发芽，反而会促进其发芽和生长。这一现象在对微生物及害虫的辐照中同样可以观察到。但剂量也非越高越好，过高的剂量又会影响产品的质量，造成产品的衰老加速，还有可能产生“辐照味”，在猪肉辐照时这种效应特别明显。因此，选择适宜的剂量范围才能达到辐照目的。

一般认为低剂量率可使生物体的损伤得以修复，而剂量率越高损伤则越大。有人在对马铃薯和洋葱的研究中发现：同样的生物效应，剂量率越高所需总剂量越低。当用 50 Gy 辐照时，剂量率为 6 Gy/min 的比 4 Gy/min 的晚发芽 25 天。

剂量率对食品辐照的影响，不同的研究有不同的结果。如有人对多种粮食害虫用 100～200 Gy/h 不同剂量率进行辐照，在同一剂量处理下未观察到死亡率有明显差异。而有人对赤拟谷稻成虫生殖力和成活率的研究表明，剂量恒定时，产卵数和成活率随剂量率升高而降低。在辐照杀菌的研究中也出现了类似的结果，有的认为低剂量率杀菌效果好，而另一些例子表明高剂量率的杀菌作用大。一般认为，在一定范围内，剂量率的变化对辐照效应的影响不大。

3）分次照射

分次照射是指把给定的剂量分几次进行照射。对于不同的辐照对象，分次照射的影响不同。如用 25 kGy 的总剂量对风干的短小芽孢杆菌的芽孢进行不同剂量配给的照射，所得 D_{10} 值差异不明显。但对于耐辐照的微生物所得结果与此相反，如对耐辐照微球菌的营养体进行分次照射，发现分次照射的致死率低于连续照射的致死率。这可能是由于此种细菌有较强的修复能力，分次照射使其得到了修复的时机，从而提高了耐辐照的能力。

（2）辐照条件

在食品辐照中，电离辐射的直接作用往往小于其间接作用。例如，有人证明用 γ 射线照射核糖核酸酶的稀溶液时，只有 1%的分子由于直接作用而钝化，而 99%的分子由于间接作用而钝化。间接作用是由电离辐射产生的大量自由基引起的，而自由基的产生和活跃程度又与氧、温度、含水量、化学添加剂等许多环境因子相关。

1）温度

食品辐照的对象是各种生物体，它们的辐射敏感性是随着温度的升高而增加的。以微生物为例，Cress 等在 −100～−196 ℃范围内，用 γ 射线照射肉毒梭菌芽孢时观察到，温度越低 D_{10} 越大，−196 ℃时的 D_{10} 值是 25 ℃时的 2 倍。在接近常温的范围内，温度对杀菌效果影响不明显。但当温度超过 70 ℃后，微生物的 D_{10} 值迅速下降。造成这一现象的原因是高温时间接作用加强，辐射损伤加大，同时微生物在高温下也会受到损伤。而低温由于限制了自由基的扩散，从而减少了自由基与其受体相互作用的机会，间接作用减弱。

2）含氧量

在含水体系中，食品辐照后氧与氢自由基和水合电子的作用，可起到清除自由基的作用，从而减少自由基的间接作用，随着含水量的增加，氧的增效作用逐渐减小。但在干燥体系中，食品辐照后氧与电离辐射诱发的自由基有高度亲和能力，经反应生成的过氧化物自由基可抑制生物体损伤的恢复，使生物体辐射敏感性提高。因此对于大多数含有一定水分的食品，氧的增效作用不十分明显。

然而，在辐照条件下氧会被电离形成氧化能力很强的臭氧并参加各种反应，造成食品品质的下降。蛋白高脂肪的鱼肉食物，由于氧气的存在，会产生氧化反应。尤其是在中、高剂量辐照情况下，更是如此。

3）含水量

食品的含水量对微生物的辐射敏感性有极强的影响，通常干燥的的微生物较耐辐照，随着含水量提高辐射敏感性增强。但充分水合的细菌芽孢却比干芽孢耐辐射能力强。因此在辐照灭菌中，含水量高的食品往往需辐照剂量较低，因为在其中存在的微生物比干燥条件下的辐射敏感性更高。

因此在辐照灭菌中，含水量高的食品往往需剂量较低，而干燥食品则反之，因为在含水量高的食品中存在的微生物比干燥条件下对辐照敏感性更强。

4）氧效应

辐照时在有氧的状况下会增强杀菌效果。通常用 100%氧气中的 *D* 值与 100%氮气中的 *D* 值之比来表示。这一比值也称为氧增效比（*m*）。然而，在辐照条件下氧会被电离形成氧化能力很强的臭氧并参加各种反应，造成食品品质的下降。空气中的氧气对高蛋白高脂肪的鱼、肉等食物有一定的氧化作用，尤其是在中、高剂量的辐照中。如在有氧条件下辐照猪肉，由于氧化导致的涩败使脂肪呈浅黄色瘦肉的红色逐渐变淡，直至变成灰棕色，也是由于肌红蛋白和血红蛋白被氧化所致。如在辐照时将肉用真空包装则可避免上述现象，保持鲜肉的原有色泽。

一些产品辐照后产生的辐照异味也与氧的存在有关。有试验表明，有氧时辐照鲜肉产生一种似醛的气味。高蛋白食品中因蛋白质酶的分解而存在的多肽在有氧条件下会生成酰胺态物质，有时还会生成脂肪酸和 NH_3 从而产生异味影响产品质量。

（3）化学添加剂

生物体周围存在的化学物质会影响生物的辐射抗性，能起到辐射保护作用的化学物质称为辐射保护剂，而可增强辐射损伤作用，使生物辐射敏感性增强的化学物质称为辐射敏化剂。常用的辐射保护剂包括 L-半胱氨酸、氨基酸、醇类、葡萄糖、亚硫酸氢盐、甲酸盐、乳酸盐、琥珀酸盐等。这些化学物质对辐射的防护作用可能是因为其捕捉了活性强的自由基，同时可减少食品辐照中伴生的辐射化学效应，从而保证了产品的质量。

辐照极易引起奶和奶制品产生异味，是由于辐照的奶中产生了大量游离的-SH 基，辐照奶产生的异味主要来自乙醛、硫化二甲基和甲基硫醇。有人将抗坏血酸加到牛奶中后，使辐照大大减少。认为这是由于抗坏血酸与可影响生成异味物质的自由基作用而防止了这些物质的形成。抗坏血酸及其衍生物同样可做鱼、肉和水果产品的风味、色泽的保护剂。

维生素 B_2 对辐射十分敏感，但加入硫脲可大大减少维生素 B_2 的损失程度。在对果汁的辐照中，二氧化硫对花色甙有很好的保护作用。在对绿色蔬菜的辐照中，高 pH 的盐水包装可防止叶绿素被破坏。在辐照同时，适量加入藻土磷酸、氯化钠和碎冰可使照射后的肉能保住水分而不干燥，并可保持较好的色泽。五倍子脂和类似的多酚可作油类和脂肪的保护剂。香料被认为是食品辐照中最有实用价值的保护剂。它不仅有保护作用，而且香料的香味可以掩饰辐照引起的感官变化。可增强辐射杀菌作用的敏化剂有维生素 K_5、氨基萘酚、硫酸钠、1-萘酚、n-乙基马来酰胺、马来酸碘乙酰胺、无机卤素化合物、二氯甲烷、KIO_3 等。他们可增强间接作用，提高微生物的辐射敏感性，从而降低所需的辐照剂量。由于这些化合物中有的毒性甚强，真正能够用于食品的仅为少数，如食盐、有机酸盐和腌渍剂等。大量微生物实验也表明，NaCl 能使多种细菌对辐射敏感。碘盐比普通盐有更强的敏化作用。

有些添加剂本身还有一定的抑制细菌发育的作用，如埃及在延长鲤鱼货架期的研究中发现金霉素与辐射联合处理有很好的协同效果。对照、辐照和金霉素单独处理的货架期分别为 19 天、16 天和 7 天，而复合处理的可达 25 天。有人用 0.1%的 K-山梨酸酯与辐照复合处理面包，防止霉素生长，取得了理想的效果。并因降低了剂量而控制了异味的产生。

对 35 种水果中地中海果蝇卵孵化能力的研究结果表明，辐照的水果的含水量对果蝇的辐射敏感性影响很大。含水量增加对辐射处理有缓冲效应，导致比干燥状态下更高的孵化率。因此对防止不同种类水果中虫卵的孵化，所需辐照剂量也是有显著差异的。

（4）辐照材料

1）不同生物的辐射敏感性

不同生物体之间的辐射敏感性差异很大，其辐射敏感性一般表现为病毒界＜原核生物界＜原生生物界＜真菌界＜植物界＜动物界。不同种类生物的辐射敏感性也不相同，如在细菌中不产芽孢的细菌比产芽孢的细菌一般辐射敏感性较高。在产芽孢的细菌中喜氧芽孢杆菌又比厌氧芽孢杆菌辐照敏感性高。一般来说，革兰氏阳性细菌较革兰氏阴性细菌对辐射的敏感性弱。在真菌中，人们普遍认为，酵母菌对辐照的抵抗力比霉菌高，而假丝酵母菌对某些菌株具有同样的抗性。霉菌的抗性不及无芽孢细菌或与之相似。

在昆虫中，短寿命昆虫比长寿命昆虫更耐辐照，如皮蠹的半致死剂量（LD_{50}）值为 1 kGy，而拟步行虫仅需 50～150 Gy。大多数成蛾和豆象在受到 1 kGy 辐照后 1～2 周内死亡，例外的是皮蠹、钫蠹和蜘蛛象要 3～5 周才全部死亡。

2）辐照前的状态

由于同一种生物在不同发育时期、不同器官及细胞分裂的不同阶段均对辐射的敏感性表现出不同，因此，辐照前辐照材料的状态，如水果、蔬菜采收后的辐照时期、昆虫的发育阶段及微生物细胞的生理状态等都会直接影响辐照的效果。

利用辐照抑制地下根茎类蔬菜发芽十分关键的影响因子是辐照时期。大蒜收获后的不同时期，辐照抑制发芽的效果也不同，在休眠期间，当大蒜幼芽长度小于大蒜鳞茎长度的 1/4 时，辐照可完全抑制发芽。超过这一长度，辐照则无法抑制幼芽突破鳞茎。

另外，在洋葱、马铃薯、生姜等的辐照抑制发芽的应用中都要求在休眠期结束前进行辐照。然而过早地辐照效果也不理想，因为上述产品在收获后都有一个伤口愈合的阶段，在此阶段产品会因辐照而降低抵抗微生物的能力，造成腐烂率提高。辐照应在产品伤口愈合好、新陈代谢下降并进入休眠期后开始。

各种仓贮害虫不同发育阶段的辐射敏感性一般依次为卵＞幼虫＞蛹＞成虫；在同一发育阶段的不同时期、辐射敏感性又有所不同。晚期卵、成熟的幼虫或蛹，即使在相当高的剂量下也会在死亡之前转入下一阶段。另外，年老的蛹和年幼的成虫对辐射致死效应有较强的抗性。因此辐照应尽量在卵至幼虫期进行。这样可大大降低辐照剂量。

延迟水果成熟的作用在于推迟呼吸高峰的出现，因此辐照的时机应控制在呼吸高峰前尽早处理。如苹果应及时在呼吸跃变期前约15天进行处理。在辐照杀菌时，辐照前微生物的状态直接影响辐照效果。在微生物的繁殖循环中，诱发期的细胞对辐射的抗性远远大于对数期的细胞。从微生物的生理状态看，细菌芽孢抗性明显高于细菌的营养体。

3）包装材料

食品包装是食品“第二生命”，是保障食品质量、保障食品安全的关键环节。包装材料的作用是防止辐射后的产品再次受到细菌的污染。包装材料和包装形状应结合产品的辐射处理目标和加工条件而定。食品包装材料的选用应注意：保护制品不受环境影响，与制品不发生反应，无毒，适应高速机械包装要求，对高速机器的包装有很好的适应性[56]。玻璃、金属、塑料和橡胶是最常见的包装材料。玻璃是最好的食物容器，它具有较低的成本和稳定性。通过改变玻璃的成分，也能调节其化学和辐射特性。近年来，我国食品包装中应用最多的是铝箔泡罩和SP复合薄膜软包。普通的辐照杀菌食品都是以复合膜为主要原料，多数采用三层，以聚脂膜为外，以铝箔为中心，以尼龙为内层。铝箔为无机物，是一种具有良好的辐照稳定性的无机材料，但高分子材料在辐照稳定性方面存在较大差异。在对PVC铝箔复合压板包装的胶囊药物辐射中，已有研究表明，当使用剂量达到8 kGy时，PVC会变黄，从而影响到产品的销售。辐射致色性也与辐照环境相关，在空气中辐照染色效果较好。包装能降低辐照药品时的环境条件干扰，例如通过使用惰性气体排出氧、创造一个无氧或真空的环境，可以减少辐射氧化的发生概率。

在辐照巴氏杀菌（10～30 kGy）下，食品包装中使用的所有薄膜的性能基本不会受到影响，不会对食物的安全造成威胁。采用聚乙烯醇为包装新鲜肉类的材料，其效果更佳。

在辐照农产品中选用高分子材料时，除了要考虑其性能、使用效果之外，还要考虑其在辐射剂量下的化学物理变化，以及与被包装的农产品之间的交互作用。有些高分子材料对辐射非常敏感，在辐射能被介质吸收后，会产生离子化，从而产生各种化学改变。如发生降解、交联、活化不饱和键，以氢气为主的析出气体，促进氧化反应，形成氧化物（当有氧时）。

（5）复合处理

在食品辐照中常常要考虑多因素对辐照效果的影响，通过采用低温下辐照、添加自由基清除剂、使用辐照增敏剂及与其他保藏方法并用等实施复合处理，以获得最好的辐照效应。如在食品辐照中，常常利用低温或冷冻与辐照结合处理去除腐生菌和病原微生物。冷冻是目前常用的食品保鲜方法，但它只能控制微生物的活动，而不能杀灭微生物。辐照虽然可杀死微生物生物，但过高剂量的辐照会使食品产生“辐照味”而影响品质。辐照牛肉产生的挥发性成分的相对含量随着温度的降低而减少。因此辐照与冷冻复合处理可取得很好的辐照效果。荷兰原采用 7 kGy 杀灭猪肉中的沙门氏菌，会使产品产生“辐照味”。而改为先用 2 kGy 辐照后再于 0～5 ℃下贮存 2 周，既可消除“辐照味”，又保证了杀菌质量。目前此项技术用于那些有一定辐照阈值剂量的产品，如肉鱼、家禽等。另外冷冻下照射那些含叶绿素多的产品，可使色泽更鲜绿。用 5 kGy 辐照草莓叶，会有 50%的花色甙被破坏，但照射前冷冻可提高颜色的稳定性。

温热与辐射结合处理目前主要用于水果的防腐。如用 50 ℃热水浸泡 5 min 后，再用 1 kGy 辐照新鲜的无花果，可阻滞因曲霉引起的腐败，在 15 ℃下可延长贮藏期 8～10 天。类似的处理方法对防止葡萄、香蕉、柑桔、梨、蕃木瓜、芒果等新鲜水果的真菌性腐烂十分有效。经复合处理的芒果在色泽和贮藏时间上均比单一处理的效果好。美国的市场销售表明，复合处理的芒果比单一处理的更受欢迎。

高温与辐射复合处理主要用于鲜肉的辐射消毒。鲜肉变质与许多酶的作用有关，但这些酶对辐射不敏感。如 70 kGy 只能使造成高蛋白食品腐败变质的自溶酶活性降低 25%～50%，16 kGy 仅能破坏蛋白分解酶的 50%。用 5 kGy 以下辐照根本不能减弱其活力。高剂量辐照虽然可以使酶充分钝化，但同时会引起食品产生异味。因此目前多采用在辐照前将肉加热。一般开始保持在 50～60 ℃，以后慢慢升至 90 ℃，直至肉内部温度达 70 ℃左右为止。这样可使蛋白分解酶完全钝化。此后将产品冷却后真空包装，并立即速冻至 −40 ℃。然后在 −30±1 ℃条件下进行辐照，这样处理的鲜肉既可达到彻底消毒保证长期不变质又可减少“辐照味”的产生。

5.2.3.3 食品辐照对食品品质及其安全性的影响

随着食品安全问题日益受到重视，辐照食品的卫生和安全问题也日益突出。辐照加工是一种保存食物的方法，一直以来都是人们争论的焦点，其核心问题是辐照后的食品是否影响人类的健康和安全。主要的问题包括：食品有没有辐射污染，是否产生诱导辐射，辐射是否有毒、致癌、致畸、突变，辐射后的营养成分是否受影响等。因此，食品辐照安全性就有两方面的含义：一方面是指食品辐照后对人体健康影响的安全性；另一方面也是指采用辐照技术生产加工的安全性。其中前者是指任何一种食品加工方法都会对食品成分产生影响辐射同样会导致化学成分的变化，产生辐解产物，辐照食品的“卫生安全性”这一词的含义是指营养质量、毒理学和微生物学的安全性。后者是指食品辐照加工过程中辐照设备运行、工作人员操作及放射性污染处理等。

几十年来世界上 30 多个国家的科学家相继开展了食品辐射加工技术卫生安全性的系统研究，研究试验工作的时间和深度远远超过历史上任何一种食品加工技术。长期动物毒性试验结果表明，食用辐照食品的动物生长、发育、遗传特性等与食用未经辐照加工食品的动物完全相同。许多食品辐照后开展的三致试验（致畸、致癌、致突变）结果也没有明显变化，表明食品辐照加工技术是安全的。

（1）辐照对食品营养品质的影响

1）辐照对蛋白质及相关物质的影响

氨基酸受照射后生成二氧化碳、胺及氨，此外还发生 C—H 键断裂和二聚化。单纯的氨基酸溶液对 10 Gy 左右辐照较为敏感，但各种氨基酸敏感程度不同。一般来说，含硫氨基酸如胱氨酸、半胱氨酸和蛋氨酸敏感性极强。辐射可引起氨基酸的羟化、脱氨基、氧化和脱羧反应。其中含—SH 基氨基酸中的硫经氧化形成的 H_2S 和蛋氨酸生成的硫醇都会产生异味。

酶在水溶液中失活过程因种类不同而有差别，含—SH 基的酶对辐射特别敏感，如木瓜酶、甘油醛、3-磷酸脱氢酶都可因—SH 基被破坏而失去活性。

多肽在食品中常因蛋白质酶分解而存在。在无氧状态下，N—C 键不易发生断裂，而一旦有氧存在，就会生成酰胺态物质，而且有时还生成脂肪酸和 NH_3。

蛋白质辐射可使蛋白质中的二硫键、氢键、盐键、醚键等发生断裂，会因—SH 基氧化、脱氨基、脱羧、苯酚和杂环氨基酸的自由基氧化，使其发生分子结构的改变，使分子结构发生改变，使分子发生变形，发生凝聚，黏度降低，溶解性改变。

辐射对食品中的蛋白质等物质的影响远远小于纯品。如纯的过氧化氢酶在溶液中 250 Gy 就可丧失作用。但在马铃薯中 50 kGy 才能使其失去活力。用 45 kGy 辐照牛肉也不会引起氨基酸组成变化。辐射对食品中的蛋白质的营养价值影响也不大。有人测定了用 30 kGy 辐照的牛奶、蚕豆、豌豆、牛肉、火鸡肉、玉米的消化率和生理价值，发现除牛奶和豌豆的生理价值降低 8%外，其他均未受辐射的影响。

2）辐照对脂类物质的影响

脂肪或脂肪酸辐照后会发生脱羧、氧化、脱氢等作用，产生氢、烃类、不饱和化合物，同时放出 CO_2。一般来说，不饱和脂肪比饱和脂肪对辐射更敏感。脂类的自动氧化过程可以被辐射所促进。氧的存在可促进这一过程，使氢过氧化物及抗氧化物质的分解反应加快，生成醛、醛脂、乙醇、酮、羧基酸、酮酸、肉脂二聚物、含氧酸、碳氢化合物等分解产物。在无氧状态下，饱和的脂类会发生非自动氧化性分解，产生碳氢化合物、醛、氢气、CO、CO_2 和高分子化合物。不饱和脂肪酸也会生成相类似的物质。磷脂类的辐射分解物也是醛类、酯类和碳氢化合物类。

对含有脂类的食品进行辐照时，也鉴定出过氧化物，炭基物质、酯类、酸类和碳水化合物等，但对营养价值无影响。有研究表明，在 40～50 kGy 辐照后脂肪的同化作用和热能价值不发生改变。

3）辐照对碳水化合物的影响

糖类辐照后有明显的降解作用及辐解产物的形成。单个组分的辐解效应往往比混合物的降解效应大[57]。在对单糖，如葡萄糖水溶液辐照，气相为氧时可形成葡糖酸、葡糖醛酸、D-葡糖酸-1、5-内酯、糖质酸等。寡多糖辐解后可形成单糖及类似单糖的辐解产物。多糖如淀粉、纤维素可分解成更小的单位，如葡萄糖、麦芽糖、糊精及这些糖的辐解产物。果胶是几种糖的混合物，经辐照也发生解聚作用。糖原是动物组织内的一种多糖，经辐照后也可分解成类似的更小单位。食品中的碳水化合物辐照后单糖含量增加，但对消化率和营养价值无不良影响。

4）辐照对维生素的影响

维生素对辐照的敏感性很高，所以在评估食物中的辐照效果时，必须将其作为主要因素。维生素的辐照损伤程度与辐照剂量、温度、含氧量、食物种类、维生素种类等因素有关。总体而言，水溶性维他命的辐射反应不如脂溶性维他命。通过对比辐照处理后的食物中的维生素含量，发现二者差异不大，但其中脂肪含量损失最大，维生素 E 和 K 损失最大。在水溶性维生素中维生素 C 损失最大，烟酸损失最小，脂肪经高剂量辐射后，因氧化反应产生的自由基及其衍生物会促进脂肪的氧化而使其发生酸败变性，导致脂肪的消化吸收率降低。

一般情况下食品中的维生素较纯溶液中的维生素稳定，但其辐射敏感性受食品的组成及其环境因素影响而不同，如同样用 10 kGy 辐照牛奶和奶粉，前者核黄素减少 74%，后者仅减少 16%，这是辐射水的间接作用所致。

多年的大量研究表明，辐照食品与热处理食品的营养价值无明显差异，即使使用完全杀菌所需的高剂量辐照也不会使食品的营养价值发生明显变化。据分析，人们的膳食结构中辐照食品最多占总量的 10%。因此，由辐照引起的维生素损失完全可以由其他膳食补偿。只有在长期单纯靠食用辐照食品的情况下，才需补充某些维生素。这与完全靠食用热消毒食品的情况完全相同。

5）辐照对食品色泽的影响

辐照处理对各种食品色素的影响不同。辐射对植物性色素的影响不大，而动物色素则比较敏感。辐射后的水解产物会使肌红蛋白、脂肪发生氧化，从而造成褪色。辐照可使冻肉变得更红或更淡，颜色的深浅取决于肉的种类、肌肉类型、辐射剂量和包装材料。Nhm 等报道，辐照后的肉类，其还原性增强，一氧化碳与血红素有较强的亲和作用，使其变得更红或更淡。根据有关的报告，一氧化碳含量小于 1%的气调剂可以使肉类保持一种草莓般的红色，并且能维持 8 个星期的时间，从而延长其保质期。Kusmider 的进一步研究表明，在包装中加入 1%以下的 CO 可以显著提高鲜牛肉的色泽和香味，而当辐射剂量为 4.5 kGy 时，CO 可以减少脂肪的氧化，并使其呈现出稳定的草莓红色。即，用一氧化碳包裹，再加上低剂量或中等剂量辐射，可使新鲜牛肉酱的色泽更舒适、更不会造成质量上的伤害。

6）辐照对食品风味的影响

辐照处理一般都会使食品特有的香气损失，同时也产生令人不愉快的“辐射臭气味”，尤其是肉类食品，这些辐射味主要涉及硫化物、挥发性胺和醛类物质等，典型异味有臭鸡蛋味、血腥味、烤玉米味、烧焦味、硫臭味及金属味等，是由于食品中的成分发生氧化分解反应而形成。异味主要来源如下。

① 脂肪氧化。辐照引起的辐照异味的食品组分和成因很复杂。研究表明辐照异味主要产生于蛋白质和脂肪含量较高的食品中，尤其是肉类食品，其原因主要是辐照处理促进了脂类物质的自氧化过程，表现为辐照直接或间接作用于脂肪中的不饱和脂肪酸，如亚油酸、亚麻酸及其中间产物或终端产物，产生 C_6—C_9 醇、酮和醛类等的异味物质，而且当食品中含有大量的水或有氧的条件时，氧化过程会进一步加剧，生成具有较强氧化活性的羟基自由基和单线态氧，并促进 HO 和抗氧化物质的分解反应，最后产生辐照异味。

② 蛋白质分解。辐照异味还有可能是由于辐照使蛋白质发生辐照变化，使分子链发生变性、断裂和聚合，尤其是作用于含硫蛋白质的氨基酸，如半胱氨酸、蛋氨酸，辐照处理后会形成一些含硫的挥发性化合物，如甲基硫醇、二甲基硫醚、乙酸甲硫醇酯等异味硫化物。

③ 含硫维生素的分解。维生素作为人体健康必须的有机化合物，辐照处理也会对部分维生素造成辐射损失，特别是对辐照敏感的水溶性维生素 B_1（硫胺素），结构不稳定，极易受水和电子攻击，经辐照后也会产生辐照异味。

针对辐照技术应用中食品辐照异味的关键技术问题，常采用以下方法进行改善。

① 改变气体环境。食品包装中气体环境也是辐照异味产生的重要因素，特别是氧气的存在是异味产生的主要因素，辐照后氧气极易生成具有强氧化性的臭氧，使食品发生氧化变质，产生辐照异味。因此可以通过改变食品包装中的气体组成和含量，减少辐照异味的产生，同时减缓辐照过程中食品的氧化变质。研究表明，辐照时食品包装袋内的气体环境对微生物的敏感性有一定的影响，如 N_2 包装的生鲜食品会诱导所含的微生物对辐照的抵抗力增强，使辐照杀菌效果降低，不良气味产生。通常采用真空包装的方式，来抑制辐照异味的产生和产品的氧化变质，但该技术会对食品的质地结构产生影响，所以应用范围较窄。

② 低辐照温度。温度是决定食品保质期的重要因素，将辐照处理后的食品贮存于低温环境下，在货架期延长的同时也能防治异味的产生。这是因为低温下辐射不仅使绝大多数微生物繁殖速度缓慢，也使食品中水分的自由度大大降低，进而减少食品中分解产生的自由基，降低化学反应发生的速率，减缓自由基与脂肪和蛋白质等物质之间的作用。

③ 添加抗氧化剂。辐照过程中产生的自由基可以与食品中的脂肪和蛋白质等发生反应，产生辐照异味，而抗氧化剂的添加则可以供给油脂过氧化自由基质子使其发生还原，而抗氧化剂则形成稳定的自由基共振体，有效阻止油脂的氧化，防止辐照异味

的产生。通常采用表面喷洒和内部添加抗氧化剂的方式，但内部添加抗氧化剂的异味去除效果好于表面喷洒。

7）辐照对食品质地的影响

低剂量的辐照对食物的结构没有显著的影响，反而能阻止其软化，破坏某些导致果实成熟的相关酶的活力，从而延迟果实成熟。而在高剂量的辐射下，食物中存在着一定的软化现象，其原因在于食物中的大分子物质的解聚。科学研究显示，辐照对食物造成的营养改变比食物经热、油炸后所造成的营养改变要少。辐照后食物的营养价值可以从食物的利用效率上进行综合评估，结果表明，经热、油炸后的蛋白质利用率达 85.9%，辐射处理的利用率为 87.2%。经热、油炸后的脂肪利用率为 93.3%，辐射后为 94.1%。碳水化合物经热、油炸及辐射的利用率分别为 87.2%、87.9%、87.9%。维生素中，维生素的辐射与非辐射的维生素的辐射是一样的，但脂溶性维生素的辐射量略有增加。

8）辐照降解食品毒素

辐照降解食品毒素是指利用辐射破坏毒素的化学结构以降解其毒性的技术。真菌毒素是真菌产生的次生代谢物，在这些次生代谢物中，镰孢菌素和黄曲霉毒素最为常见且具有较大危害性。黄曲霉毒素、赭曲霉毒素等真菌毒素常污染谷类、玉米、花生等作物，也是地区性肝、胃、食道癌的主要诱导物质，严重威胁人类健康[59]。这些毒素除了可导致人类直接中毒外，还会造成农业、畜牧业、水产业产品的大量损失和环境危害。真菌毒素属食品毒素，会以多种方式参与生命系统与代谢过程，并常以高特异性选择作用于特定靶位分子，如细胞膜、受体、离子通道、核糖体蛋白等，进而形成各类不同程度的致死或毒害效应。目前，食品中毒素的消解方法主要有：物理法（碾磨、吸附、水洗、热处理等）、化学法（碱法、氧化法、萃取法、氨化法、臭氧法等）和生物法（真菌发酵法）。近年来开展的辐照降解食品毒素技术，能够解决常规化学处理或生物处理过程复杂等问题，具有适合大批量食品或农产品加工处理的特点，已逐渐成为食品安全控制领域中的一种非常重要的方法。

辐照降解毒素的原理是利用紫外线、γ射线、X 射线等电离辐射射线，或电子束及非电离的微波辐照来破坏毒素的化学结构，使其分子结构发生变化，从而改变其原有的生化特性，转变成为无毒或低毒的中间产物，从而达到毒素的脱毒或减毒；辐照也对产毒的有害微生物有致死作用，从而控制毒素的生成。电离辐射对毒素分子的破坏程度与辐照剂量呈正相关。而微波辐照降解毒素的原理是微波的频率引起偶极分子有规律的震荡而产生热量，微波辐照通过升高温度破坏毒素的结构，实现毒素的降解。食品中的水含量是影响辐照降解效果的主要因素，各种辐照方法对不同产品中特定毒素的降解效果也各不相同，在实际应用中应根据原料和毒素的不同进行选择。

辐照方法一般在常温常压条件下进行，其操作简单、降解高效、无化学残留、不会产生二次污染，具有对环境安全友好、对降解体系影响小、节约能源等显著的技术优势。辐照降解毒素方法的优越性还包括射线穿透能力强，可以对已包装的产品进行处理；辐照加工过程不会造成产品较大的温度改变，能最大程度保留物品的原有品质；辐照降解毒素成本低，适宜工业化生产。

辐照降解毒素技术在减少动物源性食品中兽药残留、植物源性产品化学污染物、环境污染治理方面都有应用。其中，辐照降解毒素技术在食品安全控制领域已有较多研究。通过射线对农产品中化学污染物的降解，能在不影响产品品质基础上降低抗生素残留，保证农产品出口。

9）辐照降低食品过敏性

食品辐照可以利用辐射破坏食物中的过敏原蛋白分子，借助水自由基与氨基酸发生的化学反应，改变过敏原蛋白的结构和抗原表位，使过敏原分子降低或最终丧失其生物活性。

食物过敏是部分人群由某种食物或食物添加剂诱发机体产生的一种异常免疫反应，是当前威胁人类健康的重大食品安全问题[60]。当食物中的某些物质，绝大多数是蛋白质，进入身体后，人体内的免疫系统将其视为入侵的病原，从而发生免疫应答，使身体表现出组织损伤或生理功能紊乱的特异性免疫反应，并引发不良的机体反应，出现食物过敏症状。

一般的食物过敏原对蛋白酶、酸和热的降解作用有一定的耐受性，常规的处理难达到对致敏原的脱敏作用，通过一般加工手段如加热、超高压、烘烤、干燥后其致敏活性仍然存在，但辐照对食物过敏原具有破坏作用，辐照技术可以促进生物大分子的降解、交联和分子构象的改变，降低蛋白质的热稳定性，破坏其抗原决定簇，是一项具有广阔应用前景的食物物理脱敏技术。

辐照降低食品过敏性的原理就是辐照对食物过敏原分子的辐照破坏，通过水自由基与氨基酸发生的化学反应，破坏过敏原蛋白的结构和抗原表位，使过敏原分子丧失在机体中的生物活性，最终致敏性降低或丧失。辐照技术能非常高效地消减过敏原致敏性，对大多数过敏原有效。辐照降低食品过敏性的具体过程是组成食品物质成分的分子经过电离辐照后产生离子、自由基等活性粒子，这些活性粒子可引发一系列化学反应，破坏分子结构和构象，其破坏程度与辐照剂量呈正相关[61]。

辐照降低食品过敏性技术的特点主要有：① 高效性与广谱性：电离辐射产生的能量非常高，能迅速并彻底消除食物过敏原的致敏性，对多数食物过敏原具有较好的消减效果。② 保持风味：辐照加工在常温常压下进行，能很好地保持食品的风味和品质。③ 无化学污染：辐照加工过程不添加化学试剂，无化学残留，不会对食品和环境造成污染。④ 工业适用性强：辐照加工操作简单方便，处理效果稳定，适用于工业化生产。但辐照脱敏效果受辐照剂量、辐照源、过敏原结构性质、食品基质、气氛条件、溶液酸碱度、加热协同效应等因素的影响。对于像花生、大豆、小麦、坚果这些常见的植物源过敏食物，辐照也是有效的脱敏手段。辐照对植物源过敏原免疫活性的影响具有复杂性，水分含量、过敏原特性、联合加工等因素对植物源过敏原辐照降低食品过敏性的效果具有重要的影响。辐照结合加热的综合处理方法能发挥辐照与加热的协同作用，明显增强食物过敏原在加工中的敏感性，从而有效降低辐照剂量，也有利于食品品质和风味的保持，是更加有效消除过敏原致敏性的方法。

（2）辐照对中药质量的影响

中药是我国传统医药学的宝贵财富，在数千年的历史长河中，中医在维护中华民族健康、繁衍生命、抵御疾病方面做出了卓越的贡献。中药材的贮存与保养是药材流通的关键环节，它直接关系到药材的品质与临床效果。由于中药大多属于植物或动物性制品，因此，在贮存过程中容易出现变色、变质、虫蛀、霉变、变质、变质等问题。这些后果不但造成了大量的资源浪费，造成严重的经济损失，还会使药物的药性发生变化，使其品质、疗效降低，使其失去了应用价值。更严重的是，不良药材还可能对人体产生毒副作用。因此灭菌是保证中药质量的重要措施，既要除去或杀灭微生物，又要保证药物的质量稳定性、治疗作用及用药安全。新版《药品生产质量管理规范》（GMP）对中药及其制剂的灭菌操作做了详细规定，《中国药典》也对中药及其制剂的微生物限度检查提出了严格的要求。因此灭菌时必须结合中药的性质、剂型等综合选择有效灭菌技术。常用的中药灭菌方法主要有 4 类：水洗除菌、化学灭菌、热灭菌和辐射灭菌。水洗灭菌效果不彻底，化学杀菌过程中会产生一些有害的药剂残留，对中药的化学组成有很大的影响，目前尚无一种理想的化学药剂；热杀菌的效果更好，但是会影响到药物的作用。以 ^{60}Co- γ 射线和电子束为主的辐照加工因其节能、环保、高效的优势，已逐步取代传统加工方法，成为公认的新一代高效益的绿色环保和节能型科技加工产业。

联合国粮农组织、世界卫生组织、国际原子能机构在 1995 年 9 月 25 日公布的世界 37 个联合国辐照食品标准中，包括 10 个国家辐照草药的标准，是作为食品管理范畴，其剂量在 10～30 kGy。美国药典（USP25）规定 2.5 kGy 为有效灭菌剂量。我国中药辐照杀菌始于 20 世纪 70 年代初，主要采用 ^{60}Co- γ 射线探究辐照灭菌工艺及对中药材质量的影响。卫生部 1997 年发布的《^{60}Co 辐照中药杀菌剂量标准》（内部试行）规定了中药的适用范围，即在钴源辐照装置中中药固体制剂和中药原料粉的辐照灭菌加工，规定了辐照装置应具备的条件、待辐照中药应具备的条件、辐照灭菌剂量、允许辐照的中药材及中成药品种及其注意事项，但此标准并没有正式实施[62]。《中国药典》2005 版开始允许采用辐照降低微生物含量，包括医疗器械、不受辐射破坏的原料药及成品等。此后，辐射灭菌一直作为一种灭菌方法可单独或联合其他灭菌方法用于中药的灭菌。

随着电子束技术的发展，10 MeV 的高能量电子加速器表现出成本低、安全性高、加工效率高、射线利用率高、不产生核废料等优点，因此被越来越多地采用。高能电子束辐射有取代 ^{60}Co 辐射的趋势。另外，《中药辐照灭菌技术指导原则》在 2015 年颁布，将高能电子束作为一种降低药物微生物含量的手段，为中药辐射治疗提供了重要的参考。

CFDA 于 2015 年 11 月 10 日发布了《中药辐照灭菌技术指导原则》，该指导原则包括中药辐照灭菌基本原则及要求、辐照装置、辐照剂量和辐照检测等内容，适用于采用辐照灭菌的中药新药及灭菌方法变更为辐照灭菌技术的已上市中药。无论是“基本原则与要求”，还是“辐照剂量”，均以保证药品的“安全、有效、稳定”为核心思想，采用辐照灭菌应遵循“必要、科学、合理”的原则。明确辐照灭菌技术不能替代药品生产的 GMP 管理，中药药品生产过程中必须严格执行 GMP 规范，各个生产环节应设置降低微生物负载的措施，严格药材的挑选、清洁、炮制等加工环节，不应当将采用辐照灭菌作为降低药品微生物负载的唯一途径。明确应按质量管理体系要求选择和审核辐照单位，以保障研究和生产过程中的药品质量及适用于中药辐照的辐射源。明确中药最大总体平均辐照剂量原则上不超过 10 kGy。明确中药生产企业可根据品种的特点建立相应的辐照检测方法，对经辐照的原辅料、半成品进行辐照检测。2015 版《中国药典》将“不受辐射破坏的原料药及成品”列入可辐照的范围，而对于中药而言，主要针对含有药材原粉的固体制剂，由于原始菌含有量较高，通常难有适宜、价廉、方便的灭菌方法，故成为中药辐照灭菌的主要对象。虽然辐照灭菌穿透力强，可用于最终包装产品的灭菌，但中药复方成分复杂，为了避免对终产品质量产生的不确定性影响，在《中药辐照灭菌技术指导原则》中明确提出辐照灭菌应针对药材、饮片及原料细粉，而非最终产品。2020 年版《中国药典》规定辐射杀菌技术是指将物品置于适宜放射源辐射的 γ 射线或适宜的电子加速器发生的电子束中进行电离辐射而达到杀灭微生物的方法，规定了药品中仅适用于不受辐射破坏的原料药及成品。新药注册审批过程中，也已明确应注明灭菌方式，如采用辐射灭菌必须经过系统的研究，经批准后方可使用。

（3）辐照食品毒理学

辐照食品的毒理学研究除包括常规毒理学研究中所要进行的动物毒性反应研究临床症状、血液学病理学、繁殖能力，以及致畸、致癌和致突变外，还需对辐射是否会产生放射性残留和感生放射性及辐射加工中产生的辐解产物是否影响食品的安全性进行研究。

人们生活的环境中无处不存在放射性。大量研究表明，这一放射性活度存在一个“阈值”，只要不超过这个“阈值”就不会对人类产生危害。

1）放射性残留与感生放射性

辐照食品的放射性残留问题是指辐照过程中食品是否会被沾染上放射性物质。在食品辐照中使用的放射性源为同位素源（^{60}Co 或 ^{137}Cs）和机械源（电子束或 X 射线），人们顾忌的放射性残留主要是针对同位素源而言。而实际上，这是一种封密性源。放射性同位素被密封在双层不锈钢的容器内，然后再装入源架的容器中。辐照的食品只是在源架的周围通过，接受放射性源产生的 γ 射线的照射，不可能直接接触放射性同位素。因此辐照的食品是绝对不会被沾染上放射性物质的。

高能射线与物质作用时，被照物质的某些元素可能被活化，产生放射性，即感生放射性。在食品辐照中能否产生这一现象的关键是射线的类型。食品的基本元素为 C、H、O、N、P、S 等。对于 γ 射线要使上述元素活化所需能量均在 10 MeV 以上。而用于食品辐照的 ^{60}Co γ 射线最高能量为 1.33 MeV。Cs- γ 射线能量更低，仅 0.66 MeV，因此不可能使食品中的主要元素活化而产生放射性。这一点也已被大量试验数据证明。

高能电子束辐照食品后，虽然可以使某些元素活化，但需很高的能量，目前用于食品辐照的电子束加速器能量最高为 10 MeV，这一能量不足以感生可测到的放射性。即使用 24 MeV 的高能电子束辐照牛肉，也只有少数元素被活化，但此时的放射性核素浓度比食品中天然放射性核素浓度低一个数量级，是国家辐射防护规定的允许浓度的 0.5%。总之使用 ^{60}Co γ 射线、Cs- γ 射线、≤10 MeV 的电子束、≤5 MeV 的 X 射线辐照食品都不会因放射性沾污或感生放射性而影响食品的卫生安全。

2）辐解产物

对辐照食品的毒理学评价，人们关心的是这些辐解产物中是否存在有毒物质，以及在食品辐照使用的剂量范围内这些物质的含量有多少。对辐照过的牛肉（–30 ℃，47～71 kGy）进行测定，发现的上百种辐解产物主要是 2～27 个碳原子的脂肪属化合物和某些含硫、氮、氰的化合物。但这些辐解产物大部分也可在通常食品加热和烹调的过程中产生。另外十多种特异性的辐解产物含量甚微，每千克牛肉中仅 2 mg。

有试验表明，即使在很高剂量下辐照，产生的苯也只有十亿分之几。与加热的情况相比，后者引起的化学变化和产生的自由基更多，这是因为热处理比辐照转移给食品的能量更多。有人将每天摄入的辐解产物的量与日常接触到的食品添加剂、环境污染物、烹调和加工制品分解物相比，证明辐照食品的辐解产物含量是很少的。还没有一个研究发现食品辐照所形成的产物能达到毒理学上已知的毒性阈值。

辐射是否会引起食品产生长寿命自由基，一直被人们所关注。大量试验证明，在中低剂量范围内，没有发现长寿命自由基的讯号。但对在极高剂量下辐照的食品仍需慎重。

3）动物、人体毒性反应

食品不是一种简单的化学物质，不能仅靠测定辐解产物的性质和数量来确定食品的卫生安全性，必须用动物喂饲试验进行研究。由于辐照食品中的辐解产物数量很少，为了使所有有可能产生的毒性物质都能表现出来，就必需用大量辐照食品喂养两种以上的动物（其中应有种是非啮齿类动物）进行急性、亚急性和慢性毒性试验，生殖功能检查，以及致癌、致畸、致突变（三致）的试验。几十年来各国科学家耗费巨资对辐照食品的动物喂饲试验进行了大量研究，未发现任何由于辐照食品而引起的急、慢性毒性和致癌、致畸和致突变现象。在此基础上又进行了大量人体试食试验，同样取得了满意的结果。

在众多的试验中，美国 1971—1976 年耗资 500 万美元的高剂量（47～71 kGy）辐照牛肉的卫生安全性试验有着重要的意义。它对中低剂量处理的其他食品的卫生安全评价具有重要的参考价值。在这次试验中共饲喂了 1 500 条狗、2.7 万只大白鼠和 2 万只小白鼠。对受试动物从胚胎期至死亡，整个生命阶段进行了试验，啮齿类进行四代繁殖，狗的试验周期为二年或繁殖三胎。经大量分析数据表明，饲喂辐照食品的动物与未吃辐照食品的动物在各项观察指标上未见明显的差异。

致癌、致突变和致畸变试验是慢性毒性试验内容之一。致畸变试验一般常与繁殖试验结合进行，观察受试动物是否发生胎体形态畸形或功能异常及流产等现象。致癌实验在辐照食品早期的研究中主要采用整体动物试验。如用脑、蛋、牛乳、肉、猪油等各种辐照食品喂饲、涂抹皮肤或皮下注射，观察小鼠与大鼠癌的发生率。许多试验结果都未发现喂饲辐照食品组与对照组在肿瘤发生率上有明显差别。但动物试验周期长，耗资大，因此也有采用各种短期试验进行致癌预测，其中 Ames 法应用最广。

我国卫生部在大量动物试验的基础上，1985 年先后组织了 8 批 382 人进行试食试验，试验设计依据卫生部批准的辐照食品人体试验暂行规程。采用双盲法，食谱完全按营养配方制定[64]。试验者严格遵守正常的生活规律。检测参数包括：主观感觉、症状和病症、食欲、精神和生理状态、重量、血压、EKG、血液指标（血红蛋白、白细胞和血小板计数）、血浆总蛋白、A/G 比、血浆尿氮、SGPT、Υ-GT、碱性磷酸盐、胆碱酯酶、血液和尿液 17-羟固醇、血浆胆固醇、甘油三酯、细胞多倍体、外周血淋巴细胞的染色体畸变、姐妹染色体变化、B 超检查、SCE 和 Ames 试验等。试验结果表明食用辐照食品后，试验组与对照组各项试验相比没有明显的不良影响，试验者健康正常，体重增加，精力充沛，染色体未见任何异常，多倍体细胞数属正常范围内的变化。

4）微生物学的安全性

辐照可有效降低微生物含量，是防止食品败坏和保障食品卫生安全性的重要手段之一。然而辐射是否会引起食品中的微生物突变而诱发致病性，以及一种微生物被杀灭后是否会为另一种更耐辐照的微生物提供大量繁衍的条件，并进而增加毒物污染等，对此许多微生物学家十分关注，并在辐照食品要求的条件下进行了大量研究。

由于霉菌固有的遗传学变异性，人们曾担心辐照会增加霉菌的产毒能力。但对辐照稻米中曲霉的研究时发现，产生毒素的真菌比其他真菌对辐射更敏感，更易杀灭。对大量辐照食品微生物学的研究证明，在食品辐照剂量范围实际应用中，没有观察到由于突变引起微生物分类学上相关性状的改变，也找不到辐射会促进诱发食源性微生物的致病性证据[65]。

对微生物的天然辐射抗性和照射后可能存活的后果进行研究，同样证明这些微生物对健康不会引起新的危害[66]。

（4）辐照食品的卫生安全性评价

在全面研究了辐射对食品的营养质量、毒理学和微生物学的影响后，FAO/IAEA/WHO 辐照食品卫生安全性联合委员会在仔细和审慎地研究了大量证据之后，于 1980 年 11 月提出如下“关于辐照食品可接受性的结论”。

辐照食品在毒理学上的可接受性。① 关于大量食品所进行的毒理学研究没有提出关于辐照的不利效应证据。② 辐射化学研究已经证明，主要食品成分的辐解产物是相同的，不论这种产物是从哪种食品产生的。此外，对于主要食品成分来说，大多数辐解产物与其他加工方法的食品相同，关于这些辐解产物的性质和浓度的知识告诉我们，毒性危害是不存在的。③ 可以提供的旁证是，用辐照的食品喂养实验室动物，把辐照的饲料用于家畜及把辐照的饮食供养免疫疗法的病人，都没有任何有害效应。委员会得出结论：任何食品的辐照，直到总平均剂量 10 kGy，都没有毒性危害。因此，对这样处理的食品无需再进行毒性试验。

辐照食品在营养学和微生物学方面的可接受性。该委员会认为，对食品进行达 10 kGy 总平均剂量辐照不会引起特殊的营养学或微生物学问题。但是，它强调指出，对于每一个别辐照食品及其在饮食中的作用的任何变化的显著程度必须加以注意。

高剂量辐照。该委员会承认对有些食品需要进行高剂量辐射处理，但是过去没有考虑过这种食品进行毒理学评价和符合安全卫生性的评价，因为资料不充分。因此，尚需进一步进行有关这个领域的研究工作。

为了对 1981 年以后有关辐照食品的安全和营养成分的研究进行评价。1992 年 5 月，WHO 召开了食品辐照协调会。这次会议认为，在目前掌握好辐照食品加工过程的情况下，辐射不会引起食品成分的变化而产生对人体健康有害的作用，也不会引起微生物的危害。

5.2.4 食品辐照加工工艺

各类食品辐照保藏的目的不同，因而会采用不同的食品辐照加工工艺。食品辐射加工工艺主要包括：辐照装置的选择与设计；辐射加工过程中各项工艺参数的确定；为保证辐照质量的剂量监测等。

5.2.4.1 食品辐照保藏目的

（1）果蔬类

① 防止微生物的腐败作用。

② 控制害虫感染及蔓延。

③ 延缓后熟期、防止老化。

（2）粮食类

其主要目标是防止或降低因害虫和霉菌活动而引起的霉变，也就是杀灭霉菌。

（3）畜、禽肉及水产类

通常需要与热处理或低温协同作用。

（4）香辛料和调味品

辐照处理可以有效地抑制害虫的入侵，降低细菌的数量，确保原材料的品质，并避免了传统的热处理、化学处理等工艺对环境的污染。

（5）蛋类

蛋类辐照主要采用辐照巴氏杀菌剂量，以杀灭沙门氏菌为对象。

（6）改变食品品质

① 黄豆：减少发芽后的肠内胀气因子。

② 小麦：改善面粉品质。

③ 葡萄：提高出汁率。

④ 脱水蔬菜：大大缩短复水时间。

⑤ 白酒：辐照缩短白酒、葡萄酒等的陈化时间。

（7）中药材

在保证中药有效成分含量和药效保持不变的情况下，通过辐照灭菌使中药卫生指标达到要求，提高保藏效果。

5.2.4.2　辐照装置的选择

辐照装置是指能够安全地利用辐射源产生的电离辐射，通过规范的辐照工艺对农产品进行加工的装置。通常把凡是能产生电离辐射的物质或装置统称为辐射源[67]。大体上分为两类：一类是通过核转变产生电离辐射的装置或物质，如放射性核素辐照装置、核反应堆；另一类是用电磁场把带电粒子加速至高能量的电器装置，如电子加速器。目前，在辐照加工应用领域有 3 种类型的辐射源可供选择，即 γ 射线、电子束及 X 射线（即高能电子束打击重金属产生的韧致辐射）。根据辐照加工对象、目的和所需要的总能量（剂量与产量的乘积）、能量传递速率（剂量率、加工速率）、剂量空间分布的均匀性（辐射场和产品剂量不均匀度）及被照射物品的密度、体积、形状来合理地选择辐射源。

辐照装置主要由以下几部分组成：辐射源、产品传输系统、安全系统（包括连锁装置、屏蔽等）、控制系统、辐照室及其他相关辅助设施（菌检实验室、剂量实验室、安全防护实验室、产品性能测试实验室，以及通风、水处理系统、仓库等）。

辐照装置设计的基本原则是经济适用、安全可靠、优质高效。具体要求是根据辐照农产品或农产品的品种、货源及市场、加工能力、经济实力等，选择合适的辐射源、总容量大小、初装辐射源活度、屏蔽材料、产品传输系统及控制系统。按确定的辐照工艺给不同产品提供适宜剂量范围和剂量不均匀度，同时获得较高的辐射能量利用率，使辐射源的总辐射功率与实际需要的产品加工能力很好地匹配，以便获得最大的经济效益。另外，还要考虑适当的辐射防护安全系数和为今后的发展留有余地。辐照装置可以根据辐射源的类型、用途、产品、传输系统等进行分类。

5.2.4.3　辐照工艺参数

辐照产品必须按“食品辐照装置国际操作规程”进行管理。对运进的未处理产品与运出的产品应堆放在不同区域，严格分开[68]。每个产品包装的适当位置上应贴上易于观察的不同颜色的辐照标志，以识别照射过的和未照射过的产品。

在食品辐照前必须确定辐照工艺剂量，包括总体平均剂量及辐照产品要求的可达预期目的的最小剂量和产品可耐受的最大剂量，并掌握辐照工艺相关概念。

辐照工艺剂量：是指在食品辐照加工中，为了使产品内部发生预期的辐照效果，使其达到辐照品质所需的剂量或剂量限制，其下限值应大于最低有效剂量，上限值应低于最高耐受剂量，是农产品辐照的主要技术指标。

最低有效剂量：农产品辐照时为达到某种辐照目的所需的最低剂量，即工艺剂量相对下限值。

最高耐受剂量（最高可接受剂量）：在农产品辐照过程中，不会对农产品的质量和功能性能造成损害的最大剂量，也就是加工过程中的最高剂量。

剂量不均匀度：同批产品中最大与最小吸收剂量之比。一般要求剂量不均匀度为1.5～2.0。

堆积密度：辐照容器内产品的总重量与产品的总体积之比。

静态分批辐照：产品放置在特定的辐照位置，在辐射期间，辐射源和制品不会被移动，在进入或取出产品时，应将辐射源降低至贮存状态。

动态辐照如下。

① 动态步进辐照：产品进入辐照室内辐照，在工位上停留一定时间，然后移动到下一个工位再停留相同时间，依次前进，直至送出辐照室。

② 动态连续辐照：产品以一定的传输速度均匀连续通过辐射场接受辐照。

辐照装载模式：指辐照容器内食品箱的放置位置。辐照的装载模式受到产品的密度、重量和包装尺寸的影响。特别是产品的密度直接影响辐射射线的穿透能力，表现为产品密度越大射线穿透性越差，从而直接影响产品的辐照灭菌效果。因此，必须使产品的包装尺寸和重量达到一个稳定的状态，以确保辐射在实际辐射期间的辐射剂量分布与产品的辐射剂量分布相符合。然而，由于不同的辐射制品的载重密度不同，因此，在实际生产中经常会碰到密度不完全一致的产品同时进行辐射处理，从而导致产品的辐射剂量随产品密度的变化而受到影响。为了解决这一问题，辐照厂商通常在模拟产品剂量场时，通过对不同密度产品的辐射效应进行测量，从而得到不同密度产品在辐射环境下的交互作用，从而得到在同一辐射环境下不同密度产品之间的交互作用，并在实际生产中对不同密度产品同时加工时提出合理的方案，通常采用不同密度产品缓慢过渡的原则搭配辐照产品，避免相邻产品密度相差过大。因此合理安排产品的装载模式才能使辐照产品吸收剂量满足要求，避免超剂量或不足剂量情况的发生，从而影响辐照效果。

根据辐照装置剂量场的分布、产品的密度和几何位置确定辐照控制加工过程的各项运行参数时应考虑的因素包括：传送速度、停留时间、产品在辐照室内通过的路数、是否采用产品覆盖及换层技术；是否需采用特殊处理要求，如低温冷冻处理，易受机械损伤产品的运送要求等；是否存在重复照射问题。

在辐照的整个过程中应详细记载：处理产品的种类和性质、包装食品的检验标志或未包装食品的装运细节、产品的体积、重量、照射源的类型、剂量测定和所用剂量仪、处理日期，以及控制加工过程的各种参数。剂量选择适当与否，直接影响着产品质量和辐照效果。

重复辐照：重复辐照是指辐照后的产品因相关指标不合格，返场后进行重新辐照的工序。不同品种来源的产品耐辐射性各不相同，一般情况下不得进行重复辐照，且严禁用辐照加工手段处理劣质不合格的食品。2016 年修订的 GB 18524—2016《食品安全国家标准 食品辐照加工卫生规范》中对重复辐照作了详细规定：除为控制虫害再次侵袭，低含水量食品（如谷物、豆类、脱水食品及类似产品）可以进行重复辐照外，其他情况不得进行重复辐照。且提出接受重复辐照的食品其辐照的累积剂量不应超过 10 kGy。并规定以下食品进行的重照，不属于“重复辐照”。① 对于用小于 1 kGy 剂量辐照过的原料制成的食品；② 含 5%以下辐照配料的食品；③ 为实现特殊工艺目的，将所需的全部吸收剂量分多次进行照射的食品。

对食品辐照不同剂量的应用原则如下。

（1）低剂量应用

主要用于马铃薯、洋葱等抑制发芽及谷类、水果、肉、干鱼等除虫。

（2）中等剂量应用

中等剂量辐照肉类、水果、蔬菜、海产品、中药等以杀灭病原微生物和减少引起食品腐烂的微生物，从而延长产品保质期。也可以结合其他方法处理，如与热处理结合，减少对辐照和热敏感的微生物，使辐照表现出增效作用。

（3）较高剂量应用

主要用于减少肉类等的肉毒梭菌数量；降低进口的香料如胡椒、辣椒等含有的致病菌和大量的腐败微生物；辐射杀菌及包装品消毒等。

较 γ 射线辐照相比，高能电子束辐照具有投入成本低、安全性更强、加工效率高、射线利用率高、不产生核废物等优点，有替代 ^{60}Co- γ 辐照的趋势[69]。因电子束在产生机理、作用特征与伽马射线都存在实质性差异，特别是其穿透性较 ^{60}Co- γ 射线低，因此在食品电子束辐照过程中电子束穿透深度和吸收剂量是关键控制点，工艺剂量的设定应建立在辐照前对食品的检查或检验、辐照灭菌还是辐照消毒的辐照目的、D_{10} 值的确定、产品密度及其堆积密度、辐照实施和辐照后产品检验的基础上是否实行双面辐照等都是电子束辐照要考虑的重要工艺参数。

5.2.4.4　辐照后管理

辐照虽可提高产品贮存的质量，但决非产品一经辐照，就可在任何条件下长期贮存。一般辐照后产品仍应在常规最适条件下贮存。但也不是温度越低就越好，每种产品都有其最适宜的贮存温度，如香蕉 13～15 ℃，芒果 11～13 ℃，番木瓜 15～16 ℃，就是最适宜的贮存温度，过低反会产生冻害。另外对一些密封包装的水果和蔬菜，辐照后应对气体含量进行监测，以防 CO_2 中毒。对以杀菌为目的产品还应进行微生物含量的测定。对于新采的水果、蔬菜，在辐照后的运输中要防止造成产品的损伤。对于以防虫为目的的产品，要严防害虫的再次入侵。

5.2.4.5 辐照食品鉴定

辐照食品鉴定是指利用现代分析技术手段鉴定辐照处理在食品中产生的物理、化学、生物学和生理学等变化，从而科学判断食品是否受到辐照及受照食品加工剂量的高低。

辐照食品的鉴定方法主要包括物理分析法、化学分析法和生物学分析法三大类[70]。

物理分析法主要包括热释光（TL）分析法、电子自旋共振光谱（ESR）检测法、光致发光（PSL）检测法、黏度法、电阻抗法和近红外光谱法等。其中热释光分析法理论上适用于几乎所有食品，是目前灵敏度最高的方法，可以检测小于 1 kGy 的辐照剂量，也适用于含矿物残渣（如硅酸盐）的食品；电子自旋共振光谱检测法主要适用于含骨的肉类和鱼类、辣椒粉、鲜草莓等食品，通常可以在 30 min 内完成相关的检测，同时还可以重复进行检测，且不会破坏样品成分。特别是糖类的食物，特别是对有结晶糖类的食物极为有效。光致发光检测法能够迅速进行样品的检测，并且所需的样品数量减少，费用低廉，能够重复使用。这种方法的不足之处在于，必须采用另一种方法进行检验，并且这种方法的灵敏度取决于所测物质的种类和数量，因此必须增加辐射源。

化学分析方法主要有：过氧化值法、挥发性碳氢化合物法、σ-酪氨酸法、2-烷基环丁酮法、单细胞凝胶电泳等，适用于肉类、奶酪、水果等高脂肪食物，而挥发性碳氢化合物则适用于含脂类的食物，GC 法是常用的常规检测实验室。辐射后，脂肪食物中的脂肪酸会产生化学变化，产生 C_{n-1}、C_{n-2} 烷烃、烯烃和 C_n 醛，这些化合物的含量比未辐射的同类食物要高得多。从理论上讲，这种方法可以应用到各种含有脂肪的食物中，但由于其香气成分的复杂性，使得食品 GC 频谱的测定结果十分复杂，所以在进行相应的测试时，应采用热释光法对其进行复检，从而提高其检测的准确性。如果食物为提取物，如鲭鱼、牡蛎等，也无法进行检验。通过对牛肉、猪肉、鸡肉、辣椒、蛋粉、乳酪、鳄梨、芒果等的测定结果进行了比较。

生物方法主要有 DNA 裂解产物检测法（DNA 彗星检测法）、直接荧光过滤技术/平板计数（DEFT/APC）法、内毒素/革兰氏阴性菌（LAL/GNB）法和种子发芽抑制法等。其中，DNA 裂解产物检测法适用于所有含有 DNA 的食物，通过应用这种方法，可以进行多种动植物食品的有效检测，比如猪肉、鸭肉、鸡肉、鹿肉等，也可以进行芝麻、胡椒、大豆、扁豆、葵花籽、杏仁、无花果等的检测，以保证某些食物的彗星检测效率，这个过程中需要采用辐射测试技术，这样能提高食物的检测准确度；直接荧光过滤技术/平板计数法适用于辐照香辛料、药草和调味品的鉴定，内毒素/革兰氏阴性菌法适用于辐照禽肉的鉴定，GNB 法可检测出样品中活菌数，LAL 法检测包括失活微生物组织在内的所有菌体毒素含量。但是，在辐射后进行冷冻会使其体内的活性微生物数量下降，从而影响到 EU 和 GNB 的数量。该方法具有较好的经济效果，可满足分割禽、整禽等检验的需要。

5.2.4.6　食品辐照国家标准

长期以来，标准作为国际交往的技术语言和国际贸易的技术依据，它对保障产品质量、提高市场信任度、促进商品流通、维护公平竞争起着举足轻重的作用[71]。国家标准是国家核心能力建设的基础，也是制约国民经济、社会发展的关键技术体系。提高我国标准化的总体水平，充分发挥标准在国民经济和社会发展中的技术支持和基本保证功能，是十分重要的。食品辐照国家标准是由国家在辐照后的食物安全基础上制订的一系列标准。

辐射技术是一种以核技术为基础的新工艺，在食品安全管理中日益受到重视。早在 1980 年，FAO、WHO 和 IAEA 的专家们就曾在许多毒理实验的基础上宣称，辐射剂量在 10 kGy 以下的食物没有毒性，所以没有必要进行毒理测试，而中国也在动物和人类身上进行了大量的辐照测试，证实辐照后的食物是不会对人类造成伤害的。到 2005 年为止，全球 42 个国家批准了 240 多种辐照农产品和食品，每年可供销售的辐照食品超过 30 万吨。中国已成为世界上辐照食品批准最早、种类最多的国家，并且在辐照食品数量上已成为当今世界第一大国。截至 2020 年 12 月，中国现行的食品辐照国家标准包括：

（1）GB 14891.2—1994　辐照花粉卫生标准

（2）GB 14891.6—1994　辐照猪肉卫生标准

（3）GB 16334—1996　γ 辐照装置食品加工实用剂量学导则

（4）GB 14891.1—1997　辐照熟畜禽肉类卫生标准

（5）GB 14891.3—1997　辐照干果果脯类卫生标准

（6）GB 14891.4—1997　辐照香辛料类卫生标准

（7）GB 14891.5—1997　辐照新鲜水果、蔬菜类卫生标准

（8）GB 14891.7—1997　辐照冷冻包装畜禽肉类卫生标准

（9）GB 14891.8—1997　辐照豆类、谷类及其制品卫生标准

（10）GB/T 18525.1—2001　豆类辐照杀虫工艺

（11）GB/T 18525.2—2001　谷类制品辐照杀虫工艺

（12）GB/T 18525.3—2001　红枣辐照杀虫工艺

（13）GB/T 18525.4—2001　枸杞干、葡萄干辐照杀虫工艺

（14）GB/T 18525.5—2001　干香菇辐照杀虫防霉工艺

（15）GB/T 18525.6—2001　桂圆干辐照杀虫防霉工艺

（16）GB/T 18525.7—2001　空心莲辐照杀虫工艺

（17）GB/T 18526.1—2001　速溶茶辐照杀菌工艺

（18）GB/T 18526.2—2001　花粉辐照杀菌工艺

（19）GB/T 18526.3—2001　脱水蔬菜辐照杀菌工艺

（20）GB/T 18526.4—2001　香料和调味品辐照杀菌工艺

（21）GB/T 18526.5—2001 熟畜禽肉类辐照杀菌工艺
（22）GB/T 18526.6—2001 糟制肉食品辐照杀菌工艺
（23）GB/T 18526.7—2001 冷却包装分割猪肉辐照杀菌工艺
（24）GB/T 18527.1—2001 苹果辐照保鲜工艺
（25）GB/T 18527.2—2001 大蒜辐照抑制发芽工艺
（26）GB/T 22545—2008 宠物干粮食品辐照杀菌技术规范
（27）GB 18524—2016 食品安全国家标准 食品辐照加工卫生规范

除了上述国家标准外，农业部还制定颁发了 12 项农业标准：

（1）NY/T 1206—2006 茶叶辐照杀菌工艺
（2）NY/T 1256—2006 冷冻水产品辐照杀菌工艺
（3）NY/T 1448—2007 饲料辐照杀菌技术规范
（4）NY/T 1895—2010 豆类、谷类电子束辐照处理技术规范
（5）NY/T 2209—2012 食品电子束辐照通用技术规范
（6）NY/T 2210—2012 马铃薯辐照抑制发芽技术规范
（7）NY/T 2317—2013 大豆蛋白粉及制品辐照杀菌技术规范
（8）NY/T 2317—2013 大豆蛋白粉及制品辐照杀菌技术规范
（9）NY/T 2318—2013 食用藻类辐照杀菌技术规范
（10）NY/T 2319—2013 热带水果电子束辐照加工技术规范
（11）NY/T 2650—2014 泡椒类食品辐照杀菌技术规范
（12）NY/T 2654—2014 软罐头电子束辐照加工工艺规范

此外，辐照食品鉴定国家标准和农业标准有：

（1）GB 21926—2016 含脂类辐照食品鉴定 2-十二烷基环丁酮的气相色谱—质谱分析法
（2）GB 23748—2016 辐照食品鉴定 筛选法
（3）GB 31642—2016 辐照食品鉴定 电子自旋共振波谱法
（4）GB 31643—2016 含硅酸盐辐照食品的鉴定 热释光法
（5）NY/T 2212—2012 含脂辐照食品鉴定 气相色谱质谱分析 碳氢化合物法
（6）NY/T 2215—2012 含脂辐照食品鉴定 气相色谱分析 2-烷基环丁酮法

同时还有国家质量监督检验检疫总局颁发的 25 项进出口食品辐照行业标准，以及跟辐照食品相关的各地方标准可供查询。

随着全球经济一体化的发展，标准在国际竞争中的地位日益突出，产品竞争和品牌竞争已经发展到了一个更深层次、更高层次、更具影响力的竞争形态。目前，我国的食品辐照工业发展迅速，但我国的食品辐照国家标准制定速度较慢，安全标准不完善，已经不能满足中国经济和社会发展的需要。在当前国际和国内的严峻形势下，加速中国标准化工作已刻不容缓。

5.2.4.7　辐照在检疫处理中的应用

（1）辐照检疫技术的概念与作用

我国农副业产品出口是我国经济发展的重要组成部分，但出口农副业产品应符合 FAO 和 WHO 对食品的卫生、安全标准要求。检验检疫的职责是控制一切不利于人体健康的因素出入境，包括防止动植物传染疾病及害虫出入境，以确保进出口商品的质量、安全、卫生等指标符合法律、法规规定的标准，符合贸易契约的规定及国际的营销要求。检疫处理在防范外来有害生物入侵、传播、扩散，保护本国生态环境，保护农、林、牧、渔业的健康具有重要意义，在有效突破国外贸易技术壁垒、扩大我国农产品出口方面作用显著，是我国出入境检验检疫机构执法把关的重要环节[72]。

检疫处理方法分为物理处理和化学处理，其中物理处理包括辐照、冷处理、热处理、气调处理、水浸泡处理等；化学处理包括熏蒸、药剂浸泡处理等。目前我国主要依靠化学熏蒸控制检疫害虫，20 世纪 90 年代我国曾紧急动用国际上已禁用的环氧乙烷对进口的数千吨美国小麦进行检疫，国内已多次发现地中海实蝇、南美洲实蝇的突发事件。我国出口农产品也曾因发现被检疫害虫侵染而被拒绝货物上岸。而采用常规的药物熏蒸由于存在药物残留也影响了出口产品的品质。

辐照检疫处理就是利用辐照技术直接照射被处理货物，使其携带的害虫不能完成发育周期或病原菌完全死亡，达到防止这些危险性有害生物在一个新的地方定植、传播或蔓延的目的（FAO，2003）。无论从灭菌除虫效果、处理速度及食用安全性还是从环境保护的角度看，辐照检疫处理法都有明显的优势。此方法因具有杀虫效果好、无残留、不提高处理对象温度、不必拆包装、操作易于控制、加工效率高和处理成本低等特点而成为 21 世纪最有前途的检疫处理技术之一[73]。

（2）辐照检疫技术的优点

为了预防疾病和疾病的蔓延，世界各国在农产品国际贸易中都建立了严格的检疫制度，特别是对灾害性疾病的入侵。随着某些高效的化学熏蒸剂逐渐被禁用，其替代的方法已迫在眉睫。辐照技术用于农产品检疫是对化学药剂的首选替代途径和有效补充。辐射作为一种检疫手段，其优势如下。

① 广谱性：辐射检疫是指通过辐射对有害生物 DNA 等生物大分子进行破坏，使其发生生理生化变化，进而抑制其生长、增殖，具有广谱性特征。从处理对象来看，辐射是目前使用范围最广的杀虫剂，具有极高的穿透性，能有效地杀死各种包装、散装、固体、液体、新鲜果蔬的表面和内部的各种微生物和有害生物，特别是不适合加热、蒸、湿煮的食物，可用于深层次杀菌，预防再次感染。

② 快速性：商品化的辐射设备在处理包装食品时，若要求最低吸收剂量低于 1 kGy，则所需的时间为 30 min，而熏蒸、热水处理、蒸热处理则需 2 h、1 h、6 h 以上。对冷库中的产品可以马上进行加工，无需过渡到常温，也不需要辐射加热。对某些作物的后期成熟，也没有任何的影响。辐照检疫是以杀虫为目标，剂量低，对制品无损

害，但熏蒸、冷冻、微波等方法，则经常引起产品褐化。

③ 经济性：辐照检疫处理无论采用 ^{60}Co γ 射线辐照装置还是电子加速器，都具有能耗低的特点，处理过程对货物不需要分拆包装，无需消耗水或其他环境资源。高度自动化的辐照装置只需要很少的人力资源。只需进行货物提升、输送、束下辐射处理和回收等简单工序。生产性辐照装置具备传送机构，能实现全自动化的装卸和 24 h 的工作，适用于港口应急处置。同时它具有运行安全性，电子加速装置的启动和关闭方便，关闭后电子束会自动停止，不会对使用者造成伤害。

④ 与热、冷处理相比，辐照处理可节约能源、节约成本。经计算，与化学熏蒸相比，采用电子束辐射杀菌可节省 80%的费用。通过与热汽、热风、热水、熏蒸四种方法的对比，发现辐照的各项指标均具有明显的优势。

⑤ 食用安全：辐射处理是一种冷加工，不会使食品的内部温度升高，保持食品的香味、外观和品质，而且是经过物理处理的，不含农药、无辐射、无污染。1980 年 10 月，FAO、WHO 和 IAEA 联合声明：在所有辐照食物中，在总的平均摄入量小于 10 kGy 的情况下，没有毒性，也不需要进行毒理检测，而且在营养和微生物方面也是安全的。经过更多的研究，世界卫生组织于 1999 年提出一个结论：辐照后的食物在 10 kGy 以上也是健康和安全的。国际食品法典委员会（CAC）作为食品辐照法规的制定机构，于 2003 年通过了《食品辐照国际通用标准》和《食品辐射加工工艺国际推荐准则》的修订版本，在法规上突破了 10 kGy 作为食品辐照加工中最大吸收剂量的限制。辐照检疫剂量通常在几百戈瑞，因此，经辐照检疫处理的产品对人类健康无害。

灭菌杀虫彻底：辐射能 100%杀死粮食害虫，对杀死虫卵有特殊效果。经过处理的谷物，在没有二次污染的情况下，永远不会产生寄生虫，因此可以消除下级仓库的杀虫剂消毒工作。另外，辐射对小麦短腥黑穗病、印度腥黑穗病、霉菌等都有很好的杀灭作用，对谷物中携带的有害野草种子也有一定的杀灭作用。

（3）辐照技术在检疫处理中的研究与应用

辐照技术在检疫处理中的应用主要表现在以下几个方面。

1）粮食检疫处理

我国在粮食辐照储藏的研究早在 20 世纪 60—70 年代就已开始，从 20 世纪 90 年代开始逐渐关注进出境粮食的检疫除害处理，取得了大量成果。如小麦矮腥黑穗菌（TCK）为我国进口植物检疫性有害生物，在我国加入 WTO 之前，美国进境带病疫麦一直是困扰我国的一大问题。进行电子束辐照灭活 TCK 冬孢子试验后认为 3 kGy 是控制 TCK 病在中国土地上繁衍的有效剂量；γ 射线对小麦 TCK 辐照研究后认为冬孢子相对死亡率和辐照剂量的自然对数值呈直线相关，辐照剂量加大，相对死亡率上升，4 kGy 时灭活效应较好。采用电子束辐照稻粒黑粉菌和禾草腥黑粉菌病粒，发现当照射剂量达到 5.31 kGy 时，未发现萌发的稻粒黑粉菌和禾草腥黑粉菌冬孢子。

2）检疫性仓储害虫

谷斑皮蠹、菜豆象、绿豆象等仓储害虫一直以来被列入我国检疫性有害生物名单当中。有研究表明谷斑皮蠹不同虫态的检疫辐照剂量，48 Gy 可以阻止卵的孵化；60 Gy 可以阻止初龄幼虫发育为蛹；100 Gy 可以阻止老熟幼虫和滞育幼虫发育为蛹；200 Gy 可以阻止老龄幼虫、蛹和成虫进一步繁殖。因此把 200 Gy 作为谷斑皮蠹的检疫有效剂量。也有研究认为 100 Gy 的辐照可以作为检疫对象绿豆象的有效检疫剂量[74]。

3）水果检疫处理

辐照检疫处理所要求的安全剂量为辐照不能羽化为成虫或辐照的卵和幼虫不能产生后代。有研究表明，果蝇的不育剂量是 0.15 kGy，0.26 kGy 为果蝇的不羽化剂量，0.4～0.7 kGy 对多种水果上的虫卵造成 100%的死亡率。1986 年国际食品辐射顾问小组（ICGFI）建议各种检疫害虫检疫处理剂量如下：新鲜蔬菜的卵、幼虫、蛹和成虫都会受到危害，对不同时期的幼虫进行辐照，最少给药剂量为 0.3 kGy，可防止其羽化成虫或引起成虫不孕，从而保证了检疫的安全性。对个体有害生物的影响较大，例如，0.15 kGy 剂量可以使实蝇类幼虫不能羽化为普通成虫。

根据对各成员国辐射检疫处理的大量研究结果，国际食物辐射顾问机构认为，经过辐射检疫，苹果、芒果、番木瓜、油桃、梨、番石榴、马铃薯、草莓、樱桃、红醋栗、枣子、甜瓜、荔枝、金瓜、梅、悬钩子等，经过辐射后，质量和味道都不会受到任何影响。

4）木材类有害生物检疫处理

木材的检疫处理一直是广大学者关注的热点和难点，特别受熏蒸剂穿透的限制，使得辐照技术在木材检疫处理中的应用成为可能。我国在木材检疫处理方面的研究主要集中在天牛和舞毒蛾上。

辐射检疫技术的发展与食品辐射和昆虫不育有很大关系，辐射处理对水果、蔬菜、粮食等害虫的检疫处理具有很大的指导意义。但是，辐照技术的应用与发展有赖于辐照食品的发展及其在世界范围内的地位，以及对辐照食品的辐射和检疫处理的国际法规的制定。而在国际贸易中，辐照处理的使用必须根据各国商定的一般标准和处理方式执行。

5.3　核辐射技术在环保领域中的应用

核辐射技术在环境保护和污染治理方面主要是借助高能射线和高速电子与环境污染介质之间相互作用，产生具有高活性的离子、自由基及水合电子，由于这些粒子具有很高的活性，通过一系列的物理化学反应，将污染物氧化或者化学分解，达到最终去除污染物、治理环境污染的目的。在环境保护方面，辐射技术是废物处理的有力手段，也是对核能的一种和平利用。

核辐射技术在环境保护和污染治理的实际应用过程中，与传统“三废”治理技术相比除具有节约能源资源、成本低、效率高等传统优势外，其化学物质零添加的独有特点从源头上有效避免了传统污染治理过程中“二次污染”问题的发生，使环境污染治理的有效性得到空前提高。

5.3.1 辐射处理废水技术

5.3.1.1 概念

辐射法处理废水，就是利用高能核射线（例如β射线、γ射线或加速的电子束流等）对水中污染物和有害微生物的直接和（或）间接作用，使之产生一系列常规方法难以引发的物理化学及生物学变化，进而达到消毒净化废水的目的。

利用辐射处理废水是近十几年迅速发展起来的一项水处理新技术，是原子能和平利用的一个新领域。利用辐射技术可以杀死水中的细菌和病原体；加速难降解物质的降解速率；使水中有害物变为无害物甚至有用物，可以循环使用。

5.3.1.2 辐射处理废水技术基本原理

辐射处理水体系中的污染物不是直接作用，而是通过体系中的水分子经辐照后能产生一系列自由基，如羟基自由基（$\cdot OH$）、水合自由电子（e_{aq}^-）、氢原子（$\cdot H$）及过氧化氢（H_2O_2）。这些自由基能够相互反应或者与水中的有机物、无机物反应，甚至达到净化水体的效果。由于废水是稀溶液，污染质浓度低，故射线与溶质的直接作用概率很小，大部分射线能量被水所吸收，故射线的间接作用在辐射处理废水中占主导地位。

当水受到高能辐射后，会发生如式（5-1）的反应。

$$H_2O \longrightarrow e_{aq}^-,\ \cdot OH,\ \cdot H,\ H_2O_2 \qquad (5\text{-}1)$$

纯水受到辐射后，氧化性粒子与还原性粒子同时形成，并且浓度相近。这些产物中氧化性最强的是$\cdot OH$，还原性最强的是e_{aq}^-和$\cdot H$，体系中污染物的降解大部分就是因为与这初级分解产物及它们之间形成的次级产物的反应。这些激发分子、离子和电子会进一步反应产生自由基，反应如式（5-2）～式（5-5）所示。

$$A^{\cdot}R\bullet + \bullet S \qquad (5\text{-}2)$$

$$A^{\cdot} + RH \longrightarrow AH\bullet + R\bullet \qquad (5\text{-}3)$$

$$(A^{+}g)^{\cdot} \longrightarrow R^{+} + \bullet S \qquad (5\text{-}4)$$

$$AB^{+}\bullet + CD \longrightarrow ABC^{+} + D^{\cdot} \qquad (5\text{-}5)$$

自由基与污染物发生反应（自由基化合和自由基转移过程），导致污染物的降解。因此自由基的浓度和活性在很大程度上决定了污染物的降解效率[75]。

5.3.1.3　辐射处理废水技术特点

辐照处理废水具有降解效率高、反应速度快、应用领域广泛等特点；反应产物分解成 CO_2、O_2，不产生二次污染；辐照是在常温和常压条件下进行的，操作简便，操作成本低廉。利用辐射技术处理污染物不需或只需加入少量的化学试剂，与传统的化学氧化相比，具有反应速度快、适应面广、污染物降解效率高、无二次污染等优点。而且当辐射与臭氧、氧气等氧化手段联合使用时，会产生独特的“协同效应”。

但该技术大规模的推广也有一定的困难，主要就是处理费用相对偏高，特别是一次性投资相当高，同时辐射产生的活性离子没有选择性，有些非目标污染物会消耗大量辐射能量，这些都成为实际应用中不可忽视的问题。所以在今后的研究中将辐射技术与其他方法（电解、凝固、吸附等）联合使用将会是问题的关键，最后达到节约能源、降低处理费用、提高污染物去除效率的目标。

5.3.1.4　辐射处理废水技术的应用

辐射技术可以有效地加速废水中生物难降解有机物的降解，明显消除废水（污水）中的 COD（化学需氧量）、BOD（生物需氧量）和 TOC（总有机碳），还可以有效地去除水中某些重金属污染并有杀菌作用。

（1）辐照去除有机污染物

与生物净化不同，有机污染物的降解反应一般以氧化反应为主，辐射净化是对所有化合物发生作用。辐照过程中保持较高的氧气含量，可有效地抑制还原性物质（如 e^-_{aq}、·H）的产生，同时提高氧化性自由基（如·OH）的产额，从而加速有机污染物的降解。辐照可使合成洗涤剂生产中使用的表面活性剂分子发生断裂而分解成较轻的易于排除的物质，从而失去发泡能力；也可以使含有染料的废水褪色；还能促进水中全氯乙烯（PCE）多氯联苯（PCB）、滴滴涕（DDT）等的降解[76]。

辐射处理法已在含酚废水、含氯废水（2,4-二氯酚、全氯乙烯、四氯乙烷、四氯苯胺）、芳香族化合物废水（苯乙烯、苯、甲苯）、印染废水、纸浆废水、含氰废水、有机农药废水、含表面活性剂废水、聚乙烯醇废水、邻苯二甲酯废水、制药废水、含硝基化合物废水（硝基苯胺）、丙烯睛单体污染废水、聚醋生产废水、玻璃纤维增强塑料生产废水和养殖屠宰场废水处理中得到研究和应用。

（2）辐照杀菌

细菌是由有机复合物构成的，因此辐照可以有效地使细菌失去活性。灭菌效果的影响因素包括辐照剂量、不同类型病菌对辐射的敏感性及辐照区域内水的条件及环境，如温度、水的稳定状态、水中存在的化学试剂等。热和辐射的联合作用能使对热和辐射不稳定的微生物迅速失活；废水在流动状态时的辐照杀菌效果明显好于稳定状态。由于不同的化学试剂影响细胞损伤的辐射效率，因此废水中存在的化学试剂也可以提高或降低微生物的辐射致死效应。一定剂量辐照下微生物的辐射敏感性既取决于物理因素（温度和辐射质量）和化学因素（激活剂和保护剂），又取决于生物的或生理的因素（生长阶段和 DNA 总量）。辐照之前对废水作适当的预处理，有利于达到微生物最大的致死效应。

目前饮用水的消毒仍普遍采用氯灭菌，但液氯和二氧化氯的投加不但增加了水中不挥发性有机氯化物的含量，而且氯与水中存在的有机物可能会生成有致癌性的三卤甲烷。采用辐射灭菌的同时不会产生有毒的含氯有机物，辐照对于用氯难以杀死的过滤性病毒有很好的消毒作用。

（3）辐照去除无机污染物

辐射技术可用于去除无机污染物，如核素和重金属。无机污染物的去除主要以还原反应为主，辐照过程中保持较低的氧气含量，可有效提高还原性物质（如 e_{aq}^-、• H）的产生量，同时抑制氧化性自由基（如 • OH）的产生量。金属离子在 e_{aq}^- 和 • H 作用下被还原为低价或单质金属从废水中沉淀出来。用乙醇作为 • OH 自由基的消除剂，可以阻止金属被重新氧化。

总之，无论是直接处理或是与其他方法联合处理，辐射能都是重要的能源。辐射技术能有效地杀死细菌和病原体、加速难降解物质的降解。但利用电离辐射处理工业废水的实验室研究或者小规模的实验性应用比较多，还未大规模的应用，主要存在的问题是能耗较大、经济成本较高；污染物的辐照降解途径、降解产物及动力学模型都尚未完全明了。因此采用电离辐射与其他技术（比如生物法、臭氧氧化法等）联用是主要发展方向，而辐照降解污染物反应机理及如何提高降解效率是研究方向[77]。最后达到节约能源、降低处理费用、提高污染物去除效率的目标。

5.3.2 辐射处理固体废物技术

5.3.2.1 辐射处理固体废物概念

辐射处理固体废物技术是利用射线通过电离和激发等作用产生的活化原子与活化分子与受照物质发生一系列物理、化学和生物化学变化，从而导致受照物质的聚合、交联、降解及改性，从而达到净化目的。辐照处理的固体废物可以分为两类：一类是辐照处理同时需要消毒的废物，如城市污水污泥、生物医学废物、国际空港和海港的垃圾等；另一类就是辐照处理可回收的高分子固体废物，如废橡胶和塑料等。辐射处理固体废物技术为采用常规方法难以处理的废物提供了新的净化途径，已经成为固体废物处理的重要手段。

5.3.2.2 辐射处理固体废物基本原理

电离辐射（如电子束和 γ 射线）由于具有较高的能量（高于 50 eV），能直接或间接地导致分子的电离和激发，导致固体废物表面吸附的水在受到射线辐照后吸收能量产生辐射分解，生成·OH、·H 等自由基，这些活性较强的自由基能与有机化合物发生反应，从而导致固体废物的降解，同时高剂量的辐照有效地将细菌和病原体杀死。

辐射对被受照物质的分子结构会产生多种作用，包括固化、接枝改性、交联及裂解等。其中辐射固化技术是通过各种电子加速器产生的高能电子束流，对热固性塑料树脂体系进行辐照，从而引起受照物质发生物理、化学变化，从而完成其固化过程。辐射交联技术是利用高能或电离辐射引发受照的聚合物电离与激发，从而产生一些化学反应，从而实现高分子间交联网络的形成[78]。辐射裂解技术则是电离辐射使受照高聚物的共价键断裂，产生自由基，从而引发高聚物大分子裂解。辐射接枝技术是指高能射线作用于受照物质，使主干分子链与单体在侧链上发生聚合反应生成接枝共聚物的过程，这些技术也是是通过辐照改性制备新型材料的有效方法。

通过调节辐射剂量就能有效地处理各种污染物，不需使用化学物质，不会引起新的二次污染。部分污染物会最终分解为二氧化碳和水，完全不留污染痕迹。辐射杀菌效果也十分突出，这也是其他方法不具备的。同时辐射还可以与其他方法结合应用以达到最佳使用效果。

5.3.2.3　辐射处理固体废物的特点

由于利用射线加工方式简单，功能多样，这使得应用辐射处理固体废物技术具有很多优点：① 处理深入、彻底；② 在净化的同时可消毒灭菌或对处理废物进行资源化利用；③ 生产过程可以控制，安全可靠，产品质量高；④ 对环境无污染；⑤ 节省能源、场地和材料；⑥ 低成本，高效益。

5.3.2.4　辐射处理固体废物的应用

（1）医疗废物和港口垃圾的处理

医疗废物是医院等医疗机构及研究机构在医疗服务、医学科学研究中产生的废物，包括治疗、包扎、手术等残余物，动物实验残余物，生物培养残余物，传染性废物和排放的医疗废水处理后形成的污泥等。这些废物含有大量的致病菌、病毒、化学药品、重金属、化合物、塑料等。这些废物如果燃烧会产生有毒气体等有害产物，因此可通过辐照对医疗废物进行消毒，以防止在处理这种废物时传染疾病的危险[79]。

国际空港和海港的垃圾含有大量的塑料、食物碎屑、纤维素等成分，也可能存在潜在的动物传染病如口蹄疫、猪的传染性水疱病、非洲猪热病等病原。对国际空港和海港的垃圾利用辐照技术进行处理，能够满足清洁环境的需求，且辐照装置可以设在空港区内进行自动和连续的工作。

（2）污泥的处理

一般的废水处理步骤包括隔筛过滤、初级沉淀、生物处理、二级沉淀和杀菌，但在生物处理前后的沉淀过程中都会不可避免低产生污泥。城市污泥中含有较高的水分、重金属、病原体和有机污染物，同时污泥中也含有一定的生物价值和大量的能量，含有 N、

P、K 等大量元素和 Mn、Zn、Gu 等微量元素，经过适当处理后可以作土壤肥料、调节剂及动物饲料添加剂，但由于含有大量病原体而不能直接利用。由于化学处理、堆肥化和巴氏消毒等常规方法处理污泥存在效果不十分理想和难于实现工业化的弊端，辐射技术与沉降、化学改性等其他技术联合应用于污泥的综合处理是解决污泥问题的最好出路。

辐射技术处理污泥的优点是：① 能杀死污泥中的病菌和病毒等病源物，消毒效果比热处理好且彻底；② 不会产生难闻的臭味，与巴氏热处理法中氮损失较多、污泥的肥力下降不同，辐射技术处理污泥不破坏污泥中的有机氮化物而不会导致污泥的肥力降低；③ 不会影响正常种子的发芽，但能抑制污泥中的杂草种子发芽；④ 由于仅在25～30 ℃较低温条件下处理，能减少对设备的腐蚀；⑤ 能对有毒和危险的杀虫剂、除草剂、多氯联苯等有机污染物产生氧化作用，从而把难于生物降解的物质转化为容易降解的化合物；⑥ 辐照处理后的污泥脱水性能良好，可省去使用化学絮凝剂及其相应的设备；⑦ 污泥经辐照灭菌处理后，可作为肥料直接在农田中使用。

由于高能电子束对固体或液体的穿透能力较为有限，因此固体废弃物在辐照处理前需经过严格的前处理，如粉碎、稀释、均质或制成很薄的泥饼，否则效果会大大降低。在实际应用中由于目前辐射源的造价较高及辅助工序较为复杂，因此固体废弃物辐照处理技术的推广应用并不十分普遍。

（3）建筑垃圾处理

美国的 CYCLEAN 公司采用辐射技术可再生旧沥青路面料，其质量与新拌沥青路面料相同，而成本可减少 1/3；也可 100%地回收利用建筑垃圾，节约了垃圾清运和处理等费用，极大地减轻了城市的环境污染。

（4）高分子固体废物的辐照回收处理

由于辐照可以诱发高分子固体废物中高分子聚化合物的 C—C 键发生断裂而分解，从而诱发降解获得固态、气态、液态产物的小分子，可把它们用做适当合成物的原材料。辐照还可以使高分子固体废物的分子发生交联，从而改变了高分子化合物的各种性质，因此利用辐射技术与高分子材料相互作用的这些特点，可以对高分子固体废物进行加工、回收和再利用。

（5）废塑料处理

难以降解的废塑料是环境污染的大敌。其中聚四氟乙烯（PTFE）废塑料是一种难降解的固体废物，具有很强的稳定性，不易降解，并且价格昂贵，所以废弃聚四氟乙烯废塑料在造成环境污染的同时还会造成经济的浪费。因此将回收的废旧 PTFE 经过 γ 射线和电子束辐照处理可以获得纳米级的粉末，这种粉末由于具有耐高温的性能，因此可以作为有机润滑剂及其添加剂加以使用，可以改善润滑油、润滑脂的性能，也可以用于制造墨水等产品。

（6）废橡胶处理

辐射处理可以利用橡胶对电子束和 γ 射线等辐射独有的敏感性，使废旧橡胶发生化学链的解聚，使废旧橡胶发生脱硫化作用，从而改善它们的耐用性能和加工性能。

辐射技术回收橡胶的过程一般是先把废旧轮胎切割成小碎片，然后再进行辐照，辐照后橡胶的大分子网络结构分解，因而其力学性能也发生相应的改变。将辐照后的碎片或粉末作为原料与制作其他组分混合便可用于新轮胎的生产。废橡胶辐射处理的整个回收利用过程几乎没有污染，十分环保。但是该方法不能用于所有胶种的再生，而只适用于丁基橡胶等少数胶种。

（7）纤维素处理

城市废物与农业废物中普遍存在纤维素，它是农产品秸秆、木材和棉花等的主要成分。纤维素是由重复的葡萄糖单元组成的长链线性分子，经辐射后会引起其链的断裂，从而产生酸性基团和还原性基团。纤维素的辐射降解具有辐射终止后纤维素还会进一步发生降解的后效应。一般来说，辐射剂量越小，后效应越不明显，后效应也会随着时间的延长而逐渐减小。美国曾对木屑、废纸、稻草等形成的纤维素用加酸后辐照处理的方法得到葡萄糖，日本则对这类纤维素采用辐照法处理，通过纤维素的糖化与发酵作用而得到酒精。

（8）毛织品废弃物处理

在固体毛织品废弃物中存在绵羊脂肪腺等物质，可对其加以回收利用，通过辐照处理绵羊脂肪腺可提取油脂材料，这种材料通过净化后可用于婴儿护理产品及化妆品、医药材料中。

（9）生活和工业垃圾的综合处理

俄罗斯物理动力研究所设计出一种利用快中子反应堆处理生活垃圾和工业垃圾的新技术，该技术是通过在包有不锈钢双层外壳的核反应堆中加砌一个烧垃圾的炉子来实现的，可以在垃圾处理的同时得到电力和热力、金属、建筑材料和化工产品。

5.3.2.5　辐射处理固体废物的发展

辐射技术是一项具有极大发展潜力的高科技新技术，具有反应易控制、节省能源、产品不含杂质、无公害、适合大规模生产等特点[80]。辐照技术在污泥、纺织工业、橡胶等固体垃圾处理方面得到了较为广泛的应用，也取得了良好的商业效果，但在农林业、城市生活垃圾方面应用有限，这主要是因为辐射源的造价较高，辅助工序较为复杂。因此，随着辐照技术在环保领域应用研究的发展，辐照技术在固体废弃物资源化中的应用大有可为，未来的市场前景将会十分广阔。

5.3.3　辐射净化烟气技术

5.3.3.1　辐射净化烟气技术概念

辐射（主要是电子束）烟气处理技术是利用电子加速器产生等离子体氧化烟气中的 SO_2 和 NO_x，同时加入 NH_3，它们与氧化后的气态污染物反应生成硫酸铵和硝酸铵，从而达到脱硫脱硝的目的，它是一种物理与化学原理相结合的方法，也称为电子束氨法、电子束低温等离子体法[81]。在此过程中，烟气受到电子束照射，能量从电子束转移到烟气分子，烟气分子获得能量，而电子损失了能量。辐射净化烟气技术能同时除去排烟中含有的氮氧化物（NO_x）和硫氧化物（SO_x）。该技术的组成包括烟气冷却、氨添加、电子束照射反应器和副产品收集处理等部分。

5.3.3.2 辐射净化烟气技术原理

辐射净化烟气技术主要分 3 个过程，其具体反应如下。

（1）自由基的生成：当电子束照射烟气时，产生的大部分能量被水蒸气、氧和氮吸收，水蒸气、氧和氮吸收能量后形成了自由基、HO_2^3、O_3 和 OH^3。

$$\text{烟气}(O_2、H_2O、N_2) + e^- \longrightarrow \text{自由基 } OH^3、HO_2^3$$

（2）SO_2 和 NO_x 的氧化：活性基团与烟气中的 SO_2 及氮氧化物发生反应，从而生成高价的氮氧化物和硫化物。

$$SO_2 \longrightarrow OH，O，HO_2 \longrightarrow H_2SO_4$$

$$NO_x \longrightarrow OH，O，HO_2 \longrightarrow HNO_3$$

（3）硫酸铵与硝酸铵的生成（脱酸）：这一步主要分为两个反应，一个是由反应产生的高价的硫化物、氮氧化物与氨（NH_3）发生中和反应，生成硫酸铵与硝酸铵；另一个是还未来得及反应的 SO_2 及氮氧化物，在已生成的硫酸铵与硝酸铵固体颗粒表面，发生热化反应。最后反应生成硫酸铵与硝酸铵固体颗粒，并被收尘器收集。

$$H_2SO_4 \longrightarrow NH_3 \longrightarrow (NH_4)_2SO_4$$

$$HNO_3 \longrightarrow NH_3 \longrightarrow (NH_4)NO_3$$

5.3.3.3 辐射净化烟气技术的特点

电子束照射是对烟气的除尘（PM10）、脱硫、除 NO_x、去除可挥发性有机物 VOC、减排 CO_2 效应一步到位，彻底解决烟气对人类环境以及社会危害的技术。电子束处理烟气中 NO_x 和 SO_2 优点是：① 同时有效脱除 SO_2 和 NO_x，脱除率可分别达 94%和 84%；② 整套实验装置运行可靠稳定、工艺简单、操作简便灵活；③ 属干式脱除方法，无需废水处理；④ 副产物可用作农业化肥；⑤ 无二次污染。其技术特点是系统简单紧凑，无需用水及废水处理系统。

主要存在的问题是：① 电子加速器产生的高能电子能量在 500～800 keV，而使分子电离或者离解所需的能量远低于这一值，极大地浪费了能源；② 设备运行过程，会产生大量的 X 射线，须有防辐射设施；③ 电子加速器结构复杂、价格昂贵，其靶窗很容易受到腐蚀而缩短寿命；④ 该工艺脱硫贡献率较低。

随着我国国民经济的发展及对环境保护工作的重视，辐射净化烟气技术将在我国得到很大的发展。

5.4　电离辐射在医学领域的应用

5.4.1　电离辐射医学应用基础

5.4.1.1　医疗照射接触的放射源

医疗照射指接受治疗或诊断时患者或被检者所受的照射。主要来源于医用诊断 X 线检查、牙科 X 线检查、核医学和放射治疗。在许多发达国家，医疗照射已成为人类最大的人工辐射源。在美国，平均每人每年接受的剂量为 0.9～1.1 mSv，其中最大的份额来自 X 线诊断。据文献报道，胸部正位片每张片的体表受照剂量范围为 0.09～2.62 mSv，平均 0.52 mSv；摄片照射量最大的是腰椎侧位片，每张片的体表受照剂量范围为 6.4～146.6 mSv，平均 11.1 mSv。

联合国原子辐射效应科学委员会（UNSCEAR）1993 年报告书的资料表明，天然辐射源的照射依然占全世界人口集体剂量的最大份额。全世界平均由内、外天然辐射源所致的人年均有效剂量为 2.4 mSv，外照射约为 0.84 mSv，内照射约为 1.52 mSv，其中氡-222 及其短寿命子体的贡献约为 1.27 mSv，而室内氡的贡献约为 1 mSv。

据卫生部系统对全国环境天然辐射水平的调查结果，参考国家环保局和核工业总公司的调查数据，我国公众受到天然辐射所致内外照射的人均年有效剂量平均为 2.5 mSv，多数地区波动在 2～3 $mSv \cdot a^{-1}$ 之间。综合各种电离辐射源对我国公众所致年有效剂量为 273 $mSv \cdot a^{-1}$，其中 91.6%来自天然辐射，4.4%为医疗辐射（对公众所致年有效剂量为 0.12 $mSv \cdot a^{-1}$），3.3%来自核试验落下灰，其余仅占 0.7%。

5.4.1.2　环境放射性物质进人机体的途径

（1）进入途径

从环境中进入人体的放射性物质途径主要有三条：消化道食入，呼吸道吸入及皮肤、黏膜、伤口等侵入。放射性核素既可以直接被人体摄入，也能够通过生物循环，经食物链途径进入体内。图 5-5 所示的就是一般的情况。其中主要是通过食物和水经消化道进入人体，经呼吸道次之，经皮肤吸收的可能性很小。

（2）食物链转移规律

环境中的放射性核素，通过食物和水由消化道进入体内的全部行经过程称为食物链。各种放射性核素在环境中经过食物链而转移。影响食物链转移的因素很多，诸如环境因素（气象、土壤、水的条件等）、放射性核素的理化性质及其在动植物体内的代谢情况、人们的饮食习惯等对其转移的数量和速度都有影响。这是放射生态学研究的主要内容之一。

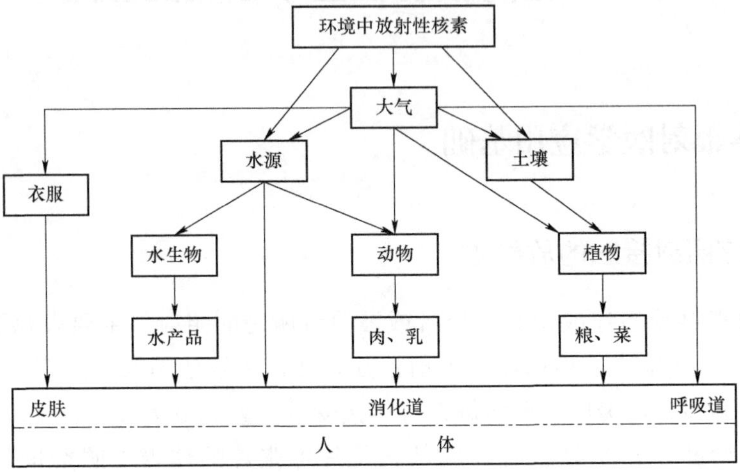

图 5-5 环境中放射性物质进入人体的途径示意图

5.4.2 电离辐射医学应用

电离辐射的应用相比其在工业、农业及其他领域的应用，在医学领域的应用最有影响、最为普遍、有着悠久的历史。在现代医学领域中电离辐射的应用已发展为临床核医学、X 射线诊断学（包括介入放射学）和放射肿瘤学三大现代医学学科（如图 5-6 所示）[82]。它们已成为现代医学不可缺少的重要组成部分，并在疾病的预防、诊断治疗中有独特的作用和意义。

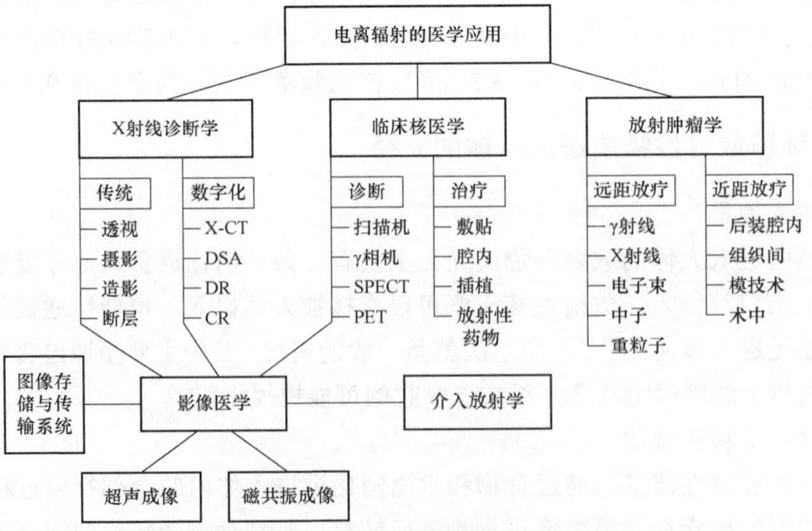

图 5-6 医用放射性各分支学科的内容

5.4.2.1　核医学

核医学是应用放射性核素及其标记化合物或生物制品进行疾病诊治和生物医学研究，是核技术与医学结合的产物，在医学领域中有着特殊的地位和其他学科不可取代的作用。核医学是利用核素及核技术进行基础医学研究，并诊断和治疗疾病的一门新兴交叉学科，是核技术、计算机技术、电子技术、物理学、化学、生物学、生命科学等现代科学技术与医学相结合的产物。它由基础核医学和临床核医学两个部分组成。其中，基础核医学的主要目的是利用核素和核射线的特性开展基础医学、生命科学基础理论研究、探讨生命本质、了解生命现象、了解疾病发生发展的技术。主要采用的技术手段包括核物理、核化学、核医学影像技术、体外分析、核药学、标记与示踪等技术。自从核素示踪技术出现后，人类就可以从生理学角度认识到整个生物体内的物质运动规律，从而使其得到广泛应用。

临床核医学根据功能分为诊断核医学和治疗核医学，其中在我国主要以诊断核医学为主。但临床核医学与医学各学科互相渗透并紧密结合，所以核医学按器官或系统又分为内分泌核医学、心血管核医学、神经核医学、肿瘤核医学、消化系统核医学、儿科核医学等。

诊断核医学由体外诊断与体内诊断二部分组成，主要是按照是否将放射性核素或稳定性核素引入机体进行分类。体外核医学诊断是指在体外使用放射性核素或稳定核素及其标记物对机体的血液组织、呼出气、分泌物、排泄物等样本进行定性与定量分析的方法。其中最具有代表性和最常见的是放射免疫分析（RIA）；近年来开展较多的还有稳定核素稀释分析、核素活化分析和放射受体分析（RBA）等，这些体外分析方法具有极高的灵敏度和特异性，在基础医学研究与临床应用非常广泛。

体内核医学诊断则是将放射性核素或稳定性核素及其标记物引入到机体内进行疾病诊断，包括显像与非显像两大类。其中，放射性核素体内显像是一种以放射性核素和它的标志物为特征的特定组织和器官的成像技术。而体内非显影核医学的体外诊断方法主要有：核素的呼气实验、放射性核素的功能检测和核素的稀释检测。放射性核素成像是当前国内核医学临床工作的重要组成部分。

治疗核医学发展非常迅速，已成为核医学研究与应用的重要组成部分，主要是用放射性核素进行内照射治疗，即将放射性核素引入到机体内病变的组织、器官及特定病变细胞内进行局部靶向治疗的方法。

5.4.2.2　放射肿瘤学（放射治疗）

放射肿瘤学是利用 X 射线、电子线、中子束、质子束及其他粒子束等射线治疗恶性肿瘤的一种方法，采用的是各类射线装置如 X 射线治疗机或加速器等，也称肿瘤放射治疗。

放射治疗几乎可用于所有类型的癌症治疗，对许多癌症患者而言，放射治疗是必须采用的治疗方法之一[83]。一般来说，需用放射治疗的癌症我国约有70%以上，美国则是50%以上。

放射治疗主要包括近距离放射治疗和远距离放射治疗两类。将一个或多个密封放射源引入患者腔内、组织间隙或浅表部位进行的放射治疗称为近距离治疗；应用各种体外放射源对患者肿瘤部位进行照射，但辐射源至患者皮肤间的距离大于0.5 m的放射治疗称为远距离放疗；有时候这两种形式的放射治疗还可以互为补充。

在辐射治疗中，射线的作用包括治疗作用和副作用两方面。

放射线的治疗作用：虽然包括癌细胞和正常细胞在内的所有细胞都要生长和分裂，但是癌细胞的生长和分裂比其周围多数正常细胞都快。因此放射治疗就是采用各类射线装置产生的高剂量射线照射癌变的肿瘤细胞以期破坏或杀死癌细胞，或者抑制癌细胞的生长、繁殖和扩散。在此过程中虽然一些正常细胞也会受到破坏，但是大多数都会恢复。

放射治疗的副作用：高剂量的辐射会对正常细胞造成损伤，并破坏或摧毁癌细胞，因此会产生不良反应。但是副作用的程度是根据治疗的位置和剂量来决定的。病人的健康情况还会对放射治疗的反应和副作用有一定的影响，采用相应的治疗方法，以缓解不良反应引起的不适。

放射肿瘤学由放射物理学、放射生物学、放射技术学、临床肿瘤学和影像诊断学五个子学科共同构成。其中放射物理学的主要内容是研究各种放射源的特点及性能，包括治疗计划系统、临床剂量学及放射防护；放射生物学的主要内容是探讨肿瘤的放射敏感性，研究放射线对肿瘤和正常组织的作用机制及降低对正常组织损伤的途径；放射技术学的主要内容是针对不同病种的病人研究照射野的设计、靶区安排、定位技术、摆位操作、模室技术等具体运用的技术；临床肿瘤学的主要内容是在流行病学、病因学、病理组织学、诊断学等的基础上如何选择治疗手段及各种手段的综合应用；影像诊断学则主要包括正确应用常规 X 线片及当代四大无创性成像技术CT、ECT、MRI和US。

5.4.2.3 X射线诊断学

X 射线诊断学，也称为放射学，是电离辐射最早应用于医学而创建的一门学科，在电离辐射医学应用的各个分支学科中应用最为广泛。而后来兴起发展的介入放射学，由于通常较多的是依靠X射线透视所形成的影像来导引与实时监视而实施，所以X射线诊断学和介入放射学在放射防护与安全方面均有共同之处。X射线、CT的成功发明开辟了医学影像的数字化时代。现代 X射线诊断学是电离辐射与核医学、基础医学、计算机技术、电子技术、影像学、电子加速器等学科相结合而发展起来的，包括DR（数字摄影）、CR（计算机摄影）、CT（X射线计算机断层摄影装置）和DSA（数字减影血管造影）；而SPECT（单光子发射计算机断层显像装置）和PET（正电子发射计算机断层显像装置）则是一门全新的医学学科。因此没有放射学就没有现代医学[84]。

介入放射学是在影像诊断的基础上，主要利用经血管或非经血管穿刺及导管等介入技术在影像导引与监视下对一些疾病施行治疗，或者采集获取活体标本进行组织学、细菌学及生理生化的诊断。

依照施行目的介入放射学又可分为诊断性和治疗性介入放射学二类；依介入操作方式可分为血管内和非经血管介入放射学二类；如果按人体器官系统划分，有心脏介入、神经介入、胃肠介入、五官系统介入、呼吸系统介入、泌尿系统介入等；按照治疗性质区分还可有各种肿瘤介入、基因介入等。当然这些不同分类方法又都是相互交叉重叠的。例如血管内介入既有诊断性的各种活检或血管造影检查以求明确诊断，也有有别于传统外科手术的治疗性的血管成形、支架安放、药物灌注、栓塞治疗等。非经血管介入及人体各个系统的介入也是诊断性和治疗性的介入二者均有之。

临床上最典型的诊断性介入放射学就是在医学影像导引下，利用各种类型的活检针，通过皮肤直接深入病人体内病灶部位，获取病灶组织，以确定病理结果。这种介入活检术分为抽吸式、切割式、环钻式等，完全区别于传统的开腹活检，具有精确、微创的特点，可用于明确诊断各系统、器官的病变。治疗性介入放射学在临床上得到了越来越多的应用。例如经皮穿刺腔内冠状动脉成形术（PTCA）已经施行得很普遍，许多心脏疾患可以不用外科手术动刀解决。

由于治疗性介入放射学有医学影像实时导引监视，既可以方便地对人体内各种血管、气管、消化道等管腔，由于各种原因造成的狭窄或闭塞，施行微创的开通技术（如球囊扩张术、支架术等）；与打通狭窄或闭塞管道相反，还可对体内各种异常的管腔（如破裂血管、肿瘤血管、动脉瘤、管瘘等）实施封堵与栓塞治疗；同时又可经导管直接把各种药物灌注到体内的血管、肿瘤等病变组织中。此外，治疗性介入放射学还能对体内异常积液、积脓等进行引流，以及介入取结石或异物等。由此可见影像医学的迅速发展，加上临床医学、材料科学、介入器械、分子生物学等不断发展，介入诊断与治疗的领域日益扩大，几乎涉及所有临床医学分支，尤其是在心血管、脑血管、外周血管、神经系统及肿瘤等方面的诊治优势日益凸显。多学科交叉融合的介入医学，以其独特长处将与内科、外科并列成为现代临床医学的三大支柱。

各种医学成像技术彼此互补又相互交融形成了大影像医学，可充分发挥综合诊断优势。近代放射学不仅在疾病诊断上显现出特有优势，而且延伸为介入治疗。介入放射学的防护也成为医用辐射防护的又一个热点课题。

5.5 思考题

（1）名词解释。

辐射诱变育种、突变、突变率、变异谱、辐射敏感性、相对生物学效应、半致死剂量、临界剂量、放射毒素与毒性、低剂量辐射刺激效应、辐射昆虫不育防治害虫技术、辐照保藏食品技术、辐射杀菌、选择性辐射杀菌、针对性辐射杀菌、辐射灭菌、微生物存活曲线、辐射杀虫、食品辐照安全性、辐照食品卫生安全性、辐照降解毒素、辐照降低食品过敏性、辐照耐受菌、辐照食品鉴定、重复辐照、辐解产物、最低有效剂量、最高耐受剂量、辐照工艺剂量、剂量不均匀度、辐照装载模式、堆积密度、静态辐照、动态辐照、辐射处理废水技术、辐射处理固体废物技术、辐射净化烟气技术、同位素、同位素示踪法、示踪剂、同位素效应、稳定性同位素指纹法、农产品溯源、污染物溯源、辐照检疫技术、X 射线诊断学（包括介入放射学）、核医学、放射肿瘤学。

（2）请阐述昆虫辐射不育技术的概念、原理及其应用步骤，并查阅资料举一个世界范围内应用该技术的成功案例及其作用和效果。

（3）请阐述辐照检疫技术的概念、特点及其作用，并举例（1～2 个）说明其应用成效。

（4）简述低剂量辐射刺激效应的应用特点、范围、效果及其辐照趋势，举例说明其应用效果。

（5）简述辐射诱变育种的概念、特点及意义，举例（1～2 个）说明辐射诱变育种的应用效果及成效。

（6）阐述植物辐射敏感性的影响因素及其与植物辐射诱变育种技术应用的关系。

（7）比较辐射诱变育种与化学诱变育种的特点。

（8）阐述植物辐射诱变育种的程序和方法，分别以 1 个有性繁殖植物和无性繁殖植物为例说明。

（9）查阅资料，列举 1～2 个微生物辐射诱变育种的案例，说明其特点及方法。

（10）阐述食品辐照保藏的概念、意义、特点及其应用目的，举例（1～2 个）说明其应用。

（11）比较辐照杀菌和辐照灭菌的区别及其与辐照剂量的关系。

（12）阐述影响食品辐照效应的影响因素及其控制原则。

（13）简述辐照食品可接受性的结论和依据。

（14）简述影响食品辐照加工工艺的关键因素及其对关键工艺参数确定的影响。

（15）简述辐照食品鉴定的作用和意义、鉴定方法的类型，列举主要鉴定方法。

（16）简述核辐射技术在环保领域应用的范围，并分别举例说明。

（17）阐述辐照检疫技术的概念、特点、作用及其应用范围。

（18）阐述同位素示踪技术的基本原理、特点及其应用范围。

（19）简述电离辐射在医学中的应用范围及作用。

（20）阐述核辐射技术民用的范围、作用及其发展前景。

5.6　阅读材料

［1］刘大森，强继业. 核农学［M］. 北京：中国农业出版社，2006.
［2］徐冠仁. 核农学导论［M］. 北京：原子能出版社，1997.
［3］汪勋清，哈益明，高美须. 食品辐照加工技术［M］. 北京：化学工业出版社，2005.
［4］王丹，陈晓明，刘明学. 电离辐射的植物学和微生物学效应［M］. 北京：科学出版社，2018.

参考文献

［1］郑成娜，刘斯禹，韩雪，等. 核技术在农业领域中的应用［J］. 科技资讯，2016，14（020）：65-65.
［2］邓欣，陈信波，邱财生，等. 我国亚麻种质资源研究与利用概述［J］. 中国麻业科学，2015，37（6）：8.
［3］官梅. ^{12}C 重离子束辐照对油菜（B.napus）的影响［D］. 长沙：湖南农业大学，2005.
［4］周奕菲. 野生三叶木通资源特性调查与多倍体诱变研究［D］. 郑州：河南农业大学，2023.
［5］董亚琳，张洪伟，代秀云. 空间环境诱变育种技术及应用［J］. 农业与技术，2010，30（3）：3.
［6］肖梅. 无核沙田柚激光生物学的系统研究［D］. 南宁：广西大学，2004.
［7］张录卫. $^{12}C^{6+}$ 重离子辐照对小麦抗叶锈病影响及机理研究［D］.兰州：甘肃农业大学，2008.
［8］王欣丽. 紫外线诱导小麦条锈菌致病性突变及其突变菌系的 RAPD 分析［D］. 咸阳：西北农林科技大学，2004.
［9］包伯荣，吴明红，罗文芸. 辐射技术在废水及污泥处理中的应用［J］. 核技术，1996，19（12）：759-764.
［10］Luckey T. D Hormesis with ionizing radiation［M］. Florida: CRC Press, 1980.
［11］纵方，项艳，王雯雯. ^{60}Co-γ 射线辐照孤挺花诱变效应研究［J］. 激光生物学报，2008，17（003）：299-305.
［12］施学勤. 摩尔吸收剂量——一种新的辐射剂量概念的探讨［J］. 辐射防护，1981（06）：16-24，10.
［13］李水凤. 辣椒空间诱变效果及变异机理的初步研究［D］. 杭州：浙江大学，2006.

[14] 张小静，陈富. 辐射育种及其在马铃薯育种中的应用前景［J］. 现代农业科技，2008（013）：14-15.
[15] 王双伍，李赛群，刘建雄，等. 甜瓜空间诱变育种研究初报［J］. 湖南农业科学，2010（12）：3.
[16] 李卫东，崔清宇，马长华，等. 我国中草药航天育种研究进展与展望［J］. 中国现代中药，2020，22（3）：6.
[17] 孙其信. 作物育种学［M］. 北京：高等教育出版社，2011.
[18] 章铁，刘秀清，张金良，等. 不同剂量率 ^{60}Co-γ射线低剂量辐射对小麦农艺性状的影响［J］. 中国农学通报，2008，24（1）：4.
[19] 佚名. 国内外电离辐射刺激作用在农业上应用研究情况介绍［J］. 北方水稻，1980（1）：51-60.
[20] 党旭红，左雅慧，段志凯，等. ^{60}Co γ射线诱发人外周血 GADD45A 基因表达的变化研究［J］. 中国辐射卫生，2011，20（3）：3.
[21] 高峰，肖德涛. 电离辐射与脑神经系统相互作用的物理机理研究进展［J］. 衡阳师范学院学报，2014，35（6）：23-28.
[22] Yu H，Liu N，Ju B. 低剂量辐射诱导小鼠脾脏细胞凋亡的适应性反应［J］. Chines-German Journal of Clinical Oncology，2010，9（4）：235 - 238.
[23] 龙贤辉，徐勤枝，贺性鹏，等.5 cGy γ射线照射正常人淋巴母细胞基因表达转录谱的变化［J］. 辐射防护，2006，26（2）：8.
[24] 佚名. 基因芯片技术分析 20 cGy γ射线照射人淋巴母细胞中差异表达的基因谱［J］. 辐射防护，2006，26（3）：6.
[25] 刘树铮. 低水平辐射对健康的影响［J］. 核技术，1994，17（6）：4.
[26] 林永丽，高军. 低剂量辐射对机体免疫效应的研究现状［J］. 中华航海医学与高气压医学杂志，2004，11（1）：3.
[27] 钟国华，陈永，杨红霞，等. 昆虫辐照不育技术研究与应用进展［J］. 植物保护，2012，38（2）：12-17.
[28] 郑曼，徐立. 桑天牛的防治［J］. 蚕学通讯，2014（002）：27-32.
[29] 王华嵩，胡建国. 利用辐射不育技术防治柑桔大实蝇的示范试验［J］. 中国生物防治，1995（4）：156-159.
[30] 瓦西里耶夫. 示踪原子法在化学中的应用：外国期刊文献的缩译文和概述文集［M］. 北京：中国工业出版社，1963.
[31] 周晓雯，居文政，朱萱萱，等. 放射性核素示踪技术在化学创新药人体物质平衡中的应用［J］. 药学与临床研究，2020，28（2）：5.
[32] 张胜. 同位素示踪技术的原理及应用阐释［J］. 生物学教学，2018，43（8）：2.
[33] 张金平. 放射性同位素在农业上的应用［J］. 农药市场信息，2014（27）：2.
[34] 甘剑英，陈子元. 放射性同位素示踪法研究农药代谢中的几个问题［J］. 核农学

通报，1988（6）：3-6.
［35］翟永功. 同位素示踪技术在农业中的应用［J］. 世界农业，1994（3）：1.
［36］李玉平，江小清，刘苑秋. 碳、氮同位素示踪法在农林业中的应用［J］. 江西科学，2007，25（5）：6.
［37］龚梅，张志勇. 同位素示踪技术与四川农业科研的发展［J］. 西南农业学报，1998（S1）：6.
［38］王琳清. 核辐射在农业上的应用［J］. 农业现代化研究，1984（1）：4.
［39］袁芳. 豆制品辐照保鲜技术研究［D］. 哈尔滨：东北农业大学，2003.
［40］佚名. 食品辐照保藏进展及展望［J］. 丽水师范专科学校学报，2003，25（5）：6.
［41］徐涛，陈范欣. 中药辐射灭菌的原理和安全评价［J］. 中草药，2005，036（005）：792-793.
［42］王乃彦. 核技术在国民经济发展中应用前景广阔［J］. 中国科技奖励，2004（7）：6.
［43］朱珍，王宁，李振兴. 辐照食品检测技术的研究进展［J］. 中国渔业质量与标准，2015，5（2）：9.
［44］夏文水，钟秋平. 食品冷杀菌技术研究进展［J］. 中国食品卫生杂志，2003（06）：62-67.
［45］邹朝晖，邓钢桥. 食品辐照技术与食品质量安全［J］. 湖南农业科学，2005（6）：3.
［46］Paisan Loaharanu，高美须. 辐照食品国际贸易的现状和展望［J］. 核农学通报，1990（05）：39-42.
［47］韩克光，马海利，柴桂珍，等. ^{60}Co 射线对高免卵黄液中霉形体杀灭作用的研究［J］. 吉林畜牧兽医，2005（1）：3.
［48］王昊，计融，李玉伟，等. 串珠镰刀菌辐照效应的研究［J］. 中国食品卫生杂志，2005，17（5）：4.
［49］丘苑新，叶盛英，余恺. 大肠杆菌及乳酸杆菌的辐射致死机理初探［J］. 食品科技，2007，32（6）：4.
［50］李淑荣. 辐照技术在农产品检疫上的应用［J］. 植物检疫，1998（5）：302-304.
［51］张兴芬，何忠俊，梁社往，等. ^{60}Co-γ 辐照对三七叶片组织结构和细胞形态结构的影响［J］. 云南农业大学学报：自然科学版，2016，31（2）：6.
［52］邹朝晖，邓钢桥. 食品辐照技术与食品质量安全［J］. 湖南农业科学，2005（6）：3.
［53］V S Rao，李玉琴. γ 辐照对四种豆类烹调质量和感觉特征的影响［J］. 原子能农业译丛，1986（2）：29-31.
［54］赵永富，汪昌保，王超，等. 辐射灭菌技术在制药业上的最新应用进展［J］. 核农学报，2006，20（2）：143-147.
［55］李凤林. 辐照法在食品工业中的发展现状及前景分析［J］. 江苏调味副食品，

2006，23（6）：5.
［56］廖小军. 冷杀菌技术在食品中的应用［J］. 中国食品工业，1999（11）：3.
［57］靳婧，哈益明，王锋，等. 生物毒素辐照降解技术研究进展［J］. 核农学报，2016（10）：8.
［58］罗春萍，冯娟，项缨，等. 辐照技术消减食物过敏原致敏性研究进展［J］. 核农学报，2020（6）：9.
［59］张海伟. 辐照冷却肉脂肪氧化控制及特异性辐解产物（2-十二烷基环丁酮）变化机制研究［D］. 北京：中国农业科学院，2008.
［60］王赵，陈佳，林彤，等. 中药及其制剂辐射杀菌现状调研及监管建议［J］. 中国药学杂志，2015，50（004）：314-316.
［61］林彤，毕福钧，吕渭升，等. 中药的辐照灭菌现状与监管［J］. 中国药学杂志，2019，54（17）：6.
［62］刘绍德. 关于辐照食品卫生安全性的评论［J］. 核农学通报，1987（5）：3-6.
［63］耿建暖. 食品辐照技术及其食品中的应用［J］. 食品研究与开发，2013（15）：109-112.
［64］严建民，高美须，冯敏，等. 辐照食品的卫生安全性研究现状［J］. 核农学报，2010，24（1）：88-92.
［65］段鑫. X射线对生鲜牛肉的杀菌效果［D］. 上海：上海海洋大学，2011.
［66］刘绍德. 食品辐照装置国际操作规程推荐修改稿［J］. 原子能农业译丛，1982（04）：13-16.
［67］王钢，王丹，何毅，等. 麦冬、大黄饮片电子束辐照灭菌工艺研究［J］. 核农学报，2022，36（8）：10.
［68］岑琴，杜翠荣，曹宁阳. 辐照食品欧盟检测标准及检测方法［J］. 农业科技与装备，2016（9）：3.
［69］唐志忠. 研究国外先进标准加强航空工艺标准化工作［J］. 航空标准化与质量，2005（2）：3.
［70］王跃进，詹国平. 检疫辐照处理技术与应用［M］. 北京：中国农业出版社，2016.
［71］詹国辉，樊新华. 辐照处理在检疫除害中的应用［J］. 四川林业科技，2002，23（4）：5.
［72］康芬芬，詹国平，黄庆林，等. 我国辐照检疫处理的研究现状［J］. 植物检疫，2010，24（2）：4.
［73］望姣赟，胡湖生，杨明德，等. 电离辐射处理工业废水的研究进展［J］. 新疆环境保护，2007，29（2）：4.
［74］刘秀华，雷家荣，杨宇川，等. 辐射技术在废水处理中的应用［J］. 化工进展，2010（5）：7.
［75］望姣赟，胡湖生，杨明德，等. 电离辐射处理工业废水的研究进展［J］. 新疆环

境保护，2007，29（2）：4.

［76］郑勇，郭晓亚. 辐照技术在城市固体废弃物资源化中的应用[J]. 环境科技，2008，021（002）：60-63.

［77］焦世娟. 固体废物处理中辐射技术的应用［J］. 节能与环保，2021（3）：94-95.

［78］哈益明. 辐照食品鉴定检测原理与方法［M］. 北京：科学出版社，2013.

［79］岑琴，杜翠荣，曹宁阳. 辐照食品欧盟检测标准及检测方法［J］. 农业科技与装备，2016，（09）：51-53.

［80］福建省核学会，放射卫生分会. 福建省电离辐射在医学领域的应用［J］. 海峡科学，2009（1）：6.

［81］周也琪，杨爱民. 自我效能理论在护理管理中的运用［J］. 解放军医院管理杂志，2018，25（5）：2.

第 6 章　辐射防护

在接触电离辐射时，若未采取适当的保护措施，生物体所受照射的剂量一旦超出一定限度，就会产生危害。辐射防护是一门综合应用学科，旨在研究如何使人类免受或减少电离辐射的危害。其主要任务是保护从事放射性工作的人员和一般居民的健康与安全，同时确保环境不受破坏，推动核工业和核医学等领域的快速发展。辐射防护的研究范围包括辐射剂量学、辐射防护标准、辐射防护技术、辐射防护评价及辐射防护管理等。本章将重点介绍辐射防护的简史、辐射防护的概念、相关标准及防护方法等方面的内容。

6.1　辐射防护相关概念

实践与干预：实践在辐射防护领域指的是人类进行的各种活动，旨在引入新的辐射源或照射方式、扩大受辐射人员范围及改变现有辐射源的照射路径网络。例如，某些医学检查或治疗需要使用放射性物质，这些物质可能会使患者或医护人员暴露于辐射中。而干预则是指采取各种措施来减小或避免由于不属于受控实践活动的或因事故而失去控制的辐射源所导致的照射或照射可能性。这些措施包括物理遮挡、使用防护装备、改变工作流程或采取安全措施等。干预的目的通常是保护个人免受辐射的伤害，或者在事故发生时最大限度地减少辐射照射的影响。ICRP 2007 年的建议书（ICRP103 号出版物）提出了针对计划照射情况、应急照射情况和现存照射情况三类照射情况的防护体系[1,2]。

辐射防护学量：各类品质因数加权后的吸收剂量引申出的用于防护计算的物理量。在辐射防护领域，除了会涉及辐射剂量学中的吸收剂量（D）外，还涉及与个人防护相关的剂量即当量剂量（H）、有效剂量（E）、待积当量剂量和待积有效剂量，以及与集体防护有关的剂量即集体当量剂量（S_{T}）、集体有效剂量（S_{E}）等。需要注意的是，辐射防护学量都不可测量，计算放射防护量所用到的一些参数都来自小剂量低剂量率照射情况下放射生物学的实验观察结果。因此，放射防护量只能用于放射防护所关心的小剂量低剂量率照射情况；辐射事故中遇到的大剂量高剂量率情况下的人体健康危害评价还得使用受照器官的吸收剂量作为评价的计量学指标。

个人剂量当量 H_p（d）：身体上指定点下面软组织中的适当深度 d（mm）处的剂量当量，单位 J/kg，专用名 Sv。对于弱贯穿辐射，对皮肤使用 0.07 mm 深度，对眼晶体使用 3 mm 深度。个人剂量当量可分别记为 H_p（0.07）与 H_p（3），对于强贯穿辐射，经常采用 10 mm 深度，记作 H_p（10）。

器官剂量（D_T）：人体的一个特定组织或器官 T 内的平均吸收剂量，单位 J/kg，专用名称 Sv，表述为：

$$D_T=\frac{\varepsilon_T}{m_T}$$

式中，ε_T 是授予某一器官或组织的总能量；m_T 是该器官或组织的质量。

随机影响发生的几率不只是由所受的剂量决定，还与所受的辐射类型及能量有关。

在吸收剂量相同条件下，不同种类的辐射对同一个组织或者器官所造成的生物学效应是不同的。因而，吸收剂量用一个反映辐射“质”的有关因数加权用于计算在组织或器官中某个点上的吸收剂量。加权后的吸收剂量称为当量剂量 H，其定义为器官或组织 T 中的平均吸收剂量 $D_{T,R}$ 与辐射权重因子 W_R 的乘积，单位 J/kg，专用名称 Sv。表述为组织或器官当量剂量：

$$H_{T,R}=D_{T,R}\times W_R$$

总当量剂量：

$$H_T=\sum_R H_{T,R}=\sum_R D_{T,R}\times W_R$$

辐射权重因子（W_R）（见表 6-1）在数值上是根据在低剂量率辐射所诱发随机效应的相对辐射生物效应值选取的，进而用来表征辐照射线的种类、能量与生物效应的关系。

表 6-1 辐射权重因子

射线种类	能量范围	辐射权重因子
光子	所有能量	1
电子及介子	所有能量	1
X 射线和 γ 射线	所有能量	1
中子	＜10 keV	5
	10～100 keV	10
	100 keV～2 MeV	20
	2～20 MeV	10
	＞20 MeV	5
质子（不包括反冲质子）	＞2 MeV	2～5
α 离子，裂变碎片，重核		20

另一方面，即使当量剂量相同，不同组织或者器官的生物学效果也不同。因此，引出有效剂量 E 的定义，是指人体内所有组织或者器官加权后的当量剂量之和；专用名称 Sv，单位 J/kg。表述为：

$$E = \sum_{\mathrm{T}} W_{\mathrm{T}} \times H_{\mathrm{T}}$$

辐射防护应当考虑不同组织和器官对发生辐射随机性效应的不同敏感性。人体组织或者器官的权重因子 W_{T}（见表 6-2）是指组织或者器官受辐射后产生的危险度与人体全身均匀所受辐射产生的总危险度的比值，即：

$$W_{\mathrm{T}} = \frac{\text{器官或组织T接受1Sv照射时的总危险度}}{\text{全身接受1Sv均匀照射时总的危险度}}$$

它是指在人体全身被均匀照射的情况下，各个组织或器官所造成的伤害所占的比例。也可以用不同的方式来表达，即不同的组织和器官对于辐射随机效应的敏感度。

表 6-2　人体器官或组织的权重因子

器官或组织	器官或组织的权重因子
性腺	0.20
红骨髓	0.12
结肠	0.12
肺	0.12
胃	0.12
膀胱	0.05
乳腺	0.05
肝	0.05
食道	0.05
甲状腺	0.05
皮肤	0.01
骨表面	0.01
其余器官或组织	0.05

当量剂量的概念是在 20 世纪 50 年代提出的。在 2015 年 10 月的 ICRP 第三届辐射防护系统国际研讨会上提出了一项建议，即停止使用当量剂量作为单独的防护量，这将避免当量剂量、有效剂量和剂量当量之间的混淆，并使用吸收剂量作为限制对眼睛、皮肤、手和脚的确定性效应的更合适的量。

人体在一次摄取一种放射性物质后，其组织或器官在 50 年中所要承受的相应剂量，称为待积当量剂量（$\dot{H}_{\mathrm{T}}$）。其表述为：

$$\dot{H}_{\mathrm{T}}(\tau)=\int_{t_0}^{t_0+\tau}\dot{H}(t)\mathrm{d}t$$

式中：t_0是人体摄入放射性物质的开始时间；$\dot{H}_{\mathrm{T}}(\tau)$是在$t$时刻组织或者器官受到的当量剂量率；$\tau$是人体摄入放射性物质之后所经历的时间，如果没给出积分的时间周期时，成年人一般为50年，儿童为70年。

受到辐射危害的各组织或者器官的待积当量剂量$\dot{H}_{\mathrm{T}}(\tau)$经过$W_{\mathrm{T}}$加权处理后的总和表述为待积有效剂量$E(\tau)$，即：

$$E(\tau)=\sum_{\mathrm{T}}W_{\mathrm{T}}\times H_{\mathrm{T}}(\tau)$$

式中：$H_{\mathrm{T}}(\tau)$是积分到时间组织或者器官T的待积当量剂量；W_{T}是组织或者器官T的组织权重因子。

通常情况较大的核辐射意外事故常牵扯到许多人。所以，经常用联合剂量此概念来描述此次放射性事故对人类造成的总体危害。对同一辐射实践，由于所处地理位置不同、生活习惯差异，受照群体中的不同个体未必都会受到相同水平照射。为评估特定辐射实践对受照群体造成的影响，便于放射防护的代价–利益分析，作为放射防护最优化工具，放射防护领域引入了“集体剂量（S_{E}）”。集体剂量其实是受照群体中以人数加权后的个体剂量的总和。给出集体剂量数值时，必须同时说明相关的辐射实践、涉及的时间范围和该时间内群体人体。

集体当量剂量（S_{T}）用来说明一组人某个特定的组织或者器官的等效剂量的总量，即：

$$S_{\mathrm{T}}=\sum_{i}\bar{H}_{\mathrm{T},i}\times N_i$$

式中：$H_{\mathrm{T},i}$是指在所考虑的群体中，第i组人群中每个人的组织或者器官T所受到的平均的当量剂量；N_i指的是第i组人群的人数，单位：人·Sv。

集体有效剂量（S_E）为受照群体每个成员的有效剂量总和，即：

$$S_E=\sum_{i}\bar{E}_i\times N_i$$

式中：E_i是第i组人群接受的平均有效剂量。单位：人·Sv。

根据ICRP的观点，集体有效剂量是为了优化和比较放射技术及防护程序而设计的工具，并不适用于流行病学研究和风险预测。这是因为在计算集体有效剂量时，使用了线性无阈模型时存在的假设，这可能导致生物和统计上的不确定性。特别是在涉及大规模人群的辐射照射时，使用集体有效剂量计算癌症死亡率是不合理的，因此应该避免这样的计算方法。所有涉及对剂量求和的计算都假定LNT模型的成立，因此，当某些个体的剂量足以引起确定性效应时，集体剂量不能很好地进行评估。

6.2 辐射防护简史

辐射防护是在人类发现和利用放射性的过程中，发现并认识到辐射对于生物特别是人类的危害后逐渐建立起来的[3]。

6.2.1 早期对辐射损伤的认识［发现 X 射线（1895 年）前］

在 1895 年之前，当时人们对辐射和致电离物质的概念不甚了解，因此缺乏辐射防护意识。然而，早在 15 世纪，在德国和捷克边境 Erzgebirge 地区的银矿和后来的铀矿开采时，放射性物质已经显示出了一些有害特性。矿工们容易患上一种名为 Bergsucht 的肺部疾病。16 世纪的德国保健医生 Georg Bauer（1494—1555）以他的拉丁化名 Agricola 出版了名著《Dere Metallica》。他发明了用畜力和水力驱动的风箱来改善通风条件，并建议矿工的妻子为他们制作呼吸过滤口罩。在当时，这些措施可以被视为对照射的一种有效预防措施，以保护他们不受放射性物质吸入的危害。如今，我们知道 Bergsucht 是由于吸入氡产生的肺癌。Georg Bauer 可以被视为早期的辐射防护专家。

6.2.2 初期对辐射损伤的认识［发现 X 射线（1895—1930 年）］

自伦琴发现 X 射线后，X 射线技术被广泛使用，同时也发现了辐射引起的一些损伤效应。如一些科学家在研制 X 射线管和用 X 射线进行实验过程中，发现皮肤出现红斑、皮炎、脱毛、溃疡，眼睛出现结膜炎等症状。1902 年，有研究报告说，X 射线照射可以导致机体出现慢性溃疡进而导致癌变。在 1903 年到 1904 年这段时间，科学家 Heineke 在前期研究中发现，X 射线的照射会导致末梢循环血液中的白细胞数量明显下降。为了进一步探究辐射对生物造血系统的影响，研究人员进行了对豚鼠的半致死剂量系统辐射照射实验。结果证明，生物造血系统对辐射非常敏感，从而导致白细胞数的显著减少；而且 Heineke 还通过实验结果表明了放射性辐射对人类骨髓的损伤和动物骨髓的损伤相吻合。X 射线被发现 10 年后，科学家对血相进行研究，所研究的 10 个病例的白细胞数几乎都有所降低，而且精子数量也显著减少。此外，研究也发现孕妇在怀孕早期进行 X 射线照射，会对胎儿造成伤害，导致胎儿畸形继而流产。

在 1896 年，法国物理学家贝可勒尔在实验中发现了铀具有放射性。1898 年，居里夫妇发现了镭，第二年 4 月，贝可勒尔发现镭盐可引起皮肤烧伤。居里夫人由于长期研究镭等放射性元素的研究工作，遭受了过多的辐射，最终因患白血病而去世。伊伦娜·居里，居里夫人之女，她发现了人工放射性同位素，也因患有白血病而去世。1922 年，Ledoux-Lebard 估计大约有 100 名受辐射的工人因恶性肿瘤而过世。随后，1925 年，

Martland 在他的报告中提到了美国新泽西州一家夜光油漆工厂的情况。这家工厂的标度盘由女工绘制，在她们职业性地接触镭后，一些女工因此去世，而超过 50 人则患上了骨癌。

在早期发现辐射损伤的同时，也进行了辐射防护的研究。1896 年，Wolfram Fuchs 提出过简单的防护方法，如“强烈警告，切勿使用手或身体的任何部分进行 X 射线的品质和硬度检测。这样做会给您的身体带来致命的危险，因为 X 射线对人体组织有害。建议使用专业的设备和技术来检验 X 射线的质量和硬度”。1913 年，德国伦琴学会提出了一份雄心勃勃的辐射防护建议书，这在英格兰引起了不列颠伦琴协会的关注。1915 年，该协会发布了一份警示性声明。在 1921 年，该协会成立了以 Humphry Rolleston 爵士为主席的 X 射线和铀防护委员会。该委员会在 1921 年 7 月公布了初步报告，并在同年 12 月发布了备忘录。1925 年，在伦敦举办了第一届国际放射学大会（ICR），其焦点主要是测量方法和单位。大会决定成立一个名为国际辐射单位与测量委员会（ICRU）的组织实体，最初被称为国际 X 射线单位委员会。至今该委员会一直致力于推动辐射单位和测量的发展和标准化。此外大会还讨论了国际放射防护委员会（ICRP），并在三年后的斯德哥尔摩第二届放射学大会上正式成立，当时该组织被称为国际 X 射线和镭防护委员会。

在 20 世纪 20 年代，虽然剂量的概念尚未成熟，但出现了许多不同的剂量限值。其中之一是由 X 射线引起皮肤红斑剂量（SED）。1924 年，美国物理学家 Arthur Mutscheller 针对 X 射线使用人员根据红斑剂量提出耐受剂量为 0.01 SED/月。1925 年，Sievert 独立地提出 0.1 SED/a 可能是无害的建议。1928 年，国际上开始使用照射量单位 R 之后，主要的研究工作放在了确定 SED 和电离测量结果之间的对应关系上。一些研究者认为，1 SED 相应于大约 600 R。因此，0.1 SED 的年耐受剂量相当于约 60 R。1929 年成立的美国 X 射线和镭防护咨询委员会晚于上述作者在 1934 年提出 0.1 R/d 的限值。之所以选择 0.1 R/d 而不是 0.2 R/d 是因为后者隐含了尚无根据的准确度概念。

6.2.3 20 世纪早、中期对辐射损伤的认识（1930—1960 年）

在 1935—1954 年期间，进行了大量针对 X 射线和辐射治疗的研究。例如，英国采用局部照射的方式，利用 X 射线来治疗强直性脊椎炎患者。与此不同的是，德国使用镭-224 注射来治疗强直性脊椎炎、关节炎和结核病患者。两种不同的治疗方法都旨在缓解患者的症状。这些研究在当时推动了医学领域的进步，并对今天的医疗实践产生了深远的影响。ICRP 在 1930 年召开了巴黎会议，并在 1934 年苏黎士会议上建议采用 0.2 R/d 的耐受剂量。这是 ICRP 的第一个量化的剂量限值，按今天的表示方法，相当于 500 mSv/a。

1939 后的十年间，辐射服务于第二次世界大战期间核武器的制造和使用；当时人们仍然相信生物效应是正确的。其中曼哈顿工程成立了包含医疗监督科、生物研究科、

基础的，以及这四个核心伦理价值观：慈善、谨慎、公平和尊严。

从进行核能开发至今的各种辐射对人类损失的历史回顾中可以看出，每一次的核辐射事故大部分都是因为使用不当的操作和缺少专业防护知识所导致。所以，对辐射防护方面的专业知识进行系统而全面的学习是十分有必要的。

6.3 辐射防护的目的和原则

6.3.1 辐射防护的目的

辐射防护的出发点是要减少或降低辐射对人类及其他生物健康的危害。辐射防护除了要保护工作人员个体及其子孙后代，也要允许开展可能有辐射危害的对人类活动有利、正当的实践活动。因此，放射防护的基本目标是防止这种不确定因素的产生，并尽可能地把这种影响的出现概率控制在一个较低的水平。

从保护人类的角度，必须制定辐射防护与安全基本标准和一系列辐射防护与安全规定以及采取相应管理措施。其中之一的目标是预防有害的确定效应（组织反应）或限制随机效应的发生率，并将其控制在一个可接受的水平上；确保开展辐射照射的人类实践活动具有正当理由、对人类有益，是辐射防护的另一个目的。ICRP 第 26 号出版物认为，辐射防护的主要目的是为人类提供一个适宜的标准，以便保护人类免受辐射的危害，同时也不应过分限制产生辐射照射的有益实践。此后，ICRP 第 103 号出版物则指出，辐射防护的主要目的是在不过分限制与辐射照射相关的人类活动的情况下，为防止辐射照射对人类和环境造成不良影响提供适当的防护水平。综上所述，辐射防护对象是人和环境，目的就是保护人类和环境。

在 20 世纪，放射防护的研究对象主要是人类。然而，在相关建议中，也不乏对环境问题的探讨。在 ICRP 第 26 号、第 60 号出版物中均有涉及。与人类的辐射防护相比，目前，环境保护目标尚不清晰。为了实现保持生物多样性、保护物种，以及维护自然栖息地、群落和生态系统的健康和现状等目的，可以采取多种不同的方法。电离辐射防护不仅要关注人类的保护，也要考虑到非人类物种的保护，这符合从人类中心论向包括生物和生态在内的环境和谐共存的观点转变，维持可持续发展和保护生物多样性，保护生物资源等现代环境保护的公认原则，这是辐射防护概念的重大变化。

6.3.2 辐射防护的原则[4]

为了实现辐射防护的目标，国际放射放护委员会（ICRP）相关出版物及国家标准

《辐射防护规定》(GB 8703—1988)都明确规定：在辐射实践和设施的选址、设计、运行和退役过程中，必须充分考虑并遵循辐射防护的三个基本原则，即实践正当化、辐射防护最优化和个人剂量限值。这三个原则是相互关联的，在实际运用中一定要全面考虑。

在1990年的建议书（第60号出版物）中，国际放射防护委员会（ICRP）提出了三项基本辐射防护原则。

① 实践的正当化：指要充分论证所开展的具有辐射照射的实践活动的利是否大于弊，即所取得的总收益是否大于付出的代价，若是的话，才可以认为这项实践是正当化的。

② 防护的最优化：在执行特定的伴随辐射实践时，需要综合考虑经济、社会等多个因素来权衡可采取的防护方案，以将产生的辐射照射限制在尽可能低的水平。

③ 个人剂量限值：对个人所受的照射剂量必须控制在人体能够承受的剂量限值，确保不会产生超过人体承受的辐射危害。剂量限值在辐射防护最优化方案下起着重要的作用，它不仅是将“不可接受的”和“可耐受的”区域分隔开来的界限，同时也是约束辐射防护方案的上限。尽管辐射实践已经符合实践正当化的原则，并实现了辐射防护的最优化，但仍存在对个体健康造成潜在危害的可能性。因此，在进行具体辐射实践时，无论涉及的利益和代价分析结果如何，都必须在个人剂量限值的限制下对个体的辐射照射进行控制。

国际放射防护委员会在其1990年的建议书（第60号出版物）及1991年的建议书（第63号出版物）中提出对于核意外所导致自然环境辐射水平增加的情况，应进行干预来保障受影响人群的健康。干预的目的是通过一系列活动来影响已存在的辐射原因，从而降低总体照射量。在这一干预过程中，需要遵循以下防护原则。

① 正当化原则：降低剂量并减少辐射危害的同时，必须权衡干预本身带来的危害和代价，包括社会方面的代价。

② 最优化原则：选择适当的干预形式、规模和时间，旨在寻求既可最大限度地降低潜在危害，又能给人类带来最大净利益的方案。在考虑干预所带来的危害之后，能够获得对人类最大的净利益。

6.3.3 实践的正当化

实现放射实践正当化的重要性主要是减少辐射给人类带来的危害，放射实践正当化是需要论证的。简而言之，只有在对实践正当化进行充分论证后，才会考虑防护最优化和剂量限值，这两者是在实施实践后的一种防护措施。因此，对实践正当化必须要有实质性的充分理解、认识和真正落实才能谈及防护内容。

为了降低放射实践所带来的危害，需要进行合理的正当化论证。正当化的目的包括实践的目的是否合理、实践的方法是否科学、预期的结果是否有效及代价的分析（投入与产出比）等因素。实践正当化是论证的核心话题，只有经过正当化的论证才能决定是否开展此次实践。实践正当化包括科学性、实用性、合理性和获得利益多少等方面的考虑。在存在某些辐射危害的实践中，正当化的论证尤为重要。例如，进入强辐射区域需要穿戴防护衣具以避免辐射损伤。在放射实践中，所采取的防护措施都考虑了可能存在的危险因素。这种“考虑”可以认为是论证的另一种方式。穿防护衣具是正当化的，因为这种实践是合理的，如果给非辐射区域工作的人员也穿戴防护衣具肯定不妥，因为这完全是浪费资源，这种实践完全没有必要开展。因此，理解和运用正当化原则是有特定含义和条件的。放射实践正当化是近百年来，通过吸取血和泪的教训而总结出来的重要原则，这一原则是必须强制性遵循的。表 6-3 给出了 ICRP 采用的危险系数。

表 6-3　ICRP 采用的危险系数[5]

器官或组织	1977 年数据	1990 年数据	
	致死癌症/（%/Sv）	致死癌症/（%/Sv）	死亡率/%
膀胱		0.30	50
骨髓	0.20	0.50	99
骨表面	0.05	0.05	70
乳腺	0.25	0.20	50
结肠		0.85	55
肝		0.15	95
肺	0.20	0.85	95
食管		0.30	95
卵巢		0.10	70
皮肤		0.02	0.2
胃		1.10	90
甲状腺	0.05	0.08	10
其余组织	0.50	0.50	71
小计		1.25	5.0
遗传效应		0.40[a]	1.3[b]
总计		1.65	7.3

注：a 只是后两代数据；b 为全部后代数据。

6.3.4　防护的最优化[6]

国际放射防护委员会在 1965 年发布的第 9 号出版物最早提出了辐射防护最优化原

则。该原则指出，由于任何照射都可能造成一定程度的危害，因此建议避免不必要的照射，并将所有剂量控制在实际可达到的最低水平，同时考虑经济和社会因素。随后，在 1973 年，ICRP 发表了第 22 号出版物，进一步强调了代价利益分析和单位集体剂量的货币值。该出版物中指出："可以定义一个点，在这个点上，剂量保持在实际可达到的最低水平，并综合考虑经济和社会因素。在选择这一剂量时，进一步降低剂量所带来的经济利益和社会利益应当等于为了达到这种减小而承担的经济和社会代价。"此外，这份报告还提倡使用"合理的"一词来替代"实际的"。总的来说，ICRP 在这些出版物中提出了辐射防护最优化原则，并强调在确定辐射剂量时要综合考虑经济、社会和卫生利益，以达到减小辐射对人类造成的风险和危害的目的。

1977 年，国际放射防护委员会发布的第 26 号出版物强调，应该在代价和利益分析的基础上，决定是否接受拟议中的伴有辐射剂量的操作或实践，这是一个必要的优化程序。1983 年，ICRP 的第 37 号出版物除了阐述优化原则必要性的同时，还提供了具体的实施方法、代价利益分析的计算方法和判断标准，并列举了在设计、运输、辐射应用等领域中进行优化计算的实例。1988 年，ICRP 的第 55 号出版物进一步讨论了优化方法和决策。同时指出最优化防护的概念在实质上是实用的。它提供了一个思考问题的基本框架，要在投入的防护资源和达到的防护水平之间实现一种适当的平衡。在考虑其他因素和限制的情况下，需要思考如何在这种背景下实现最佳水平。而 ICRP 在两年后的 1990 年发布的第 60 号出版物中进一步发展了最优化概念，并指出最优化方法可能引发人们之间相当大的不公平。为了解决这个问题，引入了"剂量约束"的概念，用于限制选择范围中与源相关的个人剂量值。换句话说，优化辐射防护实践意味着在考虑经济和社会因素后，确保与特定辐射源相关联的正当实践中个人剂量的分布、受照人数和受照可能性（即潜在照射）保持在可以合理达到的最低水平上。根据这种情况，个人剂量不应超过约束值。在干预的辐射防护原则中，最优化的论述是，干预的形式、规模和持续时间应该进行优化，以使净利益最大化（即降低辐射危害带来的利益减去干预带来的危害）。

最近几年，世界范围内关于辐射防护优化问题的研究有了新的发展，同时，辐射保护的优化原理也得到了进一步的发展。

① 辐射防护最优化过程是与辐射源密切相关，因此在任何实践或者项目的设计阶段时，必须进行辐射防护最优化论证。

② 在辐射防护最优化的论证过程中，有必要考虑引入与辐射源相关的个人剂量约束。

③ 最优化方法的应用范围可以从简单的判别方法扩展至复杂的定量分析技术。

④ 通过采用可操作性强、系统化的优化方法，可以实现更高效、更具针对性的资源利用和目标达成。

⑤ 重视树立核安全文化，自觉运用最优化方法来提高核设施的安全性和可靠性。

在 1993 年的 ICRP 第 63 号出版物中，强调了在放射应急情况下公众防护策略设计中，优化策略的关键作用，目的是最大限度地减少事故的影响。然后在 1998 年的第 75 号出版物中，针对工作人员防护问题，再次强调了在实际操作中，管理安排对于最优化的关键作用。ICRP 在第 77 号出版物中进一步强调，由于最优化原则具有判断性，不能将其与代价利益分析等数值定量分析方法混为一谈，而应根据实际情况选择合适的方法。此外，在 1999 年的第 82 号出版物中，关于持续辐射照射下公众防护的问题，提出了在防护决策过程中，可能需要考虑的因素，除了直接与放射防护相关的事项外，还应包括除辐射防护专家以外的利益相关者的参与。

在 ICRP 2007 年建议书中，对最优化的定义进一步明确为辐射防护的基本原则。这一原则适用于正常照射、事故应急照射以及可控的持续照射。在实践中，应将个人剂量约束视为最优化的上限值，并将利益相关者的参与看作最优化决策的重要输入条件。ICRP 在 2007 年的新建议书中对第 60 号出版物所确立的辐射防护最优化原则给予了充分的肯定。当涉及适当性实践时，即被认为具有正当性、计划性或持续性的实践，需要考虑与特定辐射源相关的个人剂量分布、受照人数及受照可能性（潜在照射）。在考虑经济和社会因素后，应将这些因素保持在可以合理达到的最低水平。同时重视在实践过程中，应积极防治任何可能的事故照射和其他潜在照射，坚定地推进安全文化的发展。为了做出最优化决策，需要结合定性和定量分析的逻辑方法。此外，辐射防护的最优化是一个持续不断的过程，需要不断循环和优化[6]。

辐射防护的最优化目标是确保人类在受到辐射照射时能够进行正常活动并保持适当的安全条件，以避免非随机效应的发生，并将随机效应的发生率降低到最低水平。对于微弱的辐射危害，人们普遍认为，即使辐射剂量再小，也可能引发有害的辐射效应，并且接受的剂量与效应发生的概率成正比。因此，为了减少健康受损，需要降低工作人员接受的辐射量。然而，降低辐射量必然会增加辐射防护的投入。值得注意的是，在考虑辐射防护投入时，并不是追求辐射量越低越好，而是要在考虑经济、社会和政治因素的条件下，使辐射水平降低到可接受的程度。只要防护投入的代价和身体健康损害的代价之和最小，就可以认为辐射防护达到了最优化。因此，需要在辐射危害和防护成本之间寻找平衡，只有达到这种平衡才能实现最优化。同时，在实施辐射防护的最优化过程中，需要得到广大员工的理解、配合和支持。辐射防护领域早已出现了在技术经济学意义下实施辐射防护最优化（ALARA）思想，这是不可或缺的[6]。辐射防护的最优化概念最早在 1965 年 ICRP 出版物中提出，它强调了在任何特定源项实践中，除了甲状腺放射性治疗外，个体所接受的辐射剂量必须尽量低且合理可行。同时，辐射防护最优化也必须考虑到经济和社会因素的影响。这一概念的不断发展和完善是不可忽视的[6]。

辐射防护中有两种优化策略。首先，一种优化方法是研究如何在达到既定的安全防护水平的前提下降低费用，注重技术与经济之间的平衡关系，以实现最低费用的目标。另一种优化方法则是研究如何在考虑经济和社会因素的同时，合理利用资源，进一步降低辐射危害。这一方法的目标是尽量减少剂量或危险水平，同时保持安全防护水平。通过这两种优化方法，可以有效降低辐射防护的成本，并最大限度地减少辐射对人体和环境的危害。这种综合考虑技术、经济和社会因素的方法不断发展和完善，以确保辐射防护在实践中取得最佳效果[6]。

根据过去几年国际和国内的实践经验，特别是在核能开发利用和放射性废物管理方面，常常需要考虑到多种因素和多个目标。为了减少辐射危害并降低治理成本，必须综合考虑并选择一系列措施，进行多方案比较，以确定最满意的方案。因此，将这两种优化策略更加紧密地结合起来是非常必要的。最优化原则是辐射防护体系中最为重要的基本原则之一。在我国的电离辐射防护与辐射源安全基本标准（GB 18871—2002）中明确指出，最优化原则是辐射防护的重要准则，必须贯穿于实践或设施的选址、设计、运行和退役的整个过程中[7]。

在具体工作中，提出了辐射防护最优化的要求。

① 辐射防护的最优化原则必须在核设施的设计、选址、运行和退役等实践过程中贯彻执行。

② 为了确保辐射防护方案的最优化，需要定期评估并根据评估结果决定是否需要进行调整。

③ 在辐射防护最优化纲要中，需要全面贯彻和体现防护安全机构的设立、管理、人员培训与资格审定等方面的要求。此外，还要注重制定和执行辐射控制措施及应急计划。

④ 本单位或上级防护安全部门主要负责辐射防护最优化纲要的评审工作。

⑤ 要实现辐射防护最优化纲要的目标，各级领导和全体员工都应该了解并承担起各自的责任。他们需要对最优化原则有所认知，并积极参与其中。

⑥ 在重要辐射防护项目决策中，应考虑利益相关方的参与[8]。

6.3.5 最优化过程[6-9]

辐射防护最优化过程具有两个基本特征：一是对可能影响辐射照射的各种因素进行充分的讨论和论证；二是利益相关者的积极参与和贡献。为了找出影响照射的各种因素，可以采用一种简单的方法，即通过分析和回答以下问题来确定与受照人数和照射情况相关的可能影响因素：“何时、何地、如何以及由谁造成了照射？”这样，就可以考虑到技术、经济、社会、环境、伦理学等多个方面的因素。

辐射防护的最优化过程是一个动态的循环，受到多个方面的反馈和影响。这些反馈和影响包括对过去情况的回顾、剂量或其他数据的趋势分析、内部监控的结构、同行评议、事件报告以及经验总结等。这样的多元反馈机制有助于不断改进和优化辐射防护工作。

最优化过程的目标是找到最佳的防护方案。为了确保透明度和清晰度，最优化原则需要明确规定备选方案中的参数、数据、假设和取值。在评估各种可能的防护方案时，需要进行可行性比较。这样可以确保选择出最合适的方案。同时，要对最优化过程进行定量和定性分析，还要重视利益相关者的参与，无论利益相关者的参与程度和形式如何，决策者都需要对最终决策负责。

以下是一些常见的定量决策方法：代价–效益分析法、代价–利益分析法、多属性效用分析法[6]。

6.3.6 防护最优化程序[8]

（1）首先要明确防护目标，分析并确定危险的来源和各个危险的大小。

（2）针对各种辐射照射源，应尽量制定出各种防护方案来限制和减少辐射照射。

（3）采用定性和定量相结合的方法对以上各种防护方案进行评估，根据剂量限值的具体要求，综合选出最优的防护方案。在此基础上，进一步确定最优防护水平，并形成初步决策。

（4）对于初步决策所依据的资料或假设的不确定性和可变性，可以进行分析和估计，以确定它们对决策结果的影响。同时，还可以确定在这些因素发生特定变化时对决策结果具有最大影响的因素，并进行相应的调整。这样一来，就能够降低决策结果受到不确定性和可变性的影响程度。这样可以提高决策的准确性和可靠性。

（5）在做出最终决策时，还应考虑一些与辐射防护因素和技术不直接相关的因素，经过全面权衡后，再做出最终决策。

（6）将最终决策应用在具体实施后，要不断收集和分析，然后调整决策，始终确保采用的是最优化方案。

6.3.7 个人剂量限值[10–12]

个人剂量限值在辐射防护体系中具有重要地位，其概念和数值经历了近百年的显著演变。从最初的定性概念到后来的定量标准，逐渐从关注避免确定性效应的发生转变为降低随机性效应的发生率。随着时间的推移，个人剂量限值的数值也在逐年降低。个人剂量限值不仅仅是生物学和医学方面的数值，它还与社会经济和人们对危险的接受程度密切相关。在 1977 年的 ICRP 第 26 号出版物中，个人剂量限值被确立为辐射防护体系中的三项原则之一，以保证个人剂量的均衡分配，避免最优化过程中的不公平现象。1990 年的第 60 号出版物引入了“拟议的和继续进行的实践”及“干预”两个防护体系，而个人剂量限值仍然是其中的重要原则之一。ICRP 原主席 Clarke 提出了一个新的控制剂量体系建议，他主张只要最大个人照射健康损害危险很微小，那么总体危险就是微小的，无论有多少人接受了照射。他提出将每年 20～30 mSv 作为各种体系和各类人员的单一限值，被称为“行动水平”，以消除人们对“个人剂量限值”的误解。这一建议旨在平衡个人剂量控制和整体风险管理的关系。

（1）个人剂量限值的建立

1990 年 ICRP 第 60 号出版物的发布，对辐射防护科学产生了重大影响。该出版物首次将增加辐射的“实践”和人为减少辐射的“干预”分为两个独立的防护体系，即“拟议的和继续进行的实践”防护体系和“干预”防护体系。辐射防护的正当性和最优化原则适用于这两个体系。为了防止最优化过程中出现个人剂量分配不均的情况，在“实践”防护体系中引入了个人剂量限值，以确保少数人不会接受超出限值的辐射照射。然而，在辐射防护体系的“干预”部分，特别是在应急情况下，需要抱着挽救生命和保护公众利益的目的，因此可能会放宽个人剂量限值，以应对不利情况。这种情况下，需要灵活运用最优化原则，而不是将个人剂量限值作为先决条件。此外，当个人剂量接近或可能超过确定性效应阈值时，采取干预措施也是合理的。因此，出版物进一步强调了对个人剂量限值的下调。

第 60 号出版物强调了个人剂量限值在辐射防护体系中的重要性，并提醒我们不应将其视为防护的唯一目标。实践中，只有在特定情况下，才会应用个人剂量限值，前提是正当性和最优化原则得到有效实施。对于个人剂量限值的含义，它仅表示超过该水平将被广泛认为是不可接受的，而低于该水平的辐照虽然不受欢迎，但可以合理地接受。同时，通过最优化处理的辐照水平被视为可以接受的。因此，个人剂量限值实际上是不可接受和可容忍剂量之间的分界线。

（2）可控制剂量

虽然辐射防护体系在过去几十年中有了逐渐的完善，但在个人剂量限值，特别是公众个人剂量限值的概念上，仍然存在许多问题，这容易引发误解。这些问题的根源在于防护体系的“分割”，同时也因为辐射防护体系的优化是以集体剂量为基础，通过代价－利益分析或多属性效用函数分析来完成，而不是以个人剂量水平为考量，因此经常会发生冲突。

ICRP 原主席 Clarke 建议引入了一种新的补充体系，该体系基于个人剂量水平来控制辐射剂量。根据这一原则，如果受到最大照射的个体健康损害风险很小，那么总体风险也很小，无论有多少人接受了辐照。他认为可控制剂量是指某个特定源对个人施加的剂量或剂量之和，可以通过某种方法合理地控制，可以在工作、医疗实践和环境中获得（但不包括放射治疗或事故引起的确定性效应等少数情况）。这一新体系将分级与现有的正常实践、事故和医疗情况下的剂量控制准则相结合，并提供了致死性癌症的风险概率。

可控制剂量体系认为，在正常情况下，最大可以容忍的剂量应该在几十毫希沃特的范围内。超过这个范围就必须进行控制，尽管在接下来的年份里这个剂量可能还能够被容忍。这个剂量水平与以下事件相当。

① 建议在核事故后，居民进行永久性再定居时，要尽量避免接受高剂量辐射。根据可控制剂量体系的建议，这包括终生可避免剂量（1 Sv）及与之相关的第一年可避免剂量（几十毫希沃特）。这些剂量水平是为了确保居民的安全而制定的，以减少辐射对

健康的风险。因此，在决定重新定居的时候，必须认真考虑并采取适当的措施来降低辐射暴露。

② 每年的职业剂量限值（20 mSv）。

③ 室内氡的行动水平上限（10 mSv/a）。

④ 一次 CT 扫描剂量（几十毫希沃特）。

⑤ 核事故建议实行撤离的可避免剂量下限（50 mSv）。

每年我们能够接受的可控制剂量水平在几个毫希沃特左右，从健康角度来看，这个水平并不会引起过多的担忧。因为这个剂量水平与自然辐射的水平相当，可以说是相对安全的，因为这与本底的水平相当，这相当于下列事件的水平。

① 氡的行动水平最优化范围的下限（3 mSv）。

② 核事故采用隐蔽行动的下限（5 mSv）。

③ 现行公众成员的年剂量限值（1 mSv）。

④ 一次 X 射线的透视论断（1 mSv）。

每年我们能够承受的可控制剂量水平通常在几百微希沃特左右，这个水平只是自然辐射波动的范围，与危险水平 10^{-5} 相当。

另外还有一个可控制剂量水平在几十微希沃特左右，它对应的危险水平相当于 10^{-6}，被视为可以忽略的风险水平，也是国际基本标准中被豁免的水平。

Klarke 新体系的一个重要特点是为可控制的辐射源设定了一个统一的个人剂量限值，即每年 20～30 mSv，被称为“行动水平”。当个人的剂量超过这个水平时，需要采取相应的行动。而低于这个水平的下一级水平，即每年 3 mSv，则被称为“调查水平”，可以通过简单的措施来减少辐射照射。这个新体系的目标是使其适用于职业、公众和医疗等各个领域，同时也保持了原有辐射防护体系中的合理性和最优化原则[11]。

但在个人剂量限值使用中，还需要注意结算时间、矿工氡子体职业照射、发现超剂量个人时的处置、怀孕妇女的剂量限值、剂量限值不适用于对病人的医疗照射等问题[12]。

6.4 辐射防护标准

辐射防护标准是人们在实际应用中依据的基本指导原则，以确保人类健康和安全，维护地球生态环境，推动核工业和核技术的健康发展。这些标准的核心是严格设定辐射剂量限值。辐射防护标准作为科学规范，由各国政府发布和实施，拥有与法律法规相等的地位，旨在控制各类辐射的影响，以限制辐射危害为目的。辐射防护标准的制定，要以最新发展的辐射防护理论和实践中不断总结的经验，人们对辐射生物效应的深入认识，以及经济、社会和科技的发展水平为依据。人们对辐射危害的认识是一个逐渐深入的过程，对小剂量辐射的生物效应需要进行长期观察和深入研究。随着辐射生物学、放射化学、放射医学与防护、辐射剂量学及放射卫生学等学科的不断发展，以及在实践中所积累的经验，辐射防护标准也在不断发展和改进。

一般来说，辐射防护标准可以划分为四个级别：基本限值、导出限值、管理限值和参考水平。这些级别的设定旨在确保辐射的控制和管理，以保护人类健康和环境安全。

6.4.1 基本限值

（1）个人剂量当量限值

在从事放射性工作时，工作人员需要同时满足两个要求，即限制随机性效应的发生概率和防止确定性效应的发生。为了将随机性效应的发生概率限制在可接受的范围内，个人全身受到的年均匀或非均匀照射的有效剂量当量不得超过 50 mSv。为了预防确定性效应的发生，要求眼晶体的年有效剂量当量不得超过 150 mSv，其他组织的年有效剂量当量不得超过 500 mSv。

（2）个人剂量当量的附加限制

1）育龄妇女的职业性照射

育龄期妇女在负责放射性工作时，必须严格依照均匀月剂量标准来管理所接受的辐射照射。对于已怀孕的妇女，除了遵守相同的辐射控制标准外，还需将每年的有效剂量限制在 15 mSv 以下，以确保安全。

2）事先计划的特殊照射

在正常生产活动中偶然出现异常情况，如果缺乏适当的方法和技术来处理这些异常情况，可能需要少数工作人员在超过限制的辐射照射下执行任务以解除这些异常。在这种情况下，接受照射必须提前进行周密的计划，工作人员的外照射和内暴露于放射性核素产生的待积剂量当量的总和必须受到严格控制，以确保安全。在单次异常事件中，其受到的剂量当量应保持在小于 100 mSv 的范围内，而在一生中则应控制在小于 250 mSv 的限制之内。若工作人员因异常照射已经累计超过 250 mSv 的剂量当量，将无法继续参与特殊照射计划。此外，育龄妇女和未成年人员也不能参与这种事先计划的特殊照射活动。

（3）参考人

尽管在相同的污染环境下，但不同工作人员体内摄入的放射性物质数量可能会有显著差异。这是因为工作人员的生理特征和解剖学差异很大造成的。我们需要在共同的生物学基础上采取措施来处理内照射防护的相关问题，国际放射防护委员会针对共同的生物学基础上的内照射防护问题定义了“参考人”这一概念。可以将参考人理解为虚构的成年人，其解剖学和生理学特征是通过统计大量人群的平均数值而得出的。举例来说，规定参考人一天 24 h 的呼吸空气量为 23 m^3，由于饮食等原因，24 h 内摄取 26.5 kg 的水等，这些特征参数都是由此而确定的。计算内照射剂量的依据都是参考人的解剖特征参数，因此计算结果应用到具体个体时可能会有较大的偏差。ICRP 推荐的参考人参数是以欧美人为调查对象的，因此与亚洲人存在差异，而且没有关于儿童的参数。

（4）年摄入量限值

年摄入量限值是指工作人员体内摄入某种放射性核素所引起的内照射待积剂量当量。当摄入的放射性核素的活度刚好达到 50 mSv（个人年剂量当量限值）时，该放射性核素的年摄入量限值即被定义为 ALI，单位为 Bq。

不同的放射性核素拥有不同的年摄入量限制。举例来说，氚（^{3}H）水的年摄入量限值为 2.9×10^{9} Bq，而碘-131（^{131}I）的年摄入量限值则为 1.7×10^{6} Bq。

因此，在存在内外照射的情况下，个人年剂量当量限制必须确保外照射产生的年剂量当量与摄入放射性核素引起的内照射待积剂量当量之和不超过 50 mSv。

6.4.2 导出限值

在辐射防护的实际监测环节中，无法直接获取有效待积剂量当量和年摄入量限值等测量结果，这给实际操作带来了诸多不便。为了解决这个问题，通常选取一个特定的模式，基于基本限值和年摄入量限值，可以推导出一些直接测量且易于实际管理和控制的指标，这些指标被称为导出限值。导出限值在实际操作中发挥重要作用，其中导出空气浓度（DAC）是常用的导出限值之一。除了 DAC，还有其他一些导出限值，如表面污染控制限值。这些导出限值的制定能够帮助监测和控制放射性物质的风险。

导出限值用于评估放射性气溶胶和放射性气体在空气中的浓度，其中 DAC 是一种常用的指标。为了计算特定放射性核素的 DAC，可以将该核素的年摄入量限值除以参考人一年内所呼吸空气的体积。这样，当参考人在达到 DAC 的环境中呼吸时，其一年内呼吸摄入的该放射性核素的量将不会超过该核素的年摄入量限值。

根据推导 DAC 的方法，我们可以假设辐射工作人员一年工作 50 周，每周工作 40 h，总计工作 2 000 h。假设每小时工作人员吸入 1.2 m^3 空气，那么一年内工作人员共吸入的空气量为 2.4×10^{3} m^3。为了计算 DAC 值，根据导出空气浓度的定义，将放射性核素的年摄入量限值（ALI）除以工作人员一年内吸入的空气量。这样可以得到一个反映工作人员暴露水平的数值，即 DAC 值。通过这种方法，可以确定辐射防护标准，以确保工作人员不会超过安全范围。即：$DAC = ALI/(2.4\times10^{3})$（$Bq/m^3$）。不同放射性核素具有不同的年摄入量限值，因此也有不同的导出空气浓度。例如，氚（^{3}H）水的导出空气浓度为 1.2×10^{6} Bq/m^3，碘-131（^{131}I）的导出空气浓度为 7.1×10^{2} Bq/m^3。

制定导出限值的目标是确定一个数值，只要监测结果低于该数值，就可以基本确定符合辐射防护的基本限值。这样的规定旨在简化辐射防护的管理和控制。

6.4.3　管理限值

辐射防护的主管机构或职能部门常需要设立管理限值。然而，为了实现管理目标，这些限值必须比基本限值更为严格。例如，根据国家标准，个人年剂量限值为 50 mSv，而大亚湾核电厂的管理限值则设定为 20 mSv。现在，根据新的要求，大亚湾核电厂对辐射工作人员的年个人剂量当量管理限值进行了更新。新的管理限值规定为五年内连续不超过 100 mSv，平均每年不超过 20 mSv，并且任何一年都不能超过 50 mSv。

自 2001 年开始，辐射防护科根据大亚湾核电厂当前的辐射防护水平和管理能力，将辐射工作人员的年个人剂量管理限值设定为一年内不超过 10 mSv。

这样的更新管理限值旨在进一步保护辐射工作人员的健康和安全，并确保辐射防护的有效管理和控制。大亚湾核电厂将持续致力于提高辐射防护水平，确保工作人员在辐射环境中的安全。

6.4.4　参考水平

参考水平是在实际操作中用于指导采取特定行动的关键指标。不论是否已经设定限制，所有在辐射防护领域内测量的量都可以设立参考水平，例如辐射剂量或者摄入的放射性物质的量等。参考水平并不是一个限制值，它的主要作用在于一旦某个量的数值超出或可能超出了预设的标准值，就需要采取相应的行动。这些行动包括记录数据，调查原因，明确后果及实施必要的干预措施等。实践中，通常设定不同的标准，如记录水平——用于记录数据，调查水平——用于调查原因，以及干预水平——用于进行必要的干预措施。

（1）记录水平

记录水平指在辐射防护监测中，所设定的可记录和存档的辐射测量值的最小阈值。在辐射防护监测过程中，对于超出记录水平的测量结果，需要进行记录并存档，而对于低于记录水平的测量结果则不予考虑。在评估年剂量当量或摄入量时，低于记录水平的值可以被视为零。这种处理方式的好处是能够大大简化监测结果的记录过程。

（2）调查水平

调查水平是指需要进一步研究和调查的水平。在辐射防护监测过程中，如果测量结果超过这个水平，则需要进行更深入的调查，并且要研究产生这个结果的原因。

（3）干预水平

干预水平是辐射防护监测中需要采取干预措施的标准。一旦测量结果超过该水平，就必须进行相应的干预。此处的“干预”指的是在遇到异常情况或事故时，需要采取与正常操作不同的一系列行动。考虑到因素的复杂性，对于干预水平并没有统一的规定。

6.4.5 相关法律法规

1913 年出现了国家级防护组织，并于 1928 年成立了国际 X 射线和镭防护委员会。随后于 1950 年，国际放射防护委员会正式成立。该委员会的首要任务是紧密关注放射防护领域的最新发展。他们的研究聚焦于放射防护的基本原理、定量分析方法及采取的各种防护措施。同时，他们还负责制定相关的标准和建议，旨在为广泛应用放射源的人员提供指导。在委员会的组织下，设有辐射效应、次级限值、药物防护和委员会建议书应用等四个分委员会。此外，还于 1957 年成立了国际原子能机构。

法律法规是指国家机关制定的具有法律效益的规范性文件，旨在确保社会秩序和公共利益的稳定。防护标准是基于安全前提，旨在以适宜的技术规范限制辐射产生的有益实践，以确保公众的健康和安全。

自 20 世纪 50 年代末，国际放射防护委员会开始出版系列出版物，截至 2021 年年底，已经发布了 147 号出版物。其中，第一份出版物是 1958 年发表的基本建议书，即《国际放射防护委员会建议书》，后续发表的还有第 9 号出版物（1965）、第 26 号出版物（1977）及第 60 号出版物《国际放射防护委员会 1990 年建议书》。在第 60 号出版物中，ICRP 引入了实践和干预的概念，提出了控制医疗照射的原则，并增加了环境辐射的篇幅，同时还专门增加了有关潜在照射的章节。职业照射限值从 50 mSv/a 下调至连续 5 年内平均 20 mSv/a，在任何单个年度不超过 50 mSv。对于公众个人而言，限值为 1 mSv/a，在连续 5 年内平均剂量不超过 1 mSv 时，允许某年高于 1 mSv。1997 年，《国际电离辐射防护和辐射源安全的基本安全标准》发布，这是根据 1990 年 ICRP 建议，并由国际原子能机构、联合国粮食及农业组织、国际劳工组织、经济合作与发展组织核能机构、泛美卫生组织和世界卫生组织共同倡议所形成的。这些倡议组织经过多年的工作，对国际放射防护科学研究和实践经验进行总结，形成了一套统一的放射防护基本标准。在这些标准中，ICRP 起到了重要的作用。

ICRP 的建议书已被其他国际组织采纳，作为制定放射防护标准的参考和依据，已成为一个有关放射防护的权威机构。各个国家也是把 ICRP 建议书作为制定放射防护标准的基础的。1978 年起，ICRP 开始邀请中国科技工作者参与其活动。在 20 世纪 50 年代末，中国已经开始采用 ICRP 的基本概念和最大容许剂量限值来进行实际防护工作。例如，中国在 1974 年发布的《放射防护规定》（GBJ 8—1974）中采纳了 ICRP 推荐的剂量限值和某些基本概念。随后，在 20 世纪 80 年代中期修订发布的辐射防护规定则遵循了 ICRP 第 26 号出版物所提出的基本原则。1990 年，ICRP 发布了新的建议书，国家卫生部、环保局、核安全局和中国核工业总公司都对此表示关注。为了跟进这一新建议，他们决定组建国家辐射防护标准修订联合起草小组。这一修订过程中，采纳了 ICRP 1990 年建议书所提出的基本原则，并将修订后的国家辐射防护标准提交给有关部门批准和发布执行。

2003 年 6 月 28 日，我国全国人大通过了《中华人民共和国放射性污染防治法》。该法与之前及之后发布的一系列核与辐射法规、规章、标准、规范共同构成了我国完备的核与辐射安全法律法规体系。这一体系为我国的核安全提供了统一监管，并确保核与辐射环境的安全，同时也维护了国家、社会和公众的利益。这些法律法规的实施起到了重要的作用。我国放射防护方面的法规和标准主要有：

①《中华人民共和国职业病防治法》2001 年

②《电离辐射防护与辐射源安全基本标准》（GB 18871—2002）

③《中华人民共和国放射性污染防治法》2003 年

④《放射性同位素与射线装置安全和防护条例》2005 年

⑤《放射性同位素与射线装置安全许可管理办法》2006 年

⑥《放射性同位素与射线装置安全和防护管理办法》2011 年

⑦《中华人民共和国环境保护法》1989 年

⑧《中华人民共和国环境影响评价法》2002 年

⑨《临床核医学放射卫生防护标准》（GBZ 120—2006）

⑩《放射性药品管理办法》1989 年

⑪《放射性物质安全运输规定》（GB 11806—1989）

⑫《放射事故管理规定》2001 年

6.5　辐射防护基本措施

人体受到的辐射照射分为外照射和内照射两种。外照射为体外辐射源对生物体所产生的照射。这一术语也用于非人类物种。外照射是相对于内照射而言的。外照射时辐射源位于人体外部，当人体远离辐射源或采取足够的屏蔽防护措施后，则不再受到照射；而对于内照射，一旦人体内进入放射性核素，它将持续对人体进行辐射，甚至可能对人体终生造成影响。外照射与内照射具有明显的区别，因而所采取的防护措施也是不同的。

6.5.1　外照射的防护

外照射防护措施主要侧重于时间、距离和屏蔽三个原则。也就是说，为了降低受照射的时间，应该尽量增大与辐射源的距离，并在人与辐射源之间设置适当的屏蔽措施。在实际应用中，可以采用其中一种或多种手段的综合。

时间防护：为了降低受照时间对辐射剂量的累积影响，应该尽可能减少时间上的暴露。

距离防护：为了降低照射率对距离的平方的影响，应该在尽可能远的位置进行操作，避免直接用手接触辐射源。在操作过程中，一定要注意防护 β 射线的措施。

屏蔽防护：为了降低辐射的强度，可以采取屏蔽防护措施，即在人体和放射源之间放置屏蔽物。虽然"时间防护"和"距离防护"是经济、简便且易行的方法，但仅依靠这两种方法可能无法完全达到防护的目的。因此，屏蔽防护是一种有效的补充措施。必须考虑采用"屏蔽防护"来增强防护效果。

不同于"时间防护"和"距离防护"，"屏蔽防护"在应对射线时具有不同的应用方式。因为 α 射线的射程较短，无法穿透人体皮肤，所以通常不需要特别考虑对 α 射线的外照射防护措施。在实际使用中，主要接触到 X 射线、γ 射线和 β 射线，因此需要着重考虑这三种射线的外照射防护问题。

常见的外照射屏蔽材料有：铅、铜、铝、砖和混凝土。铅的防护效果最好，但对环境有一定污染；铜的性能表现不错，但价格相对偏高；铁的性能较优，而且价格要便宜得多，因此通常会被用来替代铅；铝的当量较低，不过会吸收铜的标识线，因而也被用作过滤板。厚实心砖墙的铅当量约为 2 mm，非常适用于屏蔽防护。在考虑混凝土是否可用于固定防护屏障时，需综合考虑材料密度和浇注质量等因素。复合防护材料则是将前述两种或更多不同种类的防护材料进行复合使用。通常，使用比铅当量作为评估屏蔽材料的屏蔽性能的标准。铅是一种常见的屏蔽材料，可以将某种屏蔽材料与具有相同屏蔽效果的铅层厚度进行比较。这种比较可以帮助我们了解该屏蔽材料的屏蔽性能，并将该屏蔽材料在相应厚度下的屏蔽效果称为铅当量，单位为 mmPb。单位厚度的铅当量被称作铅当量（见表 6-4）。

表 6-4　50～70 kV 时 1 mm 厚防护材料的比铅当量

材料	密度/（kg/m^3）	比铅当量/mmPb
国产铅橡皮	4 000～5 500	0.3～0.36
国产铅玻璃	4 600	0.22～0.24
铜	8 900	0.27
铁	7 800	0.17
砖	1 600～2 000	0.008～0.009
混泥土	2 350	0.008 5

其次是不同射线屏蔽材料的选择，具体原则如下。

α 射线：α 射线的射程较短，即便是高能量的 α 射线，也可以通过一张纸进行屏蔽，因此在外部照射时，α 射线通常不会对人体构成危害。然而，若 α 射线进入人体组织和器官内部，组织和器官将会完全吸收其能量，因此需要特别注意对 α 射线内照射的防护措施。

β 射线：当 β 射线与物质相互作用时，部分能量会被释放，并以 X 射线的形式辐射出去，这被称为轫致辐射。轫致辐射的强度与物质的原子序数 Z 的平方及 β 射线的能量成正比。举例来说，能量为 1 MeV 的 β 射线在铅中（原子序数为 82）转化为轫致辐射的能量占总能量的 3%，而在铝中（原子序数为 13）只有 0.4%。为了屏蔽 β 射线，通常会选择原子序数较低的物质，如有机玻璃和铝，以减少轫致辐射的产生。然而，对于活度和能量较高的 β 源，建议在轻材料屏蔽的基础上添加适当厚度的重物质屏蔽材料，以确保对轫致辐射进行有效屏蔽。

X 射线和 γ 射线：当 X 射线和 Y 射线与物质发生交互作用时，主要以光电效应、康普顿散射及电子对产生这三种形式呈现。光电效应的发生概率与原子序数 Z 的四次方成正比，康普顿散射的概率则与 Z 除以 A 成正比，而电子对产生的概率与 Z 的平方成正比。由于对 X 射线和 Y 射线的屏蔽相比 β 射线更为困难，所以在进行屏蔽时，更倾向于选用原子序数较高的重物质。目前广泛使用的屏蔽材料是铅或含有铅的玻璃。

中子：中子与物质的相互作用过程比较复杂，主要可以归纳为散射和吸收两种方式，并且这些作用特性与中子的能量密切相关。为了更好地理解这一过程，通常将中子分为慢中子（能量低于 5 keV，其中 0.25 eV 的能量属于热中子）、中等能量中子（5～100 keV）和快中子（0.1～500 MeV）三种类型。在实际应用中，快中子是最常见的。快中子与轻物质相互作用时，所损失的能量比与重物质相互作用更为显著，例如当快中子与氢核碰撞时，反冲质子可能获得中子能量的一半。因此，富含氢元素的物质，如水、石蜡等，被认为是优质的中子屏蔽材料。

为了计算选择的屏蔽材料厚度等参数，需要理解如下概念。

窄束 γ 射线在物质中的减弱规律。窄束为不包含散射成分的射线束。单能 γ 射线在物质中的减弱规律：

$$I = I_0 \mathrm{e}^{-\mu d}$$

式中，I，I_0 是设置屏蔽前后的剂量率（强度）；d 是屏蔽层厚度（cm）；μ 是线衰减系数（cm^{-1}）。

宽束 γ 射线在物质中的减弱规律。宽束为包含散射成分的射线束。单能 γ 射线在物质中的减弱规律：

$$I = I_0 B \mathrm{e}^{-\mu d}$$

式中，B 是累积因子，为描述散射光子影响的物理量。表示某一点散射光子数所占份额。B 取决于光子能量、屏蔽材料的原子数、屏蔽层厚度、屏蔽层几何条件等。

减弱倍数 K，为辐射场中某点处没有设置屏蔽层时的当量剂量率 $H(0)$，与设置厚度为 d 的屏蔽层后的当量剂量率 $H(d)$的比值。表示屏蔽材料对辐射的屏蔽能力，无量纲。

半减弱厚度$\Delta_{1/2}$，将入射光子数减弱一半所需的屏蔽层厚度；十倍减弱厚度$\Delta_{1/10}$，将入射光子数减弱到十分之一所需的屏蔽层厚度（见表 6-5）。

表 6-5 常用γ射线的$\Delta_{1/2}$、$\Delta_{1/10}$ cm

核素	铅		钢铁		混凝土	
	$\Delta_{1/2}$	$\Delta_{1/10}$	$\Delta_{1/2}$	$\Delta_{1/10}$	$\Delta_{1/2}$	$\Delta_{1/10}$
^{60}Co	1.2	4.0	2.0	6.7	6.1	20.3
^{137}Cs	0.7	2.2	1.5	5.0	4.9	16.3
^{226}Ra	1.3	4.4	2.1	7.1	7.0	23.3

6.5.2 内照射的防护

根据不同的工作内容和条件，工作人员可能只受到外部辐射或内部辐射的影响，也可能同时受到两种辐射的影响。当相同数量的放射性物质进入人体时，它们产生的危害通常比作为外部辐射源时要大。为了确保人们免受内源辐射的危害，需要遵循一系列基本原则来保护人体健康。为了阻止放射性物质通过各种途径进入人体，并在优化原则的范围内尽量减少其摄入量，需要建立相关规章制度并采取有效措施。

放射性物质可以通过多种途径进入人体，包括进食、呼吸和皮肤接触等。在通常情况下，食品的放射性物质污染相对较少。虽然食品可能会受到放射性物质的污染，但通过接触被污染的手而使放射性物质转移到体内的情况比较罕见。同时，放射性气体和气溶胶的释放会导致空气质量下降，人们通过呼吸将这些放射性物质吸入体内，这是主要的传播途径之一。然而，人体的完好皮肤可以作为一个天然屏障，阻止大部分放射性物质进入体内。只有某些放射性蒸气或液体（如氧化氖蒸气、碘及其化合物溶液）可能会通过皮肤被身体吸收。当皮肤存在损伤时，放射性物质有可能通过破损处进入体液。虽然进入体内的放射性物质大多数会被排出体外，但其中一些亲骨物质(例如铯-137)可能会附着在骨骼上，而其他一些可能会成为身体的一部分(例如钾-40)。

开放型放射性工作是指从事与开放型放射性物质相关的操作。在进行这类工作时，必须考虑采取以下措施以防止射线对人体产生过量的外照射：缩短操作时间，也就是尽可能在短时间内完成必要的操作，以减少暴露在辐射源下的时间。增大与辐射源的距离，通过增加操作者与辐射源之间的距离，可以有效地减少辐射剂量。设置防护屏障，使用适当的屏蔽材料（如重金属、混凝土等）在操作者和辐射源之间设立物理屏障，以进一步减少辐射剂量。此外，为了减少人体内照射危害，以下是需要注意的几点措施：“包容、隔离”“净化、稀释”及“遵守规章制度、做好个人防护”。此外，为了加速排出体内的放射性核素，若不慎误入体内，需及时迅速排出。

6.5.3 放射性工作场所划分

为了更有效地管理辐射防护和控制职业照射，GB 18871—2002《电离辐射防护与辐射源安全基本标准》提出了对辐射工作场所的划分，分为控制区和监督区两个区域。在这两个区域中，需要根据不同情况来设定年受照剂量限值。具体而言，控制区、监督区和非限制区分别对应可能超过年限值的3/10、不超过年限值的3/10及不超过年限值的1/10。这样的划分旨在确保辐射工作场所的安全性和有效性。

控制区是指那些需要特殊防护手段或安全措施的区域。在这些区域内，必须采取专门的防护措施，以避免人员受到辐射的危害。相比之下，监督区是指那些不需要采取特定防护手段或安全措施的区域。然而，为了确保职业照射的安全性，仍然需要定期监督和评估这些区域的照射条件。

注册者和许可证持有者将需要或可能需要采取专门防护手段或安全措施的区域划分为控制区。这样做的目的是确保在正常工作条件下对正常辐射照射进行有效控制，并防止辐射污染的扩散。此外，还需要采取有效措施来预防潜在的照射，并限制潜在照射的范围，以确保工作环境的安全。这样的措施旨在维护工作环境的安全性。

在确定控制区的边界时，应考虑预计的正常辐射照射的水平、潜在辐射照射的可能性及大小，以及所需防护手段与安全措施的性质与范围等因素。

对于范围较大的控制区，如其中的辐射照射或污染水平在不同局部差异较大，需要采用不同的专门防护手段或安全措施，可按需将其细分为不同的子区域，以方便进行分类管理和操作。

为了确保边界进出口和适当位置的安全控制，需要设立醒目且符合要求的电离辐射标志和警告标志。这些标志的设置有助于确保控制区域的有效执行。

在控制区的入口处，应配备防护衣物、检测设备和个人物品存储柜，以提供必要的防护措施。而在控制区的出口处，应提供皮肤和工作服污染检测设备、携带物品的污染检测设备、冲洗或淋浴设施，以及被污染防护衣物的存储柜。这样的措施有助于确保人员的安全和防护，并减少辐射污染的风险。

为了确保职业照射条件的监督和评估，注册者和许可证持有者应将未被划定为控制区的区域定义为监督区。这些区域通常不需要采取特殊的防护手段或安全措施，但是需要经常进行监督和评估。注册者和许可证持有者应当做到以下几点。

① 采用合适的措施来界定监督区的边界。

② 在监督区入口的适当场所设立标明监督区的标识牌。

③ 为了确保从业人员的安全和健康，需要定期审查监督区的各方面条件。通过审查，可以确定该区域是否需要实施防护措施和制定安全规定，或者该区域的监督范围是否需要调整。

另外，根据开放型放射性工作场所的防护设施和其放射性核素日等效最大操作量的不同，可以将这些场所分为三个等级。甲级工作场所日等效最大操作量超过 4×10^9 Bq。乙级工作场所其日等效最大操作量在 2×10^7～4×10^9 Bq 之间。丙级工作场所其日等效最大操作量低于 2×10^7 Bq、在相关标准规定的豁免活度值以上。最大的等效日操作量是根据放射性核素的最大日用量与各放射性核素毒性组别系数相乘积之和除以操作方式修正因子得出的。其中，极毒组、高毒组、中毒组和低毒组的毒性修正因子分别为10、1、0.1和0.01。而贮存、简单湿式操作、湿式操作、产生少量气体或气溶胶操作及干式发尘操作的操作方式修正因子则分别为100、10、1、0.1和0.01。

6.5.4 辐射工作场所的具体辐射防护要求示例

（1）警示标志

应在工作场所外醒目的位置安装指示灯和辐射危险标志（见图6-1～图6-3）。2007年2月15日发布通告，国际原子能机构（IAEA）和国际标准化组织（ISO）宣布了一款全新的放射性物质危险警告标识（ISO 21482：2006）的启用。该标志是传统辐射警告标志的补充，而非替代品。它的作用在于识别可导致死亡或严重损伤的危险源，即Ⅰ类、Ⅱ类和Ⅲ类放射源，如辐照装置、远距离放射治疗源和工业γ射线探伤源等。该标志应设置在贮存放射性物质装置表面，用以警示人们不要试图拆卸装置或靠近该装置。但是该标志在正常使用情况下是不可见的，只有当有人试图拆卸含有放射性物质的设备时才会显露出来。需要注意的是，该标志不应设置在建筑物入口的门上，也不应设置在运输货包或集装箱表面，其使用范围应予以限制。

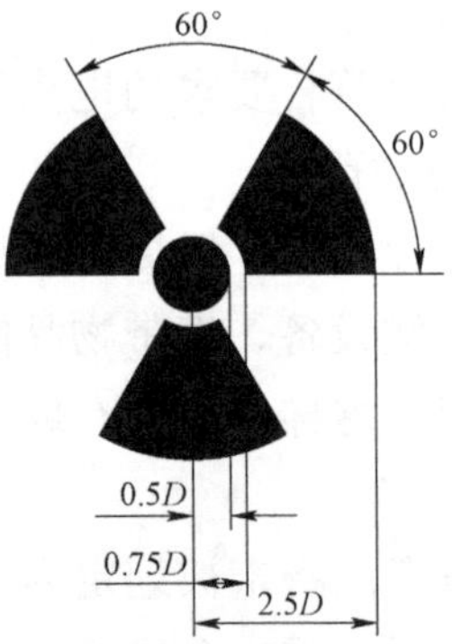

图6-1 辐射危害标志

图6-2 电离辐射标志

图6-3 危险废物标志

（2）仪器/机房的防护设计满足验收要求

① 根据国家规定，放射防护部门必须对仪器进行鉴定，并获得防护性能合格证明，才能使其出厂。

② 在仪器安装完成后，需要对机房的防护性能进行验收和监测。只有当监测结果符合国家规定的限值，并获得合格证明后，该仪器才能正式投入使用。此外，机房的墙壁和门窗采用了符合防护要求的屏蔽厚度，以确保工作人员和周围公众所接受的有效剂量低于国家规定的限值。

（3）配备适量的各种辅助防护用品、辐射监测装置

辅助防护用品如铅围裙、铅手套、铅围脖等。辐射监测装置如个人剂量计、可携式监测仪等。

（4）为了确保室内空气质量良好，应该进行适当的通风，并配备通风装置，以便有效排出有毒气体（如臭氧）和气载放射性物质。为此，排气口的位置应高于附近建筑物屋脊 3 m，且距离建筑物 50 m 范围外，另外还需安装专用过滤装置，以确保排出的空气浓度不超过相关限值。

（5）辐射防护最优化，控制工作人员/受检者的照射剂量

① 应尽量减少不必要的辐射暴露，优先选择非辐射方法替代，优先选择低剂量检查替代高剂量检查。

② 为了减少对患者的副作用，制定适当的照射方案是必要的。在选择照射条件时，需要合理考虑，并要特别重视对敏感和关键的正常组织进行有效的防护措施。

（6）工作人员的个人剂量监测

在工作场所，建立个人剂量记录档案是必要的措施。此外，还应定期监测辐射水平，以确保工作环境的安全。

（7）为了确保辐射防护的有效性，需要制定相应的规章制度和操作规程，并严格执行。

（8）对于能量超过 10 MeV 的加速器，设计屏蔽时需要充分考虑中子辐射的防护措施。

（9）入口处设置防护门、迷道及安全联锁装置

① 迷道作为一种进出通道，利用辐射多次散射的方式来减少辐射水平。当散射次数达到三次或更多时，迷道出口的人员可以得到有效的安全保障。这种方法能够有效降低辐射暴露水平。

② 为了防止主射线束直接照射，防护门的位置应位于其直射路径之外。为了保证辐射泄漏控制的有效性，门与墙之间应保留足够的隔离距离。通常情况下，门与墙之间的连接宽度应该是门与墙之间空隙宽度的 10 倍以上。

③ 安全联锁装置具有声音、光亮和电流等特性，可以实现声光电的联锁。门机联锁可以进行语音提示。在设备启动前会有声音报警提醒操作人员注意安全，操作过程中也会有语音提示等措施来保证安全。

6.6　辐射应急防护与国民安全文化素养

6.6.1　辐射应急工作人员防护[13]

应急照射情况是由人为恶意行为、突发意外或事故等因素引发的辐射照射事件。在这种情况下，需要紧急采取措施来减轻或避免不利后果的发生。在应急照射事件发生之前，制定预防和缓解措施变得极为重要。而一旦面临应急照射情况，必须立即采

取相应的防护行动，以确保人体不会进一步受到辐射伤害。这表明还需要制定相应的预案以备不时之需，并确保能够在第一时间实施预案，最大程度上避免应急照射所产生的损害[17]。

在核事故、辐射事故和核辐射恐怖袭击事件发生后，可能会出现职业照射的情况，尤其是在应急响应的初期从事紧急工作的人员及在后续长期恢复作业中从事工作的人员。在需要进行干预的情况下，公众成员和工作人员之间存在基本区别：公众成员是被动地接受辐射照射，而工作人员则是在明确知情并同意的情况下承受辐射照射。对应急照射中从事干预工作人员提供充足的放射防护措施，保障其健康和安全，是应急准备和响应全过程管理中应予慎重考虑的一个重要问题。

（1）工作人员防护水平的确定

在大多数情况下，合理的做法是继续处理工作人员的照射，尤其是在干预的后期阶段照射是从容的和受控的，对工作人员设定个人剂量限值是适用的，除非存在一些特殊的紧急情况，例如需要在事故发生后立即抢救生命，或防止灾难进一步恶化。

为了控制工作人员在干预活动中接受的辐射剂量，应该尽可能地将其剂量限制在职业照射最大单一年份剂量限值以下，这一限制值通常是以有效剂量 50 mSv 来表示。《国际电离辐射防护和辐射源安全基本安全标准》（BSS）和《电离辐射防护与辐射源安全基本标准》（CBSS）都规定，如果参与干预活动的工作人员的剂量超过最大单一年份剂量限值，必须让他们知情。

对于可能受到剂量超过单一年份剂量限值的工作人员，必须事先告知其可能会发生的健康危险，在干预活动中应提供有关呼吸防护、防护衣具的使用、屏蔽措施和稳定碘预防等防护措施方面的信息，并且尽可能地对其进行专业培训。在工作人员可能受到相对高剂量率辐射照射的场合，应在适当的时期内，提供有关剂量、剂量率和空气浓度方面预先规定的指南。

值得注意的是，在应急照射情况下，ICRP 1990 年建议书推荐的防护准则是用可防止的剂量（干预水平）规定的，而在 2007 年新建议书中该准则以剩余剂量（参考水平）进行规定。

（2）工作人员分类

除注册者和许可证持有者雇用的那些工作人员外，警察、消防队员、医护人员、疏散车辆的司机和乘务员之类支援人员也可能会参与干预工作。

通常按照以下三大类来对工作人员剂量监测和评估安排。

第一类工作人员：主要指在事故现场进行紧急行动的工作人员，包括工厂员工，以及消防队员等应急服务工作人员，主要为了抢救生命，或防止公众受到严重伤害或潜在剂量显著增加。

第二类工作人员：这些工作人员主要包括警察、医护人员，以及疏散车辆的司机和乘务员，主要为了在事故早期阶段保护公众。虽然一般不认为他们是接受职业照射，但在应急行动中，应把他们包括在防护措施的整个系统中。

第三类工作人员：主要指在干预的应急阶段结束后，进行恢复作业的工作人员。这些作业包括对工厂和场址进行恢复、处理放射性废物，以及对环境进行去污。

（3）应急工作人员通用防护导则

1）一般要求

在现场活动中，应始终了解可能面临的危险，并采取必要的防范措施。未配备适当安全防护装备的人员不应进行任何现场活动，并且需要了解如何使用这些装备。所有活动都应该控制所受辐射照射保持在合理可行且尽可能低的水平下进行。工作人员需要熟知应急工作人员返回剂量指导水平（见表 6-6），不要停留在剂量率达到或超过 1 mSv/h 的地方，要特别小心在剂量率大于 10 mSv/h 的区域进行工作。当面临每小时剂量率超过 100 mSv 的区域时，需要获得环境分析或辐射评价负责人的指示后方可进入。为了避免潜在危险，可以采取时间、距离和屏蔽等多重预防措施来保护自身安全。此外，在进入高剂量率区域之前，建议与监督员合作制定应急预案，并避免不必要的风险行动。在任何可能存在污染的地区中，应避免饮食、饮水、吸烟、揉眼或使用化妆品等行为，以免加重污染程度。如果有疑问，应该向组长或协调员寻求建议。

2）甲状腺防护

当事故已经或可能导致放射性碘释放的情况下，按照上级指示服用碘化钾（100 mg/片）1 片，如果遭受放射性碘的持续污染，应遵循指示服用第二片碘化钾。请注意，使用碘化钾并不能取代其他呼吸防护措施。在个人剂量记录中，应及时记录服用稳定碘后的身体反应，以及其他相关信息。

在干预水平为可防止剂量大于 100 mGy 的情况下，服用碘化钾是合理的。为了避免放射性碘进入人体，建议在预计接触前的 4 h 内或放射性碘进入体内时立即服用碘化钾。然而，如果放射性碘持续或多次进入体内，没有具体规定何时应服用碘化钾。最迟，在放射性碘进入体内后的 4 h 内应该服用碘化钾。

3）返回剂量指导水平

在应急情况下，应急工作人员必须按照可用的辐射防护规程进行操作，并尽一切合理的努力，以确保不超过规定的返回剂量上限。表 6-6 列出了应急工作人员返回剂量指导水平。

表 6-6 应急工作人员返回剂量指导水平预置值[13]（根据累积外照射剂量数据）

任务	返回剂量指导水平预置值（EWG）/mSv
Ⅰ类： 抢救生命行动	250
Ⅱ类： 防止严重损伤；避免大的集体剂量； 场外周围剂量率监测（剂量率）	＜50

《电离辐射防护与辐射源安全基本标准》中明确定义了安全文化素养，强调它是单位和员工态度和特性的综合表现。该定义的核心思想是要强调安全第一的理念，并让防护和安全问题得到应有的重视。可以看出，安全文化素养是一种意识形态，它强调单位和员工需要具备高度的献身精神和责任心，以确保辐射安全的应用。尽管安全文化素养与法律法规和规章制度是相互独立的，但它会在具体的实践中得以展现，并在各种情境下持续存在。

（1）安全文化素养特性

安全文化素养是指从事与辐射安全相关的工作人员所展现的献身精神和责任心，以及对于将安全置于首位的理念。这一理念强调了内在的探索态度、谦逊谨慎的心态，以及对于卓越性的持续追求。同时，它也激励个人承担起在辐射安全事务中的责任，并推动整体的自我完善和进步。

辐射安全从业人员需要具备多项关键素质，以确保正确履行所有安全重要职责。除了遵守规定的工作方法外，他们还需要培养和展现高度的警觉性、洞察力、知识储备、判断能力和责任感。

安全文化素养是一种难以衡量但极为重要的无形特质。它自然而然展现出具体的表现形式，这些具体表现成为评估辐射安全文化素养效果的指标之一。

（2）辐射安全文化素养建设的必要性

随着国民经济的快速发展，放射性同位素和辐射技术的使用也在迅猛增长。据1999年年底的统计数据显示，全国已有超过6万家单位应用了放射性同位素和各类射线装置。其中，密封放射源的总装源活度约为 5.0×10^{17} Bq，非密封源的用量约为 1.0×10^{14} Bq，并且每年以约10%的速度持续增长。而根据2005年国家环保总局的统计数据，全国放射源总数已达到142 770枚，共有12 412家单位使用了放射源，各类放射源设备数量高达11万台。尽管放射性同位素和辐射技术的广泛应用为人类带来了巨大的利益，但也存在人为失误可能导致的辐射事故，从而危及人类生命和财产安全。因此，十分有必要进行辐射安全文化素养建设。

（3）培养安全文化素养的要求

ICRP第60号出版物强调了实施委员会建议的第一步对于促使涉及放射源操作人员建立“安全为先”态度的重要性。这一步骤对于每个人都是至关重要的，并需要通过大量的培训来强化安全意识，让每个人都意识到这是他们的责任。高层管理者对此问题格外关注，因此与劳动者代表的紧密合作是不可忽视的。ICRP第64号出版物对辐射安全文化素养提出了明确的要求，包括正确的思维方式、丰富的知识、准确的判断能力和强烈的责任心，以确保安全任务的严格执行。此外，辐射安全文化还强调了有组织的学习态度，并考虑了所有相关运行经验和最新的研究成果，以改善安全工作并重新评估基础。ICRP第73号出版物建议通过发布明确的操作规程和设立正式的放射防护管理机构来增强安全文化素养。这些规程应全面考虑设备和设施的总体设计要求。为了有效实施这些规程，建议在管理机构中设立辐射安全委员会，负责就放射防护安排提出意见和建议。另外，成立专门的防护和保健服务部门，提供专家咨询以解决防护问题，并组织必要的监测保障措施，同时负责常规的职业保健监护工作。此外，对于那些因工作辐射安全受到关注的工作人员，应提前提供医学建议，并在患者接受核医学处置后出院时给其家属必要的建议。

我国在有关国家标准和法规中，以不同层面表达了对辐射安全文化素养的重视，如《电离辐射防护与辐射源安全基本标准》《放射性同位素与射线装置安全和防护条例》《放射性污染防治法》等文件都包含了与辐射安全文化素养相关的表述和要求。

综上所述，将安全文化素养纳入管理要求并赋予其一定的强制性，需要确保以下几个方面：首先，制定相应的政策和程序，以确保公众和工作人员对辐射防护与安全的重视程度。这些政策和程序旨在及时发现并纠正可能影响辐射防护与安全的问题，并强调采取适当的解决措施来应对不同问题的重要性。其次，需明确规定每个人在防护与安全方面的职责，确保每位员工都经过适当的培训，具备相应的资质。此外，还需明确规定与防护与安全决策相关的权限范围。同时，在各级组织中建立通信渠道，以便在许可持有者或许可证持有者所属的各组织之间及各个组织之间进行顺畅的信息交流与沟通。

（4）辐射安全文化素养的应用发展

安全文化素养的兴起对核安全产生了重要的推动作用，许多专家学者普遍认为，在核能领域的各项工作中，核安全文化素养起到了至关重要的作用。事实上，建立核安全文化素养已经成为任何国家利用核电的必备条件。

在核电的发展过程中，各国如美国、法国、日本和中国等，通过总结经验、考虑本国国情和民族传统文化，逐步建立了核安全文化素养的共性和本国特色。这些素养被应用于指导各国核电的安全发展。此外，各国也非常注重对核安全文化素养评价技术的研究和应用。以美国为例，他们采用了“安全规则测量系统”，而中国的秦山核电站则实施了星级管理绩效评价体系，以确保核电运营的安全性。

在核能领域，安全文化素养得到了充分的发展，而这种素养在辐射安全领域，比如医疗放射治疗领域，同样受到了重视和推进。

为了建立健康的辐射安全文化素养，需要在两个方面采取行动。首先，应该树立典范并积极倡导这种素养的重要性。其次，需要制定相关标准并持续推进它们的落实。为了确保这种素养符合安全第一的要求，可以从多个方面进行评估和检验，例如安全方针政策、安全管理、责任制度、人员培训和信息交流等。这些外在表现可以帮助我们了解内在观念是否真正发生了改变，而不仅仅是表面上的变化。

在现今倡导人本主义的时代，人们越来越意识到辐射安全文化素养的重要性。除了政府承担保护公众的责任之外，公众自身也需要拥有自我保护意识，以尽可能地减少和消除辐射所带来的危害。这一目标需要强制性措施与个人自觉性的结合。提升国民的安全文化素养是实现高标准安全的关键，只有通过这种方式，才能减少辐射事故的发生率，从而降低辐射造成的伤害和经济损失，进一步减少其对社会的影响及公众对核能的恐惧和消极心理[18]。因此，建立安全文化素养早已成为国家发展核工业的先决条件。

6.7 思考题

（1）有一位工作人员在一年中受到的是非均匀照射，涉及全身、肺和甲状腺。已知在这一年中他受到的照射为：全身 25 mSv，肺为 150 mSv，试计算他的甲状腺还容许受多大的剂量当量？

（2）查阅组织权重因子，假设每个器官受照时是完全孤立的，试计算下列各器官单独受照时所隐含的限值：性腺、甲状腺和骨表面。

（3）一年可以做多少次胸部 X 射线摄影？（胸部 X 射线摄影每次检查的有效剂量为 0.14 mSv）

（4）在 NaI（Tl）谱仪实验中，^{60}Co 源活度为 2 μCi，R 为 0.8 m，^{60}Co 的Γ为 1.32 R · m^2/h · Ci，一次实验 8 h 所接受的照射量为多少？

（5）将 ^{60}Co 所产生的剂量减弱 2 000 倍，所需铅防护层厚度是多少？

（6）要建造一个 ^{60}Co 辐照室，源活度为 3 754 Ci，墙外容许照射率为 0.25 mR/h，若用混凝土建筑，需要屏蔽墙的厚度是多少？

6.8 阅读材料

[1] 郑钧正.《电离辐射防护与辐射源安全基本标准》关于职业照射的控制［J］. 中国职业医学，2006，33（4）：5.

[2] 李德平，孙世荃，陈明竣，等. 国际放射防护委员会 1990 年建议书［M］. 北京：中国原子能出版社，1993.

参考文献

[1] 李德平，潘自强. 辐射防护手册第三分册辐射安全［M］. 北京：中国原子能出版社，1990.

[2] 国际放射防护委员会. 国际放射防护委员会 2007 年建议书［M］. 北京：中国原子能出版社，2008.

[3] 李雅炯，杨华庭. 辐射防护简史［J］. 辐射防护通讯，1998，18（6）：13.

[4] 李宝廷，石二为，王应欣，等. 放射实践正当化在放射防护三原则中的地位［J］. 中国辐射卫生，2005，014（001）：74-75.

[5] 胡乙飞. 辐射防护最优化的概念和应用［J］. 四川建材，2014，40（6）：2.

[6] 刘华. 辐射防护最优化方法及其应用［J］. 核安全，2007（2）：7.

[7] 从慧玲. 实用辐射安全手册［M］. 北京：中国原子能出版社，2006.

[8] 于水. 放射卫生防护法规与标准手册［M］. 北京：中国标准出版社，1999.

[9] 王冠一，张波，贾伟. 核设施维修的辐射防护最优化方法案例研究［J］. 科学与财富，2013（7）：2.

[10] 胡国辉，张春粦. 辐射防护体系中的个人剂量限值问题［J］. 暨南大学学报（自然科学版），2000（5）：37-41.

[11] 赵兰才，林志凯. 放射防护简史与剂量限值的变迁［J］. 中国辐射卫生，1997，6（1）：2.

[12] 胡遵素. 关于个人剂量限值［J］. 辐射防护，1992，12（3）：10.

[13] 刘长安，陈尔东，李小娟. 核辐射应急工作人员的防护［J］. 中国急救复苏与灾害医学杂志，2009（10）：3.

[14] 潘自强. 在放射攻击事件中人员辐射照射的防护［M］. 北京：中国原子能出版社，2005.

[15] International Association of Fire and Rescue Services, International Atomic Energy Agency, Pan American Health Organization, World Health Organization. Manual for first responders to a radiological emergency［M］. Vienna: IAEA, 2006.

[16] Agency I A E. Generic procedures for assessment and response during a radiological emergency［M］. Vienna: IAEA, 2000.

[17] 崔欣. 核与辐射应急照射情况下公众照射的防护［J］. 中国科技纵横，2017（21）：2.

[18] 唐波，涂彧，徐国千. 辐射安全文化素养探析［J］. 辐射防护通讯，2008，28（3）：5.

第 7 章　核污染的生物监测预警

自从 20 世纪人类发现核子的巨大能量之后，核科学已在多个行业和领域得到广泛应用，包括工业、农业、能源、军事、交通和医疗保健等行业领域[1]。核技术在许多行业产生了显著的经济和社会效益，但在另一方面，它也产生了大量放射性废物。这些废物中的核素可能会迁移到周围环境中造成污染，从而使得环境中放射性核素的本底值不断增加。放射性核素的迁移会对地下水、江河海洋、土壤、空气等造成污染，进而对动植物和人类产生危害，这就是放射性污染，也叫做核污染。

7.1　核污染的来源与危害

核污染的来源主要有核能生产与核事故、天然放射性核素、工业生产、科研及医疗过程、核武器爆炸等主要原因。

（1）天然放射性核素

天然放射性元素存在于土壤、岩石、大气和水等自然环境中的天然放射性物质，主要是由铀系、锕系、钍系三大放射性核素系列和 ^{3}H、^{14}C、^{40}K、^{87}Rb、^{99}Tc、^{146}Sm 等组成[1]。自然界中已发现的天然放射性核素有 230 多种，目前已经确定并已做出特性鉴定的天然放射性核素有 40 多种。由于不同地区天然放射性元素的含量和元素组成各不相同，因此天然放射性元素对环境及人类健康可能产生的潜在风险也存在较大差异。在天然放射性元素富集地区，形成了高本底的天然辐射，这种区域被称为天然高本底辐射区，如中国的阳江、印度的喀拉拉邦、法国的纽曼岛、伊朗的拉姆萨尔和巴西的瓜拉帕里等地区。统计数据表明，高本底天然辐射是导致公众辐射剂量增加的主要来源之一[1]。

（2）核武器试验

核武器试验是造成核污染的主要途径之一，核试验过程中会释放大量放射性物质，这些物质会迅速扩散到周围环境。在裂变和聚变过程中产生的辐射将导致周围物质变成新的放射性物质[2]。尽管大多数放射性物质的半衰期相对较短，但仍会有一部分具有较长半衰期的放射性污染物留存在环境中[3]，从而导致环境遭受几十年甚至更长时间的放射性污染。自从美国在 1945 年进行了人类历史上第一次核试验，并在日本的广岛和长崎投下两枚原子弹以来，美国、俄罗斯（苏联）、英国、法国和中国等国家已经进行了数千次的核试验[4]。这些在大气层、海洋、地面或地下进行的各种核试验导致了 200 多种放射性核素释放到环境中，主要以 ^{90}Sr、^{137}Cs 和 ^{131}I 为主。

（3）核能生产与核事故

正常运行的核电厂会释放出一定量的放射性废气、废水和废渣。尽管经过适当处理，这些放射性废物仍可能对环境造成一定程度的放射性污染。此外，如果核电厂或其他核反应堆发生核泄漏，特别是爆炸事件，会使放射性物质释放到大气中，并沉降于地表，例如，1986 年切尔诺贝利核电厂发生核事故，造成俄罗斯、白俄罗斯及乌克兰地区的大面积土壤受到 ^{90}Sr、^{137}Cs、^{238}Pu、^{239}Pu、^{240}Pu 等放射性核素污染[4]。2011 年日本东部地震引发的海啸导致福岛核电厂发生严重核泄漏事故，污染土壤面积达到 1 000 平方千米，且主要积聚在土壤表层 5 cm 处。在这次事故中，监测到的主要放射性核素包括：^{134}Cs、^{137}Cs、^{136}Cs、^{131}I 等。事故导致 ^{134}Cs 和 ^{137}Cs 的沉积量达到了 3×10^3 kBq/m^2[6]。

（4）工业生产、科研及医疗等过程产生

石油钻探、矿石处理和燃煤发电等工业活动可能导致天然放射性物质在废弃物中积累，从而造成环境受到放射性污染[2]。例如，在铀矿开采过程中，固体废弃物和废水的产生是导致铀矿周边土壤放射性污染的主要因素[6]，这些废弃物主要包括露天开采产生的废石、地下挖掘产生的废石、选矿厂产生的废石及地表堆浸作业后留下的矿渣、废石和矿渣[3]。在这些废弃物中，主要含有放射性核素铀（^{238}U）和镭（^{226}Ra）及其子体。由于放射性核素衰变产生的长寿命放射性核素，可能会通过淋洗和风化作用导致污染范围逐渐扩大[6]。此外，在工业生产和科研中，常使用非密封放射性核素进行放射性同位素示踪，以及在放射源的运输、换装、废源处理和贮存等环节中，都可能存在引发环境核污染的风险[4]；在医疗行业，进行人体功能检查、疾病诊断与治疗等过程时，会使用一些医用放射性核素。在这些过程中，放射性核素的分装、注入、容器清洗、病人排泄等环节都可能造成放射性污染。

放射性核素可以在环境中通过呼吸、进食等多种途径进入人体。当一定量的放射性核素进入人体后，它们不仅具有生物化学毒性，还能够产生电离辐射作用，对人体造成损害，这种电离辐射作用被称为内照射；一定水平的外部电离辐射也可能对人体造成辐射损伤，这被称为外照射。放射性核素释放出的 α 射线、β 射线、γ 射线或中子射线会对生物体的大分子结构产生破坏，进而导致细胞或组织结构的损伤，从而对人体造成严重损害。长期暴露于高能辐射环境可能会导致严重的健康问题，如急性白血病等癌症，以及损害生殖能力，引发不孕症等问题。极端高剂量辐射可能在短时间内导致死亡，而多次小剂量累积辐射则可能导致慢性损伤，影响造血系统、心血管系统和中枢神经系统等。因此，尽量避免长期暴露于高能辐射环境，以确保身体健康，提高患癌的风险[5]。

7.2 核污染的生态过程

核污染的生态过程主要指放射性核素在不同环境介质中的迁移行为及其通过自然和农业生态系统向植物、动物和人类等各种受体转移的过程。

（1）核素在大气中的迁移

大气中放射性污染物的形式和种类很多，可分为放射性粉尘、放射性气溶胶和放射性气体等。放射性粉尘主要来源于核试验、核燃料生产、核事故、矿物开采和冶炼、核废物处置处理过程中向大气中释放的粒径一般在微米级以上的含有放射性物质的颗粒物，放射性粉尘的颗粒物的粒径较大，沉降速度快，含有的放射性物质种类主要包括 ^{238}U、^{235}U、^{232}Th、^{226}Ra、^{222}Rn、^{210}Pb、^{210}Po、^{239}Pu、^{89}Sr、^{90}Sr、^{134}Cs、^{137}Cs、^{131}I、^{140}Ba、^{144}Ce、^{99}Tc、^{60}Co 等。放射性气溶胶是在上述过程中形成的悬浮于空气或气体介质中的放射性微粒分散系统。这些微粒的尺寸通常在 0.001～0.01 mm 之间。小于 0.001 mm 的放射性气溶胶会在空气中呈现布朗运动，不会沉降；而尺寸在 0.01～0.1 mm 之间的气溶胶则沉降较慢，能在空气中长时间悬浮。此外，放射性气溶胶具有高电离效应、低浓度特点，且微粒容易带电（源于放射性衰变），是人体内照射的主要威胁之一。放射性气体主要是核燃料开采、生产与后处理过程中产生的 ^{222}Rn 及其衰变子体，及氩、氪、氙等的放射性核素、碘蒸气、^{2}H、^{3}H 和 ^{14}C 等放射性气体。放射性核素在大气中的迁移距离和范围受风速、风向、大气湍流、气温、降雨等气象因素、地形地貌及放射性污染物种类、放射性尘埃颗粒大小等多种因素的影响。核爆炸产生的放射性污染不仅局限于爆炸发生的几十平方千米内，放射性污染物能够进入大气环流并在一定时间内扩散至全球，同时还能通过水和食物链对人类造成伤害[4]。

（2）核素在土壤中的迁移

放射性核素在土壤中的迁移过程受到许多因素的影响，包括核素的特性、种类、地形、形态、气候及土壤的物理和化学性质、植物、微生物等多种因素的影响[7]。放射性核素在土壤中的存在状态对其迁移过程具有重要影响。例如，当核素以可溶性阳离子的形式存在时，这些元素容易与土壤里的黏性矿物发生阳离子交换吸附，因此在土壤中的迁移能力相对较低。但是，如果这些核素形成了难溶的沉淀物或氧化物，那么就不容易被黏性矿物吸附，它们可能会顺着水流在土壤的空隙中迁移[10]，在土壤中的迁移能力就比较大。年降雨量是影响核素迁移的重要因素，降雨量多的地区土壤的 pH 往往较低，核素易于溶解并随着水流往土壤深层迁移，除此之外，土壤含水量的高低也会对土壤微生物的活动和有机质的分解合成产生影响，进而间接影响核素的交换和吸附[8]。不同种类的土壤对核素的吸附能力有明显的差异。土壤颗粒的粒径越小，其表面积越大，对核素的吸附能力越强。当颗粒的尺寸远小于土壤孔隙时，它们更容易随水流迁移。土壤 pH 在土壤胶体的形成、放射性核素的分解和离子交换吸附过程中起着关键作用，这三者都对土壤颗粒对核素的吸附能力具有重要影响[9]。土壤中含有的天然无机和有机配位体具有与核素发生络合或螯合反应的能力，从而影响土壤对核素的吸附能力[10]。不同种类植物及微生物的活动也会影响核素在土壤中的迁移。研究表明，在高辐射污染的土壤环境中，微生物仍然能够存活并对核素的迁移过程产生影响[11]。核素在土壤中的迁移模式一直是科学家关注的焦点，国内外学者在这一领域进行了深入研究。研究方法主要包括以下三类：实验室模拟实验、实地现场实验及核事故发生后的核素迁移调查与研究等，研究的核素主要包括 ^{85}Sr、^{90}Sr、^{134}Cs、^{137}Cs、^{238}U、^{60}Co 等。以一项针对切尔诺贝利核事故发生后白俄罗斯土壤中 ^{137}Cs 和 ^{85}Sr 迁移情况的研究为例，研究显示，事故发生后的 3～5 年内，对于河流阶地上的土壤来说，^{137}Cs 比 ^{85}Sr 迁移得更深。在这段时间内，5%～15%的核素迁移深度超过了 5 cm，而 90%的核素迁移到了 3～5 cm 的土壤中。相比之下，河滩土壤中 ^{85}Sr 的迁移速度更快，其中 5%的 ^{137}Cs 及 5%～30%的 ^{85}Sr 迁移到 5 cm 以下的土壤中[13]。

（3）核素在水体中的迁移

水是一种具有高度流动性的流体，一旦核素进入水体，它们将迅速向周围环境迁移扩散，从而对环境安全造成影响[13]。在过去，人们普遍认为由于土壤层和包气带的保护作用，地下水无须格外关注放射性防护，因为它们不会直接受到地表放射性污染的影响。然而，切尔诺贝利核事故的经验教训揭示了一个事实，即地下水也可能受到放射性污染。在此之前，科学家主要关注地下水中放射性核素的迁移研究。为此，研究人员通过进行室内和室外实验，收集并分析了各种放射性核素的吸附分配比（RD）、滞留因子（Ri）、表观扩散系数（Da）、有效扩散系数（De）及岩石容量因子（α）等参数[14]。这些参数对于理解放射性核素在屏障材料中的吸附、滞留和扩散行为至关重要。放射性核素在水中迁移的主要方式有三种：① 水动力弥散，包括由水流质点的流速流向等差异引起的机械弥散，以及由分子扩散引发的核素迁移；② 对流弥散，即核素随地下水的宏观迁移；③ 吸附作用，即核素在随水流进入各种介质时，由于离子交换、化学反应等物理化学反应，导致核素滞留在介质表面，从而减缓核素迁移，研究放射性核素在水中的迁移方法与土壤中的迁移研究类似，包括实验室模拟、野外现场实验，以及针对核事故的核素迁移调查与研究等[15]。

目前，地下水中放射性核素迁移的研究主要有两个重点方向：一是通过室内实验来获取关键参数，并运用数值模拟技术探讨核素在地下水中的分布和迁移模式，以及预测核素对地下水环境和生态系统的影响。二是借助地下水化学与同位素分析、分层监测等多种手段研究地下水的来源[11]。随着环保意识的提升，近年来地下水迁移的研究重心逐渐转向数值模拟领域[11]。此外，自 2011 年日本福岛核事故以来，大量放射性核素进入周边海洋生态系统，使得研究核素在海水中的迁移扩散规律成为当前的热门课题。

（4）核素在多介质中的迁移

许多研究人员在对放射性核素在各种环境介质中的迁移变化规律进行深入研究[11,13]，其中 ^{90}Sr、^{134}Cs、^{137}Cs 和 U 等核素在土壤–植物间的积累和转移规律成为近年来的研究热点。相关研究发现，植物种类的多样性导致对核素吸收能力的差异[11]。此外，核素在植物器官中的分布也受到污染发生时间的影响。

（5）核素在食物链中的迁移

放射性核素在环境中传播，最终将进入食物链，对人体产生化学毒性和辐射危害。大气中的核素通过食物链的转移途径包括[16]：大气放射性污染物→植物→人；大气放射性污染物沉降→土壤→植物→人或动物→人。水体中的核素在食物链中的转移途径包括：放射性废水→水生植物或鱼→人；放射性废水→土壤→植物→人或动物→人。放射性核素并非简单地在各生物之间转移，而是在某些生物中表现出显著的富集作用。例如，^{131}I 在空气→草→牛→奶→人的食物链过程中，以及 ^{137}Cs 在水→鱼→人的食物链中，都具有极强的富集作用。这些放射性核素将对人体产生显著影响[16]，放射性核素从环境进入生物循环及通过食物链到达人体的量受到多种因素的影响，包括放射性核素的物理和化学形态，生物体的代谢过程，地质、水文和气候条件，以及人们的饮食习惯等。显然，不同途径摄入人体的放射性核素由于它们的物理和化学性质不同，在人体的吸收、积蓄和排出等方面表现出差异。同一种放射性核素的吸收率并不是固定不变的，而是受到多种因素的影响。例如，当放射性核素通过消化道进入人体时，其吸收率会受到肠道的酸碱度、蠕动状况和内分泌状况等因素的影响。此外，放射性核素在生物体内的分布也有所不同。某些特定的放射性同位素会特别集中在某些特定的器官或组织中，这些器官被称为“关键器官”，即积累该种放射性同位素最多的器官[17]。

7.3 核污染的生态效应与风险评价

（1）核污染的生态效应

环境辐射污染或对自然生态系统和农业生态系统的稳定性构成潜在风险。在土壤环境中，最具破坏力的放射性核素为 ^{90}Sr 和 ^{137}Cs，它们的化学特性与生物体所需的钙和钾相近。这些放射性核素在生物体和人体内积聚，并在特定区域浓集，进而提高人体接受的辐射水平，导致畸变、癌症和突变效应[18]。气载放射性核素主要有 ^{238}U、^{226}Ra、^{222}Rn 及其短寿命子体、^{210}Po 和 ^{210}Pb 等，其中 ^{226}Ra 和 ^{210}Po 属于极毒性放射性核素，^{222}Rn 及其子体是致肺癌的主要诱因。这些放射性核素一旦进入环境，还会对人类健康产生不良影响。高剂量急性放射性辐射可能导致微生物、动植物或人类在短时间内死亡。长期低剂量辐射对生态系统的影响表现在以下几个方面：生物体的异常变异和生态系统的自然演化受到干扰，农产品中的放射性核素活度上升，从而影响食品质量和人类健康。此外，土壤中的放射性核素还会参与水循环和空气循环，进一步导致水资源和大气的污染。此外，放射性核素还会改变土壤微生物的生存状况和种群结构，进而影响土壤肥力和土壤对有毒物质的分解能力。土壤中的放射性核素可能会对土壤生物种群的区系成分和生物群落结构产生影响。在土壤生态系统中，生物群落经过长时间的进化，形成了复杂的相互关系，如竞争、掠食和共生等。不同物种对辐射的敏感性和积累放射性核素的能力各有不同。一个种群对辐射的反应，不仅受到其自身对辐射的直接反应影响，还会因其他种群对辐射的反应而产生间接影响[18]。

（2）核污染的环境及健康风险评估

核能技术在普及和应用领域不断扩大的同时，其所带来的放射性污染问题也逐渐凸显。重大核事故导致的辐射泄漏对人类生存环境和健康生活产生了严重影响。因此，研究放射性污染环境的监测预警和健康风险评估技术具有重要意义。这有助于维护国家国防安全、生态环境安全，推动核工业可持续发展，提高核应急响应能力，确保相关从业人员和公众健康，国内外针对核试验、核事故、铀矿冶、核设施退役等过程向环境释放的放射性核素对周边区域的环境影响及其生态风险与健康风险评估开展了大量研究工作。随着科学研究的深入，国际社会在早期阶段主要关注人类健康风险，因而放射性污染的相关保护标准通常是根据国际放射防护委员会的建议来制定的。但是，自 20 世纪 90 年代以来，非人类物种保护标准设置的问题逐渐受到越来越多的关注[19]。在可持续发展理念的引领下，众多组织如国际原子能机构、加拿大核安全委员会（CNSC）、联合国原子辐射科学效应委员会（UNSCEAR）、美国能源部（DOE）、俄罗斯相关管理机构及美国全国辐射防护委员会（NCRP）等，对电离辐射对生物生态的影响进行了全面研究，并先后构建了一系列评估体系、模型与方法。放射性污染的生态风险评估出现在 20 世纪 90 年代中后期，并与健康影响评估一并发展。生态风险评估的基本技术流程包括规划、问题定义、风险分析、风险表征和风险管理等环节[19]。

7.4 核污染的生物监测

7.4.1 生物监测的概述

（1）生物监测

生物监测是一种新兴的环境监测技术，它在近几十年中得到了快速发展。这项技术借助观察生物个体、种群或群落对环境污染或变化的反应，从生物学角度对环境污染状况进行监测、评估及预警[20][21]。联合国环境规划署（UNEP）将生物监测定义为评估生物体对人为压力的反应程度。这种敏感性可以通过不同的形式被体现出来，包括生物的生物化学、生理、生长或健康状态的改变，个体与种群的生长和繁殖的变化，以及种群数量、生物群体和生态环境的变化[22]。美国国家环境保护局（EPA）将生物监测定义为利用生物体来评估环境变化。这种方法的理论基础来源于生态系统和生物学理论，生物与它们生存的环境之间存在着多种多样的复杂关系，并在物质和能量交换方面保持动态平衡。当环境受到污染时，污染物会进入生物体内并迁移和积聚，这会导致生态系统中各个层次的生物在环境中的分布、生长和发育状况、生理生化等指标出现相应的变化[21,23]。

（2）生物监测的发展

自 1886 年起，Nylander 就发现巴黎市内公园中的树木因地衣受大气污染的影响而消失[24]。20 世纪初，Cairns 和 Schalie 提出了“生物监测革命”的口号，倡导利用生物来监测环境污染。此后，Koikwitz 和 Marsson（1908—1909）提出了“污水生物系统”概念，该概念在后期被 Liebmann 和津田松苗等人持续充实和完善。这使生物监测的发展取得了显著成果。从 20 世纪 50 年代开始，一些国家开始将本地区的指示生物应用于水质和大气污染的监测[21]。生物监测的应用范围不断扩大，逐渐成为环境监测的重要组成部分。到了 20 世纪 70 年代，人们对水质污染问题日益关注，生物指数作为一种评价水质的手段逐渐普及。生物指数的推广，为生物监测领域的发展注入了新的活力，使其成为环境监测的重要组成部分[21]。通过生物监测，人们可以更清晰地了解环境污染状况，为生态环境保护提供关键信息。早在 20 世纪中叶，欧美国家就已经将生物监测应用于环境污染物的毒性评价。例如，美国在 20 世纪 40 年代将生物监测技术引入其排水管理中；加拿大于 1971 年颁布的渔业法中，规定了纸浆厂的排水必须满足鱼类的急性毒性标准，通过观察排水中 4 天内鱼类的存活率来判断是否符合标准。相比之下，我国生物监测的发展较为滞后，直到 20 世纪 80 年代才开始逐步应用。尽管目前我国已经认识到生物监测的重要性，但尚未形成系统化、标准化的生物监测预警技术体系。因此，生物监测预警体系的完善与发展尚需进一步推进[21,23]。

（3）生物监测的方法

生物监测技术具有多样性，可依据生物生存环境介质的污染特点进行区分，分为大气污染、水体污染和土壤污染三类监测方法。此外，按照生物分类，生物监测包括动物、植物和微生物三个方面。从生物学层次来看，生物监测可细分为生态监测，生物测试，分子、生理、生化指标和污染物迁移等多个层面[21]。传统上，生物监测通过观测生物种类、数量和行为的变化，以及测量生物体内蓄积的污染物浓度，以揭示和评价环境污染的程度和状况。在过去的几十年里，生物监测的概念范畴已经显著扩大，涵盖了测量生物体在污染环境中的生理、生态和遗传参数变化，以便更好地了解污染情况及其对生物体的影响[26,27]。现今，生物监测已经从传统的生物种类、数量和行为描述的阶段，发展到现代化的自动分析技术。此外，生物监测的方法已经从单一的生态学方法扩展到与其他领域相结合的研究，如分子生物学、生理学、生物化学、毒理学和生物残留量分析等，生物监测的灵敏度和精确性也日益增加[25]。

指示生物法是一种经典的生物监测方法。指示生物，又称为生物指示物，是指在某一地区范围内，能够通过其种类、数量、特性或群落变化来指示环境或某一环境因子特征的生物[26,28,29]，这种概念最早出现在 20 世纪 70 年代的污染生态学领域，并一直沿用至今。根据 Tingey 的定义，生物指示物是一种能够通过显著的症状或可测量的反应来显示环境污染物是否存在的生物体或生物反应。生物指示物大致可分为三类：第一类是根据污染物对生物体形态或生理造成影响的程度来评估污染状况；第二类是根据某个敏感物种的出现或消失概率来判断污染状况；第三类是动物或植物对污染物具有生物积累作用，可以通过分析它们体内污染物的含量来评估污染状况。常用的生物指示物包括植物、微生物和动物[30]。

指示生物应具备下列条件：① 是生态系统的重要组成，能代表污染区的生物群落，生活区域相对固定，能够积累所处环境中的污染物，且在积累一定量污染物的情况下仍能存活而不会中毒死亡；② 产量丰富，可以满足监测所需样品的数量要求[31]；③ 对有毒物质或环境因子的反应灵敏且可测量，且采样容易、成本低廉，能够大量获取样品；④ 分布广泛，仅少数几个品种就能反映不同环境区域的污染差异；⑤ 可同时积累多种特异性污染物，几种生物指示物即可检测出环境的主要污染状况；⑥ 生物体内污染物与外部环境交换率较低，污染物可在其体内长期保留[31]；⑦ 在不同条件下，生物指示物个体体内的污染物浓度与环境中的平均浓度具有稳定的关联性[34]；⑧ 易于在实验室繁殖和培养；⑨ 具有丰富的生物学背景资料；⑩ 在食物链中占据重要位置，具有重要经济和旅游价值。

近年来又提出了一种更全面的生物监测方法即生物标志物法。生物标志物是生物体在遭受严重损害之前，在不同生物层次（例如分子、细胞、个体等）上因环境污染物影响而产生的异常信号指标[32,33]。生物标志物是一种新型技术，用于研究污染物对生物体内各种指标的影响，目前，生物标志物已经被广泛应用于环境污染监测领域。生物标志物是一种生物反应，用于测量环境污染物暴露及其产生的影响，涵盖了从生物分子、细胞器、细胞、组织、器官、个体、群体、群落到生态系统的各个生物层次。生物标志物被认为是一种全面且综合的生物监测方法，大致可分为两类：暴露生物标志物和效应生物标志物。暴露生物标志物仅代表污染物引起的生物体变化，主要关注变化本身；而效应生物标志物则指污染物对生物体的有害影响，主要关注其影响。生物标志物具有特异性、警示性与广泛性。生物标志物的优点包括能够显示污染物的累积效应，确定污染物与生物效应之间的因果关系，揭示污染物的暴露特点，并具有更高的现场应用性。对于生物标志物的选择，以下为关键考虑因素：① 生物标志物需具备高灵敏度，以确保在不同剂量接触水平下，标志物水平与外部接触水平呈剂量反应关系，即使在低剂量接触水平下，这一关系仍能保持；② 生物标志物的分析重复性和个体差异需控制在可接受范围内，以提高测量结果的准确性；③ 所选用的生物标志物需具有良好的稳定性，以便于样品的运输[32,35]、贮存和分析；④ 在取样过程中，应尽量减少对生物体的伤害，确保样本的完整性和准确性[36]。

（4）生物监测在环境监测中的应用

① 土壤污染的生物监测。通常，土壤所受的污染相对较为间接。主要通过分析污染物对植物、动物和微生物生长发育方面的影响来评估土壤所受的污染状况。在取样过程中，要尽量保证对生物体不造成伤害。土壤污染的植物监测方法是借助土壤指示植物来评估土壤污染的程度。当土壤遭受污染时，植物会受到污染物的影响，产生一系列明显的症状。这些症状包括：植物表面出现清晰的损伤斑块、呼吸作用得到促进、植物成分发生变化、生长发育受到阻碍、光合作用效率降低等[37]。在动物监测土壤污染的方法中，蚯蚓是一种非常有效的生物指标，因为蚯蚓对污染物具有高度敏感性，能够灵敏地检测出土壤中铅、农药等有害物质的存在[38]。此外，土壤中镉的含量与蚯蚓体内镉的含量之间存在较强的相关性，使得蚯蚓成为一种在实际土壤污染监测中具有重要应用价值的生物指标[37]。微生物监测法是一种通过研究微生物在土壤群落中的变化，以全面反映生物污染土壤程度的方法。这种方法通过对土壤样本中微生物种群的分析，评估土壤污染程度，为污染治理提供科学依据[42]。在土壤污染物中，粪便、化肥、农药残留等是主要的污染源。此外，灌溉污水也会导致土壤生物受到一定程度的污染。通过统计和分离土壤中存在的霉菌、放线菌和细菌等污染物，可以了解土壤中微生物群落数量的变化和结构变化[38]。根据监测结果，可以对土壤受微生物群落污染的程度和状况进行全面评估[37]。

② 大气污染的生物监测。大气污染的生物监测主要采用植物监测法。大气污染对植物生存构成威胁，由于植物在生长过程中无法移动，使其无法避免有害物质的污染。然而，植物对有害物质具有较高的敏感性，由于生长位置相对固定，因此易于进行管理和监测[40,41]。在大气污染生物监测中的应用，通常通过采集植物作为监测样品[38,39]。具体方法包括指示植物法、现场调查法、植物群落监测法、地衣苔藓监测法、微核技术、污染量指数法等[42]。

③ 水污染的生物监测。水污染的生物监测方法多种多样，其中一种重要的方法是指示生物法。这种方法通过检测水环境中对污染物敏感或有较高耐受性的生物种类的存在或缺失，来指示水体中污染物的数量或分解程度。这种监测方法具有较高的准确性和灵敏度，能够有效地评估水环境污染状况[38,41,46]。生物标志物法，即分析水体中各种植物、鱼类、贝类等动物体内的生理生化指标变化与污染物水平间的对应关系。细菌学监测法以大肠菌群作为水体受粪便污染的指标最为理想，也可通过检测水中的细菌总数来反映水体被细菌污染的状况。此方法适用于饮用水、水源水、地表水、工业废水和生活污水中的细菌监测。微型生物群落监测法在水体污染监测中具有重要意义。微型生物群落在水体整个生态系统中具有关键地位，当水体受到污染时[40]，它们会表现出较高的敏感性。通过监测微型生物群落结构的变化，可以评估水环境的污染程度，从而为污染治理提供科学依据。普遍使用的监测方法是聚氨酯泡沫塑料块法[38]，主要原理是将含有聚氨酯的泡沫塑料块放入水中，用于收集水体中的微型生物[40,41]。

这一方法的特点在于能够有效地收集和检测水中的微生物群落，并为研究人员提供有关水生生物多样性和生态环境的重要信息。与其他生物群落监测方法相比，聚氨酯泡沫塑料块法具有较高的准确性、经济性和快速性，同时适用于监测工业废水。这一方法在工业废水处理和排放领域具有广泛的应用前景，能够为环保部门提供有关废水处理效果的重要数据，从而为工业废水的处理和排放提供有力的支持[37]。生物指数法是一种以生物种群分布为基础的水体污染评估方法。当水体受到污染时，生物种类会受到限制，污染程度越高，生物种类就越少，直至大型生物消失。因此，一些生物学家提议将生物指数作为衡量水体污染程度的指标。这一方法通过分析水体中生物的多样性和丰富度，为环境管理部门提供了一种有效的手段，以评估和监测水体污染情况。生物指数法是一种利用数学公式计算生物种群或群落结构的变化，从而获得环境质量数值的方法。生物指数法主要包括四种方法，分别是贝克生物指数、贝克－津田生物指数、生物种类多样性指数和硅藻生物指数。物种多样性指数法是一种通过比较生物群落中种类与个体数量之间的比例，来评估生物多样性的方法，通常有三种常用的测量方法，即物种丰富度指数、优势度指数和香农多样性指数[43]。生产力测定法借助测定水生植物中的叶绿素含量、光合作用能力、固氮能力等指标变化[45]，以反映水体污染状况[47]。生物测试方法是通过研究生物在有害物质影响下所产生的反应或生理功能变化，以此评估水质状况并确定安全浓度。在分子生态毒理学领域，现代分子生物学手段得到广泛应用，以研究污染物及其代谢产物与生物体内重要大分子（如蛋白质、核酸及酶）之间的相互作用。基于此方法，研究人员能够确定污染物的主要作用位点或分子目标，并揭示其作用机制[44]。通过这种方法，分子生态毒理学方法可以在个体、种群、群落及生态系统等多个层面对污染物的影响进行预测[44,48]。

（5）生物监测的特点及局限性

生物监测技术在污染物识别方面具有显著优势，与物理化学监测技术相比，生物监测不仅能有效检测污染物的种类和浓度，还能够评估其毒性和生物风险。此外，生物监测还具有实时在线监测的能力，操作简便，成本较低[42]。物理化学监测技术在进行采样分析时往往需要在特定的地点和时间进行，因此难以实现实时在线监测和预先报警。这使得物理化学监测技术在应对突发性环境污染事件时存在一定的局限性[49]。相比之下，生物早期预警系统无需使用化学试剂，因此运行和维护成本较低，更具普及性。生物监测技术。因此具有高灵敏度、长期性、连续性、经济性、非破坏性及综合性等优势[50]。这些优势使得生物监测技术在城市、乡村、河流、湖泊等多种环境中得到了广泛应用，成为环境监测领域的重要支柱。目前，生物监测技术已广泛应用于生态系统环境监测、总量控制、环境风险评估、环境污染早期预警、突发事件监测及环境标准制定等多个领域。生物监测技术为环境保护提供了有力支持，有助于实现绿色可持续发展[49]。

生物监测不能像物理化学监测那样获得比较精准的数据。生物对污染因子的敏感性往往会随着生活在污染环境中时间的增长而降低，导致生物监测的专一性较差。污染物会对生物的群落结构、种群数量、个体行为及形态等产生不同程度的影响，甚至可能会损害生物的遗传物质及细胞结构，进而导致机体变异、致癌、畸变等问题。因此，生物监测在环境保护和生态安全方面具有重要意义[37]。在生物系统相对复杂的情况下，分析监测结果可能较为困难。此外，作为指示生物或生物标志物的生物，不仅会受到污染物的影响，还会受到土壤、地域、季节、病虫害及气候等多种因素的影响。因此，在进行生物监测时，需要充分考虑这些因素，以提高监测结果的准确性[38]。因此，在应用生物监测技术时，要确保监测方式具有标准化，以便最终获得的监测结果具有较强的可比性。只有这样，生物监测技术才能充分发挥其自身价值。生物监测技术在精确性、快速性及灵敏性等方面尚有提升空间[37]。现代生命科学的实践与理论发展可对生物监测技术的发展产生积极指导与促进作用。此外，生物监测技术应该和物理、化学等其他学科的先进技术结合起来才有利于发挥更好的监测作用。

7.4.2 核污染的生物监测

（1）核污染的植物监测

对于土壤和大气核素污染监测，地衣和苔藓、蘑菇是最常用的植物类型。已有研究表明，它们能对大气中的 ^{137}Cs 进行快速的吸收和富集，并在体内保存较长时间而不受到伤害。另外，在智利首都圣地亚哥周边进行的实验表明，一种空气凤梨也能有效监测到大气中 ^{137}Cs 的存在。而这些植物有一个共同特点，即都没有真正的根系系统，生长不需要土壤，可直接生存于空气中，因此可称之为“空气植物”。正是因为这些特殊植物利用叶片直接从空气中吸收水分和养分，因此不可避免地要同时吸收空气中的污染物，包括可能的气态核素污染物，从而成为有效地检测大气核素污染环境的“指示植物”。罗马尼亚 2016 年的研究分析了罗马尼亚的橡树、云杉、杨树和樱桃等树种中 ^{137}Cs 的含量，并比较罗马尼亚的云杉和橡树的平均 ^{137}Cs 值与其他欧洲国家的数据，表明该地区仍然深受切尔诺贝利核事故的影响。Ivanić 等 2019 年分析了克罗地亚某个地区土壤、苔藓和蘑菇中天然放射性核素 ^{238}U、^{235}U 和 ^{232}Th、^{40}K 和 ^{7}Be、人为放射性核素 ^{137}Cs 和 ^{134}Cs 的活性水平来监测环境放射性污染程度。俄罗斯一项研究通过对某个放射性废物排放点 30 千米范围内蘑菇中 ^{137}Cs 含量分析表明，在 2004—2017 年期间，蘑菇中 ^{137}Cs 平均浓度显著下降。

（2）核污染的动物监测

动物的行为是动物对外界环境和内部状态变化的一种外在表现，包括游泳、摄食、生殖、呼吸，以及躲避敌人、攻击、求偶时改变体色等[45]。当环境发生变化时，动物在环境的压力下会产生应激反应，导致其活动发生一系列改变。这些变化有助于动物更好地适应新环境，提高生存和繁殖的能力[45]；而行为适应是动物应对环境变化时所表现出的重要调节功能，通常先于生理应激反应出现。监测预警系统可以通过观察这种行为适应和应激反应对污染程度进行评估[50]。环境污染往往也会引起动物体内的生理生化指标发生显著变化。这些变化包括血液指标、血清蛋白水平、血糖水平、胆汁乳酸盐氧化、核酸核糖代谢、五种肝脏酶及琥珀酸脱氢酶活性等[45][51]，同时还会影响骨骼成分、形态变化、组织再生能力及血脑屏障功能[45][50]。不同的污染源会引起不同的指标变化，监测预警系统可以根据指标的变化及强度对污染源和污染程度进行判断。挪威大学 2012 年报道，将大西洋鲑分别暴露于 0.25 mg/L、0.5 mg/L 和 1.0 mg/L 铀污染的水体中，研究了四个应激反应类别的 12 种生物标记基因在肝脏的转录水平，结果显示 0.25 mg/L 的铀可以在鱼肝中引起氧化应激，明显诱导了几种与毒理学相关的生物标记基因。法国原子能研究机构报道，实验室、笼养和野外实验均表明，蟑螂鱼类的耳石即使在环境铀低含量的情况下（20 μg/L）也能够在表面快速积累并贮存高水平的铀，可以作为鱼类铀污染的生物标志物。法国 2008 年报道用常见的贻贝作为独特的生物监测物种，通过分析来自 60 个沿海监测站点采集贻贝中的 ^{137}Cs 水平来反映该地区受切尔诺贝利事故影响的持续特征。法国 2012 年报道牡蛎是在沿海海洋环境中调查和监测含有 ^{14}C 有机污染的良好生物指示物种。斯洛文尼亚 2018 年的研究报道了通过分析沿安达卢西亚沿海地区采集的不同类型的双壳贝类中 ^{210}Po 和 ^{210}Pb 的活性浓度监测当地的放射性污染程度。芬兰 2012 年报道人的头发可以监测反映外源 U 的变化。瑞典 2015 年报道人的头发可以监测人体遭受 ^{210}Po 污染的情况。头发不仅可以用于检测 ^{210}Po 的摄入量，还可以用于检测摄入量是长期的还是急性的。

（3）核污染的微生物监测法

对于放射性核素的生物效应，人们关注较多的是核素对动植物的有效性，目前，关于核素污染对微生物生态系统影响的研究报道相对较少。然而，微生物在生态系统中扮演着重要角色，在生态环境中，土壤微生物起着重要作用，如动植物残体的分解、养分的贮存与转化、水分渗透、气体交换、土壤结构的形成与稳定、有机物的合成及异源生物降解等。因此，核素污染与微生物之间关系的研究也应受到同等重视，以更好地了解核素污染对生态系统的影响，为污染治理提供科学依据[36]。许多研究结果表明，由于重金属和核素污染导致的环境微生物生态学变化比其他化学、生化指标更为敏感，例如，在欧盟设定的农田土壤重金属负荷标准内，土壤微生物种群和代谢活动已表现出明显改变。微生物在生态系统中扮演重要角色，参与 80%～90%的生物地球化学循环，影响生态系统中几乎所有的生物和生物化学反应。

土壤微生物群体包括各类微生物及它们之间的差异，表现为生理功能多样性、细胞组成多样性和遗传物质多样性。作为衡量土壤生态系统结构和稳定性的关键参数之一，土壤微生物群体能够较早地预测土壤养分和环境质量的变化，被认为是最具潜力的敏感生物指标之一。自 1970 年以来，研究者针对 Pb、Cd、Cr、Cu、Zn、Hg、As 等重金属对微生物数量及群落结构多样性方面进行了大量研究，研究结果表明，重金属对微生物毒性的作用与其浓度密切相关。在某些情况下，低浓度重金属可能促进微生物生长，而高浓度则表现出显著抑制作用。这种相关性通常呈负相关，且与重金属种类、土壤类型及微生物类群有关[52]。然而，在生产实践中，以微生物为指标来检测和预警环境污染的方法尚未得到广泛应用，原因有很多。其中一个主要原因是传统的微生物培养方法无法真实反映环境中微生物的状况，因为目前能够培养的微生物仅占环境中微生物总量的不到 3%。因此，使用微生物指标来指示环境污染时，方法可能不稳定、结果可重复性较差，甚至得出相互矛盾的结论。近年来，随着现代分子生物学新技术的发展及其在微生物生态学领域的应用，微生物分子生态学应运而生。这一领域的发展使得研究人员能够在不进行传统培养方法的情况下，利用基因组技术和基于 DNA 序列的系统生物学研究方法，监测环境中全部可培养（3%）和不可培养（97%）微生物的遗传多样性和群落变化。通过这些方法，研究人员可以对环境污染进行评估和预警[52]，而不再依赖于不稳定、可重复性较差且可能得出相互矛盾结论的微生物指标。

日本原子能开发研究机构与茨城大学研究人员从森林土壤中找到两种对氢氧化能力很强的微生物，即 *Kitasatospora sp.*和 *Streptomyces sp.*，其可在常温下氧化环境中的氢，并转换为水。这样使监测和治理环境中氚的放射性污染成为可能。西南科技大学 2020 年报道使用 ^{16}S rRNA 基因的高通量测序研究铀矿细菌群落之间的差异，发现土壤有机质、铬和 pH 是改变铀矿细菌群落结构的三个主要因素。美国橡树岭国家实验室 2018 年报道用全面的功能基因阵列来分析橡树岭国家实验室（橡树岭，田纳西州）的 69 口井的地下水微生物组。通过检查关键的微生物功能基因和群体变化来监测地下水放射性污染和生态系统功能变化。该研究表明利用微生物功能基因研究预测环境污染和生态系统功能具有巨大潜力。解开生物多样性与生态系统功能之间的关系是生态学中一个非常重要却难以理解的主题，以生物多样性为基础预测生态系统功能更加困难，尤其是微生物生物标记物。作为一项探索性工作，该研究使用关键的微生物功能基因作为生物标记物，以提供对放射性环境污染和生态系统功能的预测性理解。结果表明，随着铀在地下水中的增加，总功能基因丰富度/多样性下降，而特定的关键微生物行会随着铀或硝酸盐的增加而显著增加。这些关键的微生物功能基因可用于成功预测环境污染和生态系统功能。该研究代表了使用功能基因标记预测环境污染物和生态系统功能向预测微生物生态的空间分布的显著进步，这是微生物生态学的最终目标。

（4）核污染生物监测的研究进展

第二次世界大战以后，随着核技术的开发与应用及欧美国家的多次核试验导致环境中的放射性核素日益增加，人们开始逐渐认识到放射性核素的危害，研究表明环境中的核素可通过植物吸收而进入食物链，通过食物链的传递或富集作用，有可能导致食物链高端的生物产生毒性效应，从而导致人体内蓄积达到有害的程度，危害健康，因此纷纷开始研究放射性核素的生物学效应及其在环境介质和食物链中的转移规律。日本深受放射性核素污染的危害，一方面是广岛长崎原子弹爆炸导致大面积环境放射性污染；另一方面又受到美国在太平洋马绍尔群岛和阿留申群岛多次核试验导致的环境污染的威胁，因此很早就开始研究放射性核素在环境和食物链中的转移规律，如日本 1954 年就报道了美国在马绍尔群岛的核试验导致日本农作物、蔬菜、水果等 74 种植物及多种土壤中存在放射性核素的污染。1959 年在牛奶和奶制品中发现了放射性核素的污染，欧美等国家也开展了一系列相关研究。联合国原子辐射效应科学委员会（UNSCEAR）分别在 1962 年、1993 年和 2000 年发布了一系列报告，旨在探讨放射性核素在环境中的迁移过程，以及向人类转移的模式。具体而言，1962 年的报告阐明了放射性核素在环境中的迁移和向人类转移的模式，1993 年的报告汇总了不同核素通过吸入和食入途径转移系数的相关数据，而 2000 年的报告则详细描述了剂量评价的方法[54]。1979 年美国三哩岛核事故后立即在 PPL Susquehanna 核电厂启动了一个生物监测研究工作，这项长达 25 年的研究监测了该核电厂附近的水生和陆地生物的放射性核素浓度。这是最早启动的，经过独立验证的长期放射性环境调查与监测。主要调查生物累积实体包括附生生物、絮凝沉积物、地衣和凋落物、腐殖质等。监测工作于 1979 年 3 月 28 日三哩岛事故发生后 2 个月开始，并在三哩岛下方设有一个河流监测站。结果表明，附生生物是最好的整体生物监测器。特定的放射性核素在不同的生物监测器中表现出优先吸附。地衣和腐殖质在陆地上基本上是等效的放射性核素探测器。长达 25 年的监测数据表明 PPL Susquehanna 核电厂放射性核素释放没有产生负面环境或人类健康影响，整个研究可以作为有用的背景放射学数据库。2000 年美国国立卫生研究院（NIH）和能源部启动了一个联合研究项目，其目的在于对重金属、化学污染物及放射性核素进行有效的监控，建立一个“生物标记监控—抗性生物筛选—生物抗性分子机理研究—污染物修复”的遗传工程改造的新种质综合研究系统。2002 年美国 NIH 和国防部（DOD）资助了的一个核废物生物监测研究项目，其核心内容是通过发展一些生物标记物“biomarker”，来监测和评价核废物对污染地区生态环境的影响，这些生物标记物既包括敏感指示生物和群落的变化，也包括一系列的细胞、亚细胞甚至分子水平的上的变化。这些监测生物既包括酵母、植物（拟南芥），也包括动物（小鼠）。美国在北太平洋阿留申群岛的 Amchitka 岛进行了三次地下核实验，尽管绝大多数核废物残留在岛上，但这些核废物面临极大的扩散风险，其残留的核废物对岛上的生态环境及周边广袤海洋的生态环境几个世纪内都将产生深远影响。这些核试验的残留物一方面严重影响当地阿留申人的生活方式；另一方面美国市场上超过 40%的鱼类和贝类来自北太平洋地区的白令海陆架和阿留申盆地，因此这些核试验造成的生态环境安全隐患引起了美国广大民众的高度关注。所以美国于 2003 年发起了一个由多所大学，多个学科的联合的风险评价与利益相关者参与的 CRESP 项目，该项目要求建立一个独立的科学评估计划，评估从 Amchitka 岛海域周围获取的食品是否是安全的，Amchitka 岛周边的海洋环境是否受到影响，并进行相关技术研究，开展长期的生物监测计划。

目前核污染的生物监测相关研究主要集中在以下方面。① 放射性核素在食物链成分中的含量及转移规律研究。如稻米食物链中 U、^{232}Tu、^{226}Ra、^{40}K、^{137}Cs 和 ^{90}Sr 的分布及转移规律；^{90}Sr、^{137}Cs、U、^{226}Ra 和 ^{213}Pu 在各种农畜产品分布及转移规律；新西兰饮食中的自然和人为放射性核素浓度及活度。② 放射性核素在生态系统中迁移研究。如福岛核事故后周边草地和海洋生态系统中 ^{137}Cs 的分布及转移研究；放射性废物贮藏点周边陆地生态系统的 ^{90}Sr 污染特征研究，铀水冶厂附近地表生态系统中的 U、^{226}Ra、^{210}Pb 和 ^{210}Po 分布特征研究。③ 放射性核素经食物链转移模型研究。如福岛核事故释放放射性物质海洋扩散的模拟与验证；^{3}H 在水生食物链中传递的动态模型；沿海沙丘生态系统中 ^{137}Cs、^{238}Pu、^{239}Pu、^{240}Pu 和 ^{241}Am 放射性核素通过无脊椎动物和小型哺乳动物转移的动态模型；^{14}C 从地表水向人体转移的动态模型研究等。

7.5 思考题

（1）核污染生物监测的理论基础。

（2）生物监测的优势与局限性。

（3）设计一个针对水体放射性污染的生物监测技术方案。

7.6 阅读材料

[1] 周风霞. 生物监测［M］. 北京：化学工业出版社，2021.

[2] 王宏镔，王海娟，曾和平. 污染与恢复生态学［M］. 北京：科学出版社，2015.

参考文献

[1] 张晓雪，王丹，闻方平. 低放核素污染土－水介质的植物修复研究进展［J］. 西北植物学报，2008，28（12）：4.

[2] 王斯佳. 核污染的主要来源及防治对策［J］. 中国资源综合利用，2017，35（7）：3.

[3] 覃国秀，刘庆成，陈宁，等. 某矿山天然放射性核素的调查［J］. 世界核地质科学，2008，25（1）：3.

[4] 曾勇. 环境核污染主要来源及其防治对策［J］. 资源节约与环保，2013（4）：2.

[5] 朱琳，王斐. 环境中放射性污染的来源、特点、危害和防护［J］. 河南科技，2014（7）：1.

[6] 罗恺，李洋，陈海龙，等. 土壤放射性污染来源分析与修复技术［J］. 环境影响评价，2019，41（1）：4.

[7] 杨云波，李永玲. 土壤放射性污染来源及修复工艺综述［J］. 区域治理，2020（2）：3.

[8] 强亦忠. 简明放射化学教程［M］.2 版. 北京：中国原子能出版社，1989.

[9] 郭炀锐，宋刚，冯颖思，等. 改良剂豆渣处理土壤对玉米吸收天然放射性核素的影响［J］. 核农学报，2013，27（009）：1360-1365.

［10］董武娟，吴仁海. 土壤放射性污染的来源、积累和迁移［J］. 云南地理环境研究，2003，15（2）：5.
［11］刘媛媛，魏强林，高柏，等. 放射性核素在不同介质中的迁移规律研究现状及进展［J］. 有色金属：冶炼部分，2018（6）：7.
［12］杨俊诚，朱永懿，陈景坚，等. ^{137}Cs 不同污染水平在大亚湾、秦山、北京土壤-植物系统的转移［J］. 核农学报，2002，16（2）：93-97.
［13］庹先国，徐争启，穆克亮. 放射性核素在不同介质中的迁移研究进展［J］. 物探化探计算技术，2006，28（1）：5.
［14］田帅慧. 核素在改性介质中迁移的机理研究［D］. 太原：太原科技大学，2010.
［15］孙桂莲. 动植物对核电站放射性气态污染物 ^{14}C 的吸收与积累［D］. 杭州：浙江大学，2006.
［16］杨森，王永利，黄艺，等. 放射性核素锶在地质环境中的迁移研究［J］. 四川有色金属，2014（1）：3.
［17］叶素芬，张珞平，陈伟琪. 海洋放射性污染生态风险评价研究进展［J］. 生态毒理学报，2016，11（6）：11.
［18］牟钰. 生物监测在水环境监测中的应用［J］. 环境研究与监测，2016，29（3）：4.
［19］张小莉. 探讨生物监测在水环境污染监测中的应用［J］. 环境与发展，2020，32（8）：2.
［20］王春香，李媛媛，徐顺清. 生物监测及其在环境监测中的应用［J］. 生态毒理学报，2010，5（5）：628-638.
［21］陈君武. 生物监测在环境监测中的应用［J］. 江西农业，2020（10）：87-88.
［22］张朝晖，邵晶. 利用苔藓和地衣作为生物监测器对大气降尘中重金属污染物质的研究［J］. 核技术，2001，24（9）：3.
［23］周元清，曾艳，周丽清，等. 生物监测在环境污染监测中的应用研究［J］. 云南环境科学，2004，23（2）：3.
［24］李江平，李雯. 指示生物及其在环境保护中的应用［J］. 环境科学导刊，2001，020（001）：51-54.
［25］朱炳宇，周博，李查德邓，等. 生物监测在新兴污染物研究中的应用及进展［J］. 环境与健康杂志，2019，36（5）：6.
［26］王晓红. 菲律宾蛤仔生态遗传学研究［D］. 大连：辽宁师范大学，2003.
［27］毛军需，王发园，王秀利，等. 大气污染生物指示物研究进展［J］. 气候与环境研究，2008，13（5）：9.
［28］蔡福龙，陈英. 放射性核素的生物指示物及其监测方法研究［J］. 海洋通报，1993，012（003）：56-60.
［29］王书扬，王玥琛，杜兴林，等. Cd^{2+} 胁迫下对单环刺螠行为响应及淀粉酶活性的研究［J］. 湖北农业科学，2020，59（18）：4.

[30] 孙伟民，张悦周，赵晨辉. 环境重金属污染的生物指示作用[J]. 化工环保，2008，28（6）：4.
[31] 李慧蓉. 生物监测技术及其研究进展［J］. 常州大学学报（自然科学版），2002，14（2）：57-60.
[32] 姜元臻. 生物标志物监测环境污染研究新进展［J］. 广东化工，2010，37（4）：4.
[33] 豆长明，周鸣鸣，张洁，等. 铅胁迫对斑马鱼抗氧化酶活性的影响［J］. 环境科技，2012，25（5）：4.
[34] 周卉，胡鹏洋. 生物监测技术在环境监测中的运用［J］. 科技与企业，2013（3）：1.
[35] 邵华. 生物标志物的研究进展［J］. 职业与健康，2002，18（9）：7-9.
[36] 张美平. 生物监测技术在环境监测中的应用研究［J］. 低碳世界，2014（9）：2.
[37] 丁玉波. 论述在环境监测中生物监测技术的应用[J]. 科技研究，2014（22）：407.
[38] 黄桂平. 生物监测技术在环境监测中的应用研究［J］. 绿色科技，2010（8）：142-144.
[39] 余叔文. 大气污染的生物监测［J］. 中国环境监测，1989（1）：5.
[40] 刘海立. 环境监测中生物监测技术的应用探讨［J］. 资源节约与环保，2015（7）：1.
[41] 张玲. 生物监测在环境监测工作中的应用及意义［J］. 资源节约与环保，2017（4）：2.
[42] 房英春，刘广纯，田春，等. 浅析河流水体污染的生物监测及指标生物［J］. 水土保持研究，2005，12（2）：3.
[43] 张华俊，周思，赵馨. 贵州省生态渔业（池塘养殖，流水养殖，设施养殖）对水生态环境影响初探［J］. 环保科技，2021，027（006）：47-55.
[44] 王春香. 基于纳米金探针的全氟化合物生物检测技术研究［D］. 武汉：华中科技大学，2011.
[45] 张迎霞. 面向水质监测的鱼类行为异常识别方法研究[D]. 杭州：浙江工业大学，2023.
[46] 杨轶凡. 黄河中游段南海湖恢复湿地植物多样性研究［J］. 现代农业科技，2019（3）：3.
[47] 李嗣新，汪红军，周连凤，等. 水环境监测的生物早期预警系统研究与应用技术初探［J］. 环境污染与防治，2008（11）：96-98.
[48] 沈芾，陈再忠. 鱼类监测系统及预警鱼类的选择［J］. 水产科技情报，2009（5）：5.
[49] 李明，潘晓洁，陈小娟，等. 一种新型水体在线毒性监测系统——bbe Algae Toximeter 的构造、功能及调试效果［J］. 环境影响评价，2011，33（6）：46-50.
[50] 陈树. 阐述生物监测及其在环境监测中的应用[J]. 城市建设理论研究：电子版，2013（029）：1-3.
[51] 吴军. 基于视觉感知的鱼群目标检测与跟踪技术研究[D]. 杭州：浙江工业大学，2023.

［52］孙建光，高俊莲，徐晶，等. 微生物分子生态学方法预警农田重金属污染的研究进展［J］. 植物营养与肥料学报，2007，13（2）：6.
［53］王远鹏. 重金属污染土壤的微生物分子生态及对修复效应的影响［D］. 杭州：浙江大学，2006.
［54］刘翠红，张磊，郭秋菊. 秦山核电基地外围 ^{90}Sr、^{137}Cs 公众摄入量估算及内照射剂量评价［J］. 辐射防护，2009（4）：8.

第8章　核污染的生物修复

随着核工业和核技术的普及，它们在各个领域都得到了广泛应用，包括工业、农业、能源、军事、交通和医疗等。然而，这些发展也会对周围生态环境产生辐射影响，使得核素本底值上升。为了确保安全，核电厂必须遵守严格的法规，控制放射性废物的排放，同时要避免异常事故的发生、开采和加工核原料、施用放射性核素化肥、含放射性核素的核材料，以及其他人为因素都会造成大量的辐射污染。土壤中含有超过标准的放射性污染核素，可经体外辐射和身体内辐射，会引起人体的畸形和癌症从而危及生命。近年来，国际上对土壤污染的研究趋势逐渐从传统的农业、林业和生态农业领域，拓展到更宽广的环境土壤学方向。深入探究污染土壤的形成过程和调控机制，以及研发和应用创新的污染土壤修复技术，对我国的农业环境和生态安全具有举足轻重的影响。作为一种新兴的环保技术，生物修复技术在近20年间得到了广泛关注和快速发展。这种技术利用绿色植物和微生物的代谢活动，使污染物质得以固定、降解、提取和挥发。生物修复技术具有成本低、环保无污染、可持续性等特点，被认为是解决土壤污染问题的有效手段之一，就像“环保工厂”那样，将污染物质处理为可以被直接清除的物质，或者变成具有较低毒性或者无毒的物质，从而达到对环境的彻底控制。

生物修复是一种利用生物的自然活动来处理污染物质的环境治理方法。生物修复技术已被广泛用于修复受到污染的土壤，其中包括植物修复、动物修复（例如蚯蚓）和微生物修复[1]。土壤中的生物修复是以土壤中的重金属为基础，但目前的研究多以植物修复、微生物修复和协同修复为主，有关动物修复方面的研究尚未有文献报导，因此本书不再讨论。由于高放射性会对生物体产生强烈的辐射和致命性，所以在处理低放射性污染的情况下，生物修复通常是最适合的[2,3]，特别适用于大规模低辐射污染土壤的修复，例如土壤的铲除、核辐射污染、核电厂退役后的污染土壤、矿区土壤等。

8.1　植物修复

植物修复技术作为一种更具可持续性的污染土壤修复方法，日益受到关注，尤其是在面对大面积、低辐射污染土壤时。传统修复技术虽然也能起到一定的治理效果，但往往成本较高，环境影响较大。植物修复技术通过利用植物自身的吸收、分解和固定污染物的能力，实现对污染土壤的治理，具有成本低、效率高、环境友好等优势，因此，对其进行修复的研究一直是研究热点。福岛核泄漏后，对植物进行土壤污染修复的研究具有重要的现实意义。目前，对放射性核素污染环境的植物修复研究仅限于室内进行，仅有少量的现场试验，应用前景十分广阔。

8.1.1　植物修复的概念

所谓植物恢复，就是通过对特定污染物进行筛选和培养，尤其是对污染物具有的独特吸附和富集能力的植物，可被用于污染土壤修复。将这些植物种植在受污染土地上，它们会通过根系吸收水分和养分，同时将污染物吸收并储存在植物体内，然后进行集中处理，以消除污染[4]。从广义上讲，植物利用植物对重金属污染土壤进行修复、利用植物净化空气、利用植物清除放射性核素、利用植物和植物的根共生系统来净化土壤中的有机物质。

植物修复技术是一种就地修复技术，通过在受污染的土地上栽植植物，进行合理治理，具有操作简便、易于推广的特点；由于利用了植物的自然生长过程，对环境的影响较小，对环境的影响较小，同时也能增加土壤的肥力，这是传统的物理化学修复技术所没有的，也是我们最希望的；植物修复费用低廉，这是常规物理和化学修复无法比拟的。正是因为其具有的上述优势，才被公认为是一种绿色的修复技术，符合当代人类对可持续发展的要求，因而在土壤放射性污染治理中，植物修复受到广泛重视。

8.1.2　植物修复的类型

植物对放射性污染的修复技术，按照其机理分为植物提取、植物稳定、根际过滤、植物挥发四大类。

（1）植物提取技术

植物萃取技术是一种在受污染土地上利用特殊植物进行污染治理的方法。通过在污染土地上种植这类植物，利用其光合作用和生长过程，可以实现对土壤中污染物的吸收、分解和固定从土壤中吸取和累积放射性核素，把污染物抽离到植物的根茎和叶片中，最后，通过收割地上的植物器官，对环境进行治理，变废为宝，持续栽植可减少放射性核素在土壤中的含量，并将其回收。植物萃取技术是利用一种特殊的、对放射性核素有很强富集能力的植物，再对其进行减容处理，以消除被污染土地中的放射性核素。这种特殊的植物通常被称作超级富集。

（2）植物挥发技术

植物挥发是一种修复氚（^{3}H）的手段，它是利用植物的蒸腾能释放出大量的水分，从土壤中吸收放射性核素（例如氚），再通过叶片的作用将其蒸发。通过植物蒸发，使

被污染的水中 ^3H 挥发到大气中。但植物的挥发性并未彻底清除 ^3H，^3H 的挥发仍然有可能再次返回地面。但是，理论上的计算显示，^3H 以水蒸气的形式排放的公共辐射量要比从地表水排放的方式降低 40%。

（3）植物稳定技术

植物稳定性是指通过吸收、沉淀、络合等方法，通过对某一特定植物的根系和根际环境进行固定，使其在根系附近形成一种固定的方法。也就是说，利用特殊植物降低放射性核素活力是污染土壤修复的一种有效方法。这种植物通常具有吸收和富集特定核素的能力，通过在污染土地上种植此类植物，可以有效减少放射性核素向地下水和大气的排放，从而降低对环境的进一步污染。这种方法并没有去除土壤中的放射性物质，只是一种临时的固定方法。这种特殊的植物，必须要有发达的根系。植物稳定性在放射性物质污染治理中具有重要作用，可以通过降低放射性物质的迁移，减少放射性核素进入生物链，因此在水体中的放射性污染治理中得到广泛应用。

（4）根际过滤技术

根际过滤是指通过植物根际过滤和清除水中放射性核素的方法，它是对辐射污染的水体和湿地进行处理。例如，在温室条件下，用向日葵根滤除铀，其富集系数为 3×10^4。另外，已有研究显示，某些水生植物具有一定的过滤能力，但其生物量大，水分含量高，后处理困难。因此，对陆地植物进行根际过滤修复的研究是一个新的发展趋势。

8.1.3 超富集植物的概念及其评价指标

植物修复技术的关键之一是找到合适的超富集植物。然而，截至目前，学术界还没有就超富集植物的概念达成统一的科学定义。“超富集植物”这一概念最初出现在植物体内重金属镍含量的研究中，由 Brooks 等在 1997 年提出。他们将超富集植物定义为植物（干重）镍含量大于 1 000 μg/g 的植物。在进一步研究植物中的重金属元素时，Baker 和 Brooks 提出了一种新的重金属超富集植物的概念。他们将超富集植物定义为 Co、Cu、Cr、Pb 等超富集植物，以及先前所界定的 Ni 超富集植物（干重）中重金属含量超过 1 000 μg/g 的植物（干重）。以上所述的超富集植物，均以测定大量植物样品中的重金属元素为标准。Chaney 等对已有的研究进行了综述，认为超量重金属的植物必须是对重金属有极强的抗性，其次要有从根到地的快速吸收和传输能力。并将其定义为：植株（干重）累积的重金属含量是普通作物的 10～500 倍。此外，还提出了利用超富集农作物来修复土壤中的 Cs、Sr、U 等放射性物质。

8.1.3.1 超富集植物定义

关于放射性核素，至今并没有学者提出超富集植物的定义。目前，超富集植物的放射性核素筛选方法主要是参考评估标准。天然培养条件下，铀在植株体内的富集程度难以达到 50 mg · kg^{-1} DW（DW 是干重）。

布鲁克斯于 1977 年第一次提出了超富集的概念；1983 年，提出了利用超富集植物来净化土壤中的重金属污染。不同类型的重金属元素在地球表面和土壤中的丰度及植物中的含量都有不同程度的差异，这使得不同类型的重金属元素在植物体内的富集程度各不相同。当前关于超富集植物的定义，大多采用了 Brooks 和 Baker 在 1983 年定义超级富集植物时给出的标准，即地上部或叶片的干物质中含 Cd 达到 100 μg/g，含 Co、Cu、Ni、Pb 1 000 μg/g，Mn、Zn 10 000 μg/g 以上的植物可认定为超富集植物。因此，超富集植物可以被定义为能够过量吸收并转运某种污染物到地上部分的植物。首先，植物对特定污染物的吸收量必须达到一定标准，才能将其从土壤中转移到地上部；其次，植物从土壤中吸收的重金属元素要比根系多。

8.1.3.2　超富集植物筛选方法

目前，超富集植物的筛选方法主要包括：微生物分析、野外取样分析、盆栽模拟、野外试纸、试纸、营养液培养等。

（1）微量分析法

首先，将植物样品用去离子水清洗、干燥并称重。然后将样品置于硼硅酸盐试管中，进行低温灰化。接着，将灰化后的样品置于马弗炉中，在 500 ℃下继续加热，直至灰烬变为白色。随后，使用浓度为 2 mol/L 的分析纯盐酸溶液对灰化后的样品进行萃取，如有需要，可适当加热。最后，利用原子吸收光谱仪对萃取后的滤液进行元素分析。Reeves、Brooks 等使用这种方法分析了将近 2 000 份标本。大多数实验样品来自热带和亚热带地区，取样密度为 5×10^4 份/km^2。试验结果表明，除其他 5 个属以外，均有超富集特征。

（2）野外采样分析

现场取样分析方法简单、快速，目前已知的 400 余种超富集植物均通过此方法获得。刘成志等对辽宁省铁岭柴河铅锌尾矿库进行了现场采样、实地考察和采样分析，并对该地区 9 种植物的重金属吸收及富集特性进行了初步探索。结果表明：小叶杨、刺蔷薇中 Zn 含量较高；以小叶杨、白莲蒿 Cd 含量为最大值；Pb 在华北地区以绣球绣线菊属和蓝盆属植物中发现。

（3）土壤盆栽模拟法

盆栽模拟法是一种在室内进行盆栽种植，并且通过人工调控环境条件来模拟实际生长条件的方法。其优点是：① 实验植物的生长环境与自然环境相近，能更客观地反映受污染环境的植物的实际状况。② 盆栽种植方法有利于鉴定和识别采集的植物种类，因为在整个生长过程中，植株都保持在盆中。这为研究人员提供了便利，可以长期观察和记录植物的生长状况。③ 与长期在受污染的土壤中进行驯化的植物相比，试验植物的驯化时间较短，其某些特点也许是其自身的特点，对恢复植物资源的开发利用具有重要意义。魏树和等采用模拟盆栽方法，对我国东北 20 科 54 种野草的重金属耐受性及其累积性能进行了初步探讨，研究发现，龙葵、蒲公英和小白酒花对 Cd 及 Cd/Pb/Zn 复合污染具有较强的耐受性，并能较多地累积 Cd。此外，王激清等在进行类似实验时也取得了成功，获得了 2 种能够富集 Cd 的芥菜型油菜。聂俊华等通过盆栽试验，获得了香根草、裂叶荆芥、羽叶鬼针草、绿叶苋菜、紫穗槐、苍耳等 6 个富 Pb 植物。

（4）野外试纸初步诊断法

该方法需要在测试纸中使用镍比色试剂二四基乙二醛肟进行浸渍。操作时，将新鲜叶片压在湿润的试纸上，然后观察试纸的变色情况，就可以知道叶片中的镍含量。试纸颜色越深，表示叶片中的镍含量越高。Baker 等首先采用了该技术，并在菲律宾巴拉望岛进行了一次实地考察，结果表明该方法具有极高的镍含量。

（5）室内营养液培养法

本方法是一种新的研究手段，它是利用植物所需要的养分，并对其进行重金属胁迫实验，以探讨其耐药性和机制。汤叶涛等通过该方法发现，圆锥南芥能超量富集 Pb/Zn/Cd，是我国首次发现的 Pb/Zn/Cd 多金属富集植物种。

8.1.3.3 核素超富集植物筛选指标

（1）核素含量

核素含量是指植物干物质所含的每一种物质的数量，一般以 mg/kg DW（干重）或 Bq/kg DW 为单位，另一些学者将其称作“质量百分数”，它受植物种类、生长环境等多种因素的影响。

（2）转运系数

TF 是指植株地上部核素和根系中核素的比例，它能反映核素在植株中的分布和迁移。运输系数越高，则植株从根部向地上部分输送核素的能力越强。需要指出的是，也有一些研究学者将此评估指标称为转移系数（translocation factor，TLF）、含量冠根比（S/R）、富集比系数（BAR）等。

在对土壤进行辐射修复的过程中，由于植株地上部较容易收割，因此运输系数较高的植株较好。许多学者都认为，超富集植株的运输系数 TF＞1 是必需的。目前，有关放射性核素和其稳定同位素的富集问题，很少有直接探讨影响运输系数的因素，但是有些文献反映了一些因素的作用。诚然，土壤特性会对运输系数产生影响，因此，在土壤中加入适当的螯合剂、肥料、激素或其他肥料，可以增加植株对某些核素在植株地表的吸收，运输效率得到了改善。因此，在高富集系数和低运移系数的情况下，可以通过改变环境因子，使核素从地下向地上部分转移，从而提高其运输系数。

（3）富集系数

富集系数是指单位质量的植物干物质中某核素的含量与土壤中原始核素含量的比值。需要指出的是，也有的研究者将该评价指标称为富集系数（BCF）、转移系数（TF）、浓集系数 Q、浓度比或者富集率（CR）等。植物对某一核素的富集系数越高，则其对核素的吸附与固定能力越强；它是植物对核素富集能力的度量。但其富集系数并非一成不变，与气候、土壤性质、施用化肥等环境因子密切相关。此外，在田间栽培的植株，其富集系数通常低于盆栽栽培。所以，对某一种植物的富集能力进行评估，必须以现实条件为依据，而必须加以论证，以扩展其应用范围，特别是在我国地域广阔的条件下。

（4）去除率

去除率是指植物对核素的吸收总量与土壤中核素的总有效量，乘以 100。从植物中去除率可以直接反映出植物中的核素含量，也可以称为绝对提取率和回收率。应注意，该方法仅可用作辅助指标。由于富集系数较小但生物量较大的植株，其处理过程中所产生的放射性废弃物数量也较多。对放射性植物进行修复的理想植物，应具有较高的富集系数和较高的生物量。

普遍认为，具有较高富集系数和较高运输系数的植物往往是超富集的。然而，高生物产量是植物修复的理想植物必须满足的条件，但不能体现在富集系数和运输系数中。聂发辉认为，目前我国土壤重金属超富集植物的评价指标尚不完善，因此，根据富集系数和运输系数，综合考虑了植物的生物量，提出了一个新的评价指标：富集量系数和转运量系数，即将植物的核素含量分别与相应的生物量相乘。但是，在对放射性核素的超富集研究中，还没有发现该技术的应用，只有王丹等于 2016 年提出[6]。这是因为放射性的特殊性，使其生物量大，难以进行有效处理。事实上，生物量的去除也是被考虑到的，而且现在还没有被广泛应用。作者提出了一种新的评估方法，即在生物量少的情况下，利用生物量作为评估指标，提出了核素的总量，也就是植物在土壤中所吸收的核素的绝对数量。

超积累植物一般存在于高放射性核素区域，但是它们并不适合进行植物恢复。适宜于植物恢复的植物应具备下列特点：① 能大量累积目标污染物，最好是地面局部累积；② 具有很强的抗污染能力；③ 生长迅速，具有较高的生物产量；④ 易于收获。在这些因素中，最主要的是对污染物的容忍和植物的超蓄积。

8.1.4 影响植物修复的因素

（1）放射性核素的形态与性质

溶解状态的阳离子在土壤中迁移能力较低，而难溶态的氧化物或沉淀物不易被土壤颗粒吸附。此外，不同氧化价态的核素在植物吸收能力上存在差异。通常情况下，放射性核素的粒径越小，越容易被植物吸收。

（2）植物种类

根据一项研究，比较了 12 种植物对铀的吸收和积累能力，结果发现不同植物对铀的积累能力存在显著差异。同时，该研究还对放射性污染土壤中的放射性核素植物浓缩潜力进行了评估。研究结果表明，维管植物具有较高的 ^{99}Tc（锝）摄取能力，并且

^{99}Tc 在嫩枝中的转移和积累趋势较强。

（3）土壤环境

根际环境主要由土壤理化性质、pH、水分含量、氧化还原电位、根系微生物、根际分泌物等组成。由于根际圈是以植物根为核心，聚集了大量的细菌、微生物、蚯蚓、线虫等微生物，形成一个非常特殊的“生态系统”，因此，根际圈在污染土壤中的修复作用是一个重要的理论依据。土壤中的各种因子对放射性核素的植物可得性具有重要影响。具体来说，土壤的黏粒矿物质含量、有机质含量和类型、pH、阳离子交换容量及土壤水分状况等因素都会影响植物对放射性污染物的吸收。土壤的离子交换能力越强，植物对放射性核素的吸收能力就越大。同时，土壤中的有机质含量越高，植物吸收和积累的放射性核素含量也会越多。此外，pH 会影响植物对铀的吸收、转移，而阳离子交换和碱基饱和度则会直接制约 ^{137}Cs 和 ^{90}Sr 在土壤中的行为。土壤水分也是影响植物吸收积累放射性核素的重要因素之一，因为它会直接作用于植物的生长状况及污染物在植物体内的分布。因此，通过调节根际圈环境，可以提高植物对放射性核素的富集率。

（4）施肥措施

^{137}Cs 和 ^{90}Sr 分别同 K 和 Ca 具有相似的化学性质，在 ^{137}Cs 污染的土壤中大量施用钾肥会减少植物对 ^{137}Cs 的吸收。NH_4^+可在吸附位上取代 ^{137}Cs，使 ^{137}Cs 溶入土壤中，因此修复放射污染土壤时勿用铵肥。土壤中施入钙、磷肥会抑制植物对 ^{90}Sr 的吸收。施肥措施还会间接影响修复土壤的肥力及植物生长，缺 N 土壤中增施氮肥，可促进植物根系生长，增加根系密度，从而间接促进植物对核素吸收。在土壤中加入有机螯合剂可以改变土壤的理化特性，从而提高土壤中放射性核素的植物可得性，并降低这类污染物在土壤中的迁移性。放射性核素与某些植物营养元素的相似性对于运用植物修复技术净化土壤至关重要。能够富集放射性铯的植物通常也能富集钾元素，而能够吸收钙元素的植物可能也会吸收土壤中的放射性锶。这种相似性有助于更好地理解和运用植物修复技术，从而有效地减轻放射性污染对环境的影响。通过调节植物营养元素吸收的农业措施可能会被用来优化植物修复技术体系。这种策略有助于提高植物对特定污染物的富集能力，从而提高整个修复过程的效率。

8.1.5 植物修复的研究方向

基于影响植物恢复的因素，目前已经提出了许多提高植物恢复作用的构想和相关的研究。

（1）农艺学强化

通过施肥、轮作、耕作、灌溉等农艺技术，加强植物对土壤核素的吸收，已成为该领域的重要研究内容之一。郭梦露通过研究发现，喷洒植物激素处理的植物对 Cs、Sr 和 Cd 的富集相比没有喷洒植物激素处理的植物具有一定的强化作用[7]。魏树和通过研究发现，施加鸡粪能有效提高植物对 Cd 的提取效率[8]。

（2）添加土壤改良剂

此外，还应在土壤中加入螯合剂等改良物质，以改善其生物活性，以促进其吸收。郭梦露通过研究发现，浇灌螯合剂 EDTA 和植物激素的红苋菜对 Cs、Sr 和 Cd 的富集效果相比空白对照得到了强化[7]。曾超对不同螯合剂对花生富集污染土壤中 Co 的效果影响进行了研究，发现螯合剂 EDDS 的效果最好，显著提高了花生对 Co 的富集系数和转运系数[9]。Huang 等通过分别添加合成螯合物、无机酸和有机酸、钠和钾碳酸氢盐来研究不同土壤改良剂对植物富集 U 的影响，结果表明，有机酸（乙酸、柠檬酸、苹果酸）能有效促使 U 在土壤中的解吸，从而增强植物富集 U 的效果，其中柠檬酸最为有效[10]。钟钼芝研究了蚕豆和向日葵在不同浓度柠檬酸和草酸下对铀镉的富集效应，结果表明向铀镉污染土壤添加 5 mmol/L 的柠檬酸对提高蚕豆富集 U 的能力最为显著[11]。

（3）多种植物共同修复

总体而言，超富集的植物具有较低的生物产量，而高生物量的植物则具有较低的富集能力，因此，Entry 等人提出了多重富集的修复理念，认为多个物种联合对受污染的土地进行修复[12]。裘同才根据西葫芦和苎麻对 ^{90}Sr 具有较好富集效果的实验结果，西葫芦属须根植物，根系分布于浅表土层，而苎麻属直根植物，根深埋于土中，本章介绍了南瓜、苎麻轮植在土壤中多层吸附污染物的治理方案[13]。

（4）植物微生物协同修复

结合植物和微生物的综合修复技术，在污染土壤中得到了广泛的重视。廖上强等通过试验，发现伯克氏菌能对子粒苋的生长有明显的促进作用，并能提高其对 Cs 的抗性和富集性能[14]。杨会玲通过对丛枝菌根真菌的研究，发现宿根高粱 Cs 的富集能力明显增强[15]。Entry 等利用菌根真菌对巴哈雀稗、宿根高粱和柳枝稷进行了比较，这些植物在接种菌根真菌后对 ^{137}Cs 和 ^{90}Sr 的富集能力得到了提高，其中提高效果最为显著的是接种摩西球囊霉的宿根高粱[12]。De Boulois 等通过转基因胡萝卜接种球囊霉属丛枝菌根真菌的研究发现，这种真菌会减少胡萝卜吸收放射性碳的能力，从而导致胡萝卜根中的放射性碳含量增加[16]。

（5）基因工程

利用基因工程技术培育出具有工程应用价值的超富集植物，在土壤重金属污染治理中已取得了一定的成功[17]。通过对超级富集植物和超级耐药微生物进行基因改造，将其转化为生物量大、生长快、生命周期短的植物，从而获得具有工程应用价值的超级富集植物。在放射性污染的修复研究中，抗辐射奇球菌是目前发现的抗辐射能力最高的一种，1999 年完成了全基因组序列的测定[18]。冯德玉等对转基因油菜的研究结果显示，pprI 基因是一种从耐热奇球菌中分离并克隆的一种具有全球抗逆性的基因，在 ^{133}Cs、^{88}Sr 胁迫下，转 pprI 基因油菜比非转基因油菜具有更强的抗性和 ^{133}Cs、^{88}Sr 富集能力[19]。

8.2 微生物修复

微生物不仅分布广泛，种类繁多，而且繁殖速度快，体积小，比表面积大，适应性强。很多微生物都符合两个需要修复辐射环境的要求：首先，微生物可以在辐射环境中生存；其次，它不会对环境产生二次污染。因此，开展利用微生物技术对辐射环境进行修复的研究越来越受到国内外学者的关注。目前已有数十种细菌、真菌和藻类对放射性核素具有吸附富集的能力。细胞壁是主要的金属离子吸收的地方，以多糖为主。细胞壁上结合了很多的表面蛋白质等大分子物质，大分子物质与细胞膜结合的蛋白质含有羧基（—COOH）、羟基（—OH）和胺基（$—NH_2$）等多种活性基团，可以与金属离子进行共价键合、络合等作用，但对其有一定的影响。

8.2.1 微生物修复核素的概念

微生物修复技术是指利用微生物自身的化学结构和组分特征对水体中溶解的污染物进行吸附，并采用固液两相分离的方法。细菌、真菌、藻类等都是有潜力的放射性核素修复材料，尽管不能对其进行降解和破坏，但可以通过改变其化学和物理性质来影响其在环境中的迁移和转化。

微生物控制核素污染的先决条件是寻找一种特定的、能够吸附和富集特定的核素的生物或基因型。耐辐射奇球菌是迄今为止所发现辐射耐受能力最强的一类细菌，可耐受 ^{15}kGy 急性电离辐射和 ^{60}Gy/h 慢性照射[20]，目前已有不少学者对其基因进行了研究，认为影响其抗辐射能力的基因片段及特殊的基因组结构，可将其转录到其他菌株中，以培育出更强大的基因工程菌，从而可为未来在核废物处置中的应用提供重要依据[21]。

实际上，微生物吸附放射性核素的研究可追溯到 20 世纪 40 年代，Ruchloft 首次报道了可以用活性污泥去除受污染废水中的放射性核素 ^{239}Pu，单级清除率可达到 60%，有研究认为，^{239}Pu 的清除可能是由于微生物在增殖过程中形成了具有巨大表面积的胶状基质。这种基质有助于微生物吸收放射性核素，从而有助于减少污染物在环境中的积累。后来，Morton 等研究了不同水处理工艺条件下放射性核素 Cs 的去除情况。他们认为，最高效的方法是沙滤法。进一步研究表明，滤料上形成的微生物黏液层对 Cs 的去除起到了很大的作用，大约 50%的去除量归因于黏液层微生物对 Cs 的吸收[22]。在 1982 年，Volesk 和 Tsezos 公开了将生物技术用于治理 U、Tu 废水的第 1 个专利[23]。

8.2.2 微生物修复机理

目前已有许多关于微生物吸附金属离子的机制，已有文献报导指出，某些微生物的表面含有许多带有负电荷的基团，因此可以更好地与阳离子结合，从而提高其吸附力。结果表明：活体和死体均具有吸附金属离子的能力，但其吸附率和吸附量存在差异。活性细胞除了表面吸附之外，还存在着主动吸收的现象，而不活跃的细胞通常只能在表面与金属离子进行离子交换。微生物生长过程中产生的代谢物质对金属离子的影响，微生物对金属离子的吸收产生胞内积累，金属离子形成的渗透压或者细胞壁膜破坏产生胞内积累。

8.2.2.1　微生物吸收积累作用

微生物生长除需 K、Na、Ca、Mg 等常规元素外，还需一些具特殊生理功能的微量元素，如 Co 参与维生素 B_{12} 合成及植物与微生物共生固氮作用。^{137}Cs 与 K 化学性质相似，如图 8-1 所示，通过交换吸收将 ^{137}Cs 固定在微生物体内。利用放射自显影技术，从 ^{137}Cs 污染的土壤中分离出了三株能够大量积累 ^{137}Cs 的微生物。其中两株是枝孢霉菌和杆状菌芽孢杆菌，另一株则是尚未被鉴定的革兰氏阴性菌。

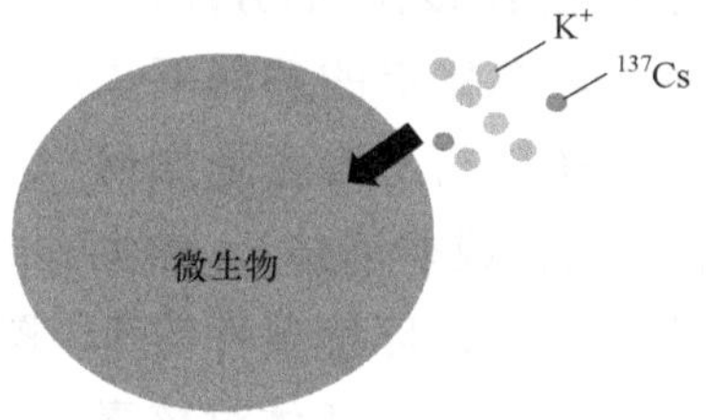

图 8-1　^{137}Cs 与 K 化学性质相似示意图

胞内累积是微生物向细胞中吸附金属离子的一种方法。一种与锌、铜、金、汞等金属离子具有很强的亲和力的金属硫蛋白，这些金属离子与细胞间形成一种适合于细胞的复合体。据报道，小刺青霉和真菌木霉对镉和汞通过胞内生物化学作用形成较强的胞内积累作用。Avery 等研究报道，葡萄糖的加入能够刺激酵母菌对锶的吸收，其原因可能是细胞膜上运转蛋白活动能力的提高。添加葡萄糖 2 min 后，锶的吸收速度加快，这也许是由于锶将细胞中的钙、镁等元素排出体外，而锶则主要集中于细胞中的液泡部位，这是一种微生物脱毒剂的途径。Volesky 等研究发现酵母菌在细胞内外对铀都有积累，铀最后形成针状物质。这种累积过程是由高渗透压作用在细胞膜上的，而非微生物本身的新陈代谢。

8.2.2.2　微生物吸附作用

胞外吸附作用主要是指表面吸附，微生物表面有许多吸附位点和基团，在溶液中和金属离子通过离子交换、络合、共价吸附等作用相互结合的过程。Merroum 等对球形杆菌吸附铀酰离子进行了研究，结果表明铀酰离子与磷酰基形成一元复合物，与羧基形成二元复合物。在水溶液中，PO_4^{3-}、EDTA、Cl^-等极易与溶液中的金属离子结合，减少了对微生物的吸收。利用荧光假单胞菌的代谢物对核素进行螯合，并将其作为一

2006 [illegible]
[48] Thomas K. Riesen, et al. Effect of ect mycorrhizae and ammonium on [illegible] and 85Sr uptake into Picea abies seedlings [J]. Environmental Pollution, 1990, [illegible]
[illegible]
[49] [illegible]，[illegible]. [illegible] [J]. [illegible]学报，2001，17 (1)：55-59.
[50] [illegible] [J]. [illegible]，2004，13 (1)：[illegible]
[51] [illegible] [J]. [illegible]